高职高专教育"十二五"规划教材

计算机应用基础

（农林类）

冯　颖　主　编

高洪升　张丽梅　副主编

柴继盈　毕兰兰
　　　　　　　　参　编
白　云　孟　霞

科学出版社

北　京

内 容 简 介

本书以"任务驱动"为引领，以"教学做一体化"教学模式为主线，以培养学生应用计算机操作技能解决农林类实际问题为目标，紧密结合计算机高新技术考试内容，同时兼顾了专升本考试自主学习的需要。

本书包括三大工作任务和三大辅助模块，涵盖了计算机基础知识、Windows XP 操作系统、Word 文字编辑与处理、Excel 电子表格编辑与处理、PowerPoint 演示文稿制作与编辑、常用工具软件的使用等。

本书适合作为高职高专院校计算机公共技能课的教材，也可作为继续教育学员学习计算机基础操作的教材和参考书。

图书在版编目(CIP)数据

计算机应用基础：农林类/冯颖主编.—北京：科学出版社，2012
（高职高专教育"十二五"规划教材）
ISBN 978-7-03-035169-2

Ⅰ.①计… Ⅱ.①冯… Ⅲ.①电子计算机-高等教育-教材
Ⅳ.①TP3

中国版本图书馆 CIP 数据核字（2012）第 164020 号

责任编辑：宋 丽 张 斌 / 责任校对：柏连海
责任印制：吕春珉 / 封面设计：耕者设计工作室

科学出版社出版
北京东黄城根北街 16 号
邮政编码：100717
http://www.sciencep.com

骏杰印刷厂印刷

科学出版社发行 各地新华书店经销
*
2012 年 9 月第 一 版 开本：787×1092 1/16
2014 年 8 月第三次印刷 印张：20
字数：474 000

定价：38.00 元
（如有印装质量问题，我社负责调换〈骏杰〉）
销售部电话 010-62134988 编辑部电话 010-62135763-2038

前　　言

　　高职高专院校的计算机教育，特别是计算机应用基础教育，在很大程度上决定着未来社会人们应用计算机的水平和掌握信息化技术的程度，所以计算机基础教学改革备受各方面的关注。但现在的计算机应用基础课程教材千篇一律，忽略了不同专业的学习需求，不管授课对象是什么专业的学生，均采用统一的教学大纲、统一的教学内容、统一的考核方式，因此毫无特色可言，更无法培养不同专业的学生具有使用计算机为其所在专业领域服务的能力。

　　作为公共基础课程的"计算机应用基础"，应该树立为专业服务的思想，在不同的专业中，无论是讲授的内容还是要完成的任务都应该紧密结合专业人才的实际需求，立足于专业的人才培养目标，因此计算机应用基础分专业应用化方面的研究与改革势在必行，这也是公共基础课程改革的一个方向，体现了该课程为专业服务的理念。

　　课程建设团队按照上述课程设计的理念，定位课程目标与特色，调整教学内容，加强教学手段和教学方法的改进，以工作任务为驱动，实现教学做一体化。通过教学实施，学生学习的主动性与积极性明显增强。由于工作任务与专业实际结合紧密，学生兴趣浓厚，主体作用发挥明显，学生自主学习的能力、技能鉴定合格率等方面都明显提高，教学效果显著。

　　课程建设团队在进行"高职'计算机应用基础课程'专业应用化设计与实施"课题研究成果的基础上，紧密结合农林类专业的实际工作特点，对教学资源进行了整理，编写了本书。本书具有以下特点：

　　（1）体现计算机应用基础为专业服务的理念，以"任务驱动"为引领，以"教学做一体化"教学模式为主线，结合实际工作岗位真实任务组织实施，强化学生实践动手能力和职业岗位能力。

　　（2）与计算机信息高新技术考试相结合，涵盖了办公自动化操作员级和高级操作员级的内容，并且对试题汇编内容进行了部分解题指导。

　　（3）把计算机基础知识、常用工具软件等内容作为附录，有助于学生的自主学习，为有志进行专升本考试的学生提供帮助。

　　本书由辽宁林业职业技术学院组织编写，冯颖担任主编，高洪升、张丽梅担任副主编，柴继盈、毕兰兰、白云、孟霞也参与了本书的编写工作。

　　由于编者水平有限，书中难免有疏漏和不足之处，恳请广大师生及读者批评指正。

编　者

2014 年 4 月

目　录

任务一 Windows XP 操作系统的使用

Windows 是微软公司推出的操作系统系列产品。Windows XP 是在 Windows 2000 和 Windows Me 的基础上于 2001 年底推出的新一代视窗操作系统，它是一个完整的 32 位操作系统。Windows XP 与其历史版本相比，性能更为稳定，兼容性以及功能更强。由于 Windows XP 更多地注重多媒体特性，并提供了方便的多用户切换功能，因此使用更加便捷。

❀ 能力目标

（1）会设置 Windows XP 桌面、窗口、任务栏属性。
（2）会添加/删除程序及硬件。
（3）能熟练进行文件和文件夹的基本操作。
（4）学会使用 Windows XP 的系统工具。

子任务一 工作环境的设置

❀ 任务提出

Windows XP 操作系统是目前应用最为广泛的一种操作系统，它的图形界面为使用者提供了友好的操作环境，控制面板提供了改变计算机设置的所有工具。熟练地使用鼠标和键盘，合理地设置桌面、任务栏和【开始】菜单属性，利用控制面板使计算机个性化，用户优化系统结构，充分利用系统资源，就能够构建出具有鲜明个性特征的 Windows XP 工作环境，使计算机成为用户的高效工具。让我们来一起定义一个 Windows XP 的工作环境，具体要求如下。

1. 更改桌面背景

将桌面背景更改为自己喜爱的图片。

2. 给桌面添加图标

给桌面添加"我的电脑"、"我的文档"、"网上邻居"和"Internet Explorer"等图标。

3. 将图片收藏文件夹做成屏幕保护程序

将自己喜欢的图片文件放入"我的文档"|图片收藏文件夹中做成屏幕保护程序。

4. 改变屏幕保护程序的效果

将 d:/myphoto 文件夹做成屏幕保护程序；图片切换频率快；图片的尺寸为屏幕的 90%；照片间有过渡效果。

5. 改变【开始】菜单的显示

（1）分别设置【我的文档】和【图片收藏】的显示方式为"显示为菜单"。
（2）清除【开始】菜单左边的最近使用的程序项的快捷方式。

6. 改变任务栏的显示

（1）分组相似的任务栏按钮及显示快速启动栏。
（2）设置任务栏隐藏最近没有单击过的图标及显示时钟。

7. 添加/删除程序、输入法、语言及字体

（1）删除应用程序"WinRAR 压缩专家"。
（2）删除 Windows 组件中的游戏。
（3）删除智能 ABC 输入法。
（4）添加朝鲜语。
（5）添加字体"创艺繁楷体"。

8. WindowsXP 账户管理

（1）更换登陆用户图标 butterfly.bmp。
（2）创建用户密码。
（3）添加新用户 lili。
（4）设定用户权限为"受限"。

9. 使用打印机

添加打印机并打印测试页。

10. 将本机 IP 地址修改为 192.168.30.16

说明：本任务要求个人独立完成，小组同学可以互相研究讨论，每完成一个效果通过

屏幕截屏，生成一个 Word 文档上交。要求截屏图像能说明完成了操作。

❋ 学习目标

知识目标	能力目标	素质目标	技能（知识）点
（1）掌握 WindowsXP 的启动与退出方法 （2）掌握键盘与鼠标的使用方法 （3）掌握 WindowsXP 桌面与窗口的组成 （4）掌握桌面属性设置 （5）掌握任务栏和【开始】菜单属性设置 （6）掌握添加/删除程序和硬件的方法 （7）掌握用户管理的基本方法 （8）掌握 IP 地址的修改方法	（1）能够熟练进行 Windows XP 操作 （2）能够熟练进行添加/删除程序和硬件操作 （3）能够进行添加/删除用户，设置更改密码等基本用户操作 （4）能够熟练进行 IP 更改	（1）培养认真观察、独立思考、自主学习的能力 （2）培养学生团队协作精神 （3）培养学生良好的世界观、审美观	WindowsXP 的启动与退出，键盘与鼠标的使用，WindowsXP 桌面与窗口，任务栏和【开始】菜单属性设置，添加/删除程序，添加/删除硬件，IP 地址的修改，用户管理

❋ 任务分析

Windows XP 自定义工作环境，包含 Windows XP 桌面与窗口的设置，控制面板的使用，内容丰富，这里只是完成了一些典型的操作。

❋ 实施准备

一、Windows XP 的桌面

如果计算机安装了 Windows XP，启动计算机后就可进入 Windows XP 的登录界面。

登录界面显示 Windows XP 中已有的用户，单击用户名，如果有密码，需输入密码才可进入 Windows XP 的桌面。

Windows XP 的桌面由以下对象组成。

（1）桌面背景。

（2）桌面图标。桌面图标即显示在屏幕上代表可由用户操作的对象的小图像。图标用作视觉记忆帮助，用户不需记住命令或者在键盘上输入命令即可控制某些计算机操作。

（3）任务栏。任务栏通常位于桌面底部，包括【开始】按钮、快速启动工具栏、应用程序按钮以及工作状态栏。

（4）【开始】按钮。单击【开始】按钮可弹出【开始】菜单。在此菜单中可以进行启动程序、打开文档、设置系统环境和参数、查找信息以及寻求帮助等操作。

（5）快速启动工具栏。单击快速启动工具栏中的按钮可快速启动相应的程序。

（6）工作状态栏。工作状态栏中安放了如声音、输入法、时间等常用的状态指示器，指示当前的工作状态。

1. 常用桌面图标

（1）【我的文档】图标。它用于管理【我的文档】下的文件和文件夹，可以保存信件、

报告和其他文档，是系统默认的文档保存位置。双击【我的文档】图标，并查看效果。

（2）【我的电脑】图标。用户通过该图标可以实现对计算机硬盘驱动器、文件夹和文件的管理，用户可以访问连接到计算机的硬盘驱动器、照相机、扫描仪和其他硬件以及有关信息。双击【我的电脑】图标，并查看效果。

（3）【网上邻居】图标。提供网络上其他计算机内文件夹和文件访问以及有关信息，在"网上邻居"窗口中用户可以进行查看工作组中的计算机、网络位置及添加网络位置等工作。双击【网上邻居】图标，并查看效果。

（4）【回收站】图标。在【回收站】中暂时存放着用户已经删除的文件或文件夹等一些信息，当用户还没有清空【回收站】时，可以从中还原删除的文件或文件夹。双击【回收站】图标，并查看效果。

（5）Internet Explorer 图标。用于浏览互联网上的信息，通过双击该图标可以访问网络资源。双击 Internet Explorer 图标，并查看效果。

提示： 鼠标的常用操作：单击—鼠标指向某对象，按下左键，然后释放，单击一般用于完成选中某选项、命令或图标；右击—鼠标指向某对象，按下右键，然后释放，通常右击可打开快捷菜单；快速双击—快速连按鼠标左键两次，通常双击表示选中并执行；拖动鼠标—指向某对象，按住左键不放，同时拖动鼠标。

2. 桌面图标的创建

（1）右击桌面上的空白处，在弹出的快捷菜单中选择【新建】命令。

（2）利用【新建】命令下的子菜单，用户可以创建各种形式的图标，如文件夹、快捷方式、文本文档等，如图 1-1 所示。

（3）当用户选择了所要创建的选项后，在桌面上会显示相应的图标，用户可以为其命名，便于识别。

3. 桌面图标的排列

右击桌面上的空白处，在弹出的快捷菜单中选择【排列图标】命令，在子菜单项中包含了多种排列方式，如图 1-2 所示。

（1）名称：按图标名称开头的字母或拼音顺序排列。

（2）大小：按图标所代表文件的大小顺序来排列。

（3）类型：按图标所代表的文件类型来排列。

（4）修改时间：按图标所代表文件的最后一次修改时间来排列。

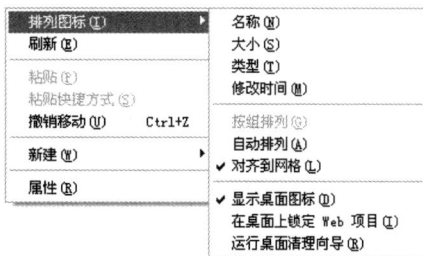

图 1-1　【新建】命令　　　　　　　　图 1-2　【排列图标】命令

4.图标的重命名与删除

（1）右击所选的图标，在弹出的快捷菜单中选择【重命名】命令，如图 1-3 所示。

（2）当图标的文字说明位置呈反色显示时，用户可以输入新名称，然后在桌面上任意位置单击，即可完成对图标的重命名。

桌面的图标失去使用价值时，就需要删掉。右击需要删除的图标，在弹出的快捷菜单中选择【删除】命令即可。

用户也可以在桌面上选中该图标，然后按 Delete 键直接删除。

图 1-3　【重命名】命令

当选择【删除】命令后，系统会弹出信息提示对话框询问用户是否确定要删除所选内容并移入【回收站】。单击【是】按钮，删除生效；单击【否】按钮或者是单击【关闭】按钮，则取消此次操作。

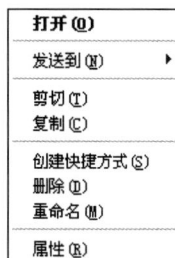

5.显示属性设置

Windows XP 提供了设置个性化桌面的空间，系统自带了许多精美的图片，可以将它们设置为墙纸；通过显示的设置，还可以改变桌面的外观，或选择屏幕保护程序，还可以为背景加上声音。通过这些设置，可以使桌面更加赏心悦目。

右击桌面任意空白处，在弹出的快捷菜单中选择【属性】命令，弹出【显示属性】对话框，如图 1-4 所示。该对话框有 5 个选项卡，可以在各选项卡中进行个性化设置。

（1）主题：可以使背景、屏幕保护程序和桌面设置保存到某个文件当中。在【主题】下拉列表中有多种选项。要建立自己的主题，先设置喜欢的桌面等，再选择【主题】选项卡，单击【另存为】按钮，然后输入一个名称。

（2）桌面：可以设置自己的桌面背景。在【背景】列表框中，提供了多种风格的图片，可根据喜好来选择，也可以通过浏览的方式从已保存的文件中调入喜爱的图片。然后在【位置】下拉列表中选择拉伸、平铺或居中等显示方式。如果所选图片比整个屏幕小，还可以选择一个背景颜色，作为图片后面的背景显示。

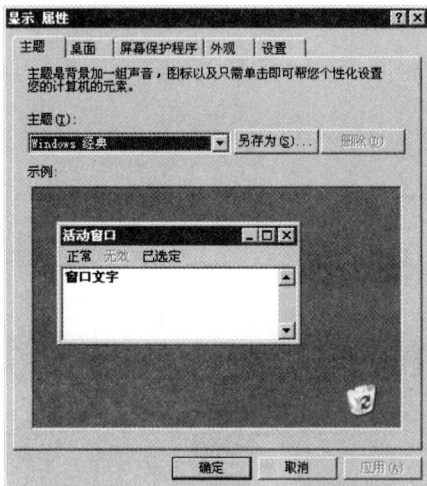

图1-4　【显示属性】对话框

单击【自定义桌面】按钮，将弹出【桌面项目】对话框，在【常规】选项卡的【桌面图标】选项组中可以通过对复选框的勾选来决定在桌面上图标的显示情况。还可以对图标进行更改，当选择一个图标后，单击【更改图标】按钮，弹出【更改图标】对话框，可以在其中选择自己所喜爱的图标，也可以单击【浏览】按钮，在弹出的【浏览】对话框中进一步查找喜欢的图标。当选定图标后，单击【确定】按钮，即可应用所选图标。用户不但可以将各种格式的图片设置为桌面，如果连入 Internet，还可从网上下载网页并将活动的网页设置为桌面背景。

（3）屏幕保护程序：如果暂时不对计算机进行任何操作时，可以使用屏幕保护程序将显示屏幕屏蔽，这样可以节省电能，有效地保护显示器，并且防止其他人在计算机上进行任意的操作，从而保证数据的安全。

在【屏幕保护程序】下拉列表中提供了各种静止和活动的样式，当选择了一种样式后，如果对系统默认的参数不满意，可以根据自己的喜好来进一步设置。如果要调整监视器的电源设置来节省电能，单击【电源】按钮，可弹出【电源选项属性】对话框，可以在其中制定适合自己的节能方案。

（4）外观：可以改变窗口和按钮的样式，在 Windows 经典和 Windows XP 风格或桌面之间进行选择。系统提供了 3 种色彩方案，分别是橄榄绿、默认（蓝）和银色，默认的是蓝色。在【字体大小】下拉列表中可以改变标题栏中字体显示的大小。

单击【效果】按钮则弹出【效果】对话框，这里可以为菜单和工具提示使用过渡效果，可以使屏幕字体的边缘更平滑，尤其是对于液晶显示器的用户来说，使用这项功能，可以大大地增加屏幕显示的清晰度。除此之外，还可使用大图标、在菜单下设置阴影显示等。

（5）设置：可以对高级显示属性进行设置。在【屏幕分辨率】选项组中，可以拖动小滑块来调整其分辨率，分辨率越高，在屏幕上显示的信息越多，画面就越逼真。在【颜色质量】下拉列表中有中（16 位）、高（24 位）和最高（32 位）3 种选择。显卡所支持的颜色质量位数越高，显示画面的质量越好。在进行调整时，要注意自己的显卡配置是否支持高分辨率，如果盲目调整，则会导致系统无法正常运行。

单击【高级】按钮，弹出一个当前显示属性对话框，在其中有关于显示器及显卡的硬件信息和相关的设置。

二、Windows 窗口

1. 窗口的组成

当打开一个文件或者应用程序时，都会弹出一个窗口，窗口是用户进行操作时的重要组成部分，在 Windows 中有许多种窗口，其中大部分包括了相同的组件，如图 1-5 所示是一个标准的窗口，它由标题栏、菜单栏、工具栏等几部分组成。

图 1-5　【我的电脑】窗口

（1）标题栏：位于窗口的顶部，标明了当前窗口的名称，左侧有控制菜单按钮，右侧有【最小化】、【最大化】或【还原】以及【关闭】按钮。

（2）菜单栏：位于标题栏的下方，提供了用户在操作过程中要用到的各种功能或命令。

（3）工具栏：在其中包括了一些常用的功能按钮，在使用时可以直接从其中选择各种工具。

（4）状态栏：位于窗口的最下方，标明了当前有关操作对象的一些基本情况。

（5）工作区域：在窗口中所占的比例最大，显示了应用程序界面或文件中的全部内容。

（6）滚动条。当工作区域的内容太多而不能全部显示时，窗口将自动显示滚动条，可以通过拖动水平或者垂直的滚动条来查看所有的内容。

2. 窗口的基本操作

1）弹出窗口

当需要弹出一个窗口时，可以通过下面两种方式来实现。

选中要弹出的窗口图标，然后双击打开。右击选中的图标，在弹出的快捷菜单中选择【打开】命令。

2）移动窗口

在弹出一个窗口后，不但可以通过鼠标来移动窗口，也可以通过鼠标和键盘的配合来完成。移动窗口时只需要在标题栏上按住鼠标左键拖动，移动到合适的位置后再释放，即可完成移动的操作。如果需要精确地移动窗口，可以在标题栏上右击，在弹出的快捷菜单中选择【移动】命令（非最大化窗口），当指针变成一个"十"字形箭头标志时，再通过按方向键来移动到合适的位置后通过单击或者按 Enter 键确认。

3）缩放窗口

窗口不但可以移动到桌面上的任何位置，而且还可以随意改变大小将其调整到合适的尺寸。

（1）当需要改变窗口的宽度或高度时，将指针指向窗口的垂直边框或水平边框，当指针变成双向的箭头时，可以任意拖动。当需要对窗口进行等比缩放时，可将指针指向边框的任意角上进行拖动。

（2）也可以用鼠标和键盘的配合来完成，在标题栏上右击，在弹出的快捷菜单中选择【大小】命令（非最大化窗口），当指针变成一个"十"字形箭头标志时，通过方向键来调整窗口的高度和宽度，调整至合适位置时，通过单击或者按 Enter 键结束。

4）最大化、最小化窗口

当在对窗口进行操作的过程中，可以根据需要把窗口最小化或最大化等。

（1）【最小化】按钮■。在暂时不需要对窗口操作时，直接在标题栏上单击此按钮，窗口会以按钮的形式缩小到任务栏。

（2）【最大化】按钮▢。窗口最大化时铺满整个桌面，这时不能再移动或者是缩放窗口。在标题栏上单击此按钮即可使窗口最大化。

（3）【还原】按钮▣。当把窗口最大化后想恢复原来弹出时的初始状态，单击此按钮即可实现对窗口的还原。在标题栏上双击可以进行最大化与还原两种状态的切换。每个窗口标题栏的左侧都会有一个表示当前程序或者文件特征的控制菜单按钮，单击即可弹出控制菜单，它和在标题栏上右击所弹出的快捷菜单的内容是一样的。

也可以通过快捷键来完成以上的操作。用 Alt+空格键来弹出控制菜单，然后根据菜单中的提示，在键盘上输入相应的字母，例如，最小化输入字母"N"，通过这种方式可以快速完成相应的操作。

5）切换窗口

当弹出多个窗口时，需要在各个窗口之间进行切换，下面是几种切换的方式。

（1）当窗口处于最小化状态时，在任务栏中选择所要操作窗口的按钮，然后单击即可完成切换。当窗口处于非最小化状态时，可以在所选窗口的任意位置单击，当标题栏的颜色变深时，表明为当前窗口。

（2）按 Alt+Tab 组合键，会显示切换任务栏。其中列出了当前正在运行的窗口，这时可以按住 Alt 键，然后用 Tab 键从切换任务栏中选择所要弹出的窗口，选中后再释放两个键，选择的窗口即可成为当前窗口。

也可以使用 Alt+Esc 组合键来选择所需要弹出的窗口，但是它只能改变激活窗口的顺序，而不能使最小化窗口放大，所以，多用于切换已弹出的多个窗口。

6）关闭窗口

完成对窗口的操作后，在关闭窗口时有几种方式。可以直接在标题栏上单击【关闭】按钮×，或选择【文件】|【退出】或【关闭】命令，或使用 Alt+F4 组合键。

如果所要关闭的窗口处于最小化状态，可以右击任务栏中该窗口对应的按钮，然后在弹出的快捷菜单中选择【关闭】命令。

在关闭窗口之前要保存所创建的文档或者所做的修改，如果忘记保存，当选择了【关闭】命令后，会弹出一个信息提示对话框，询问是否要保存所做的修改，单击【是】按钮保存关闭，单击【否】按钮不保存关闭，单击【取消】按钮则不关闭窗口，可以继续使用该窗口。

7）窗口的排列

当在对窗口进行操作时弹出了多个窗口，而且需要全部处于全显示状态，这就涉及排列的问题，Windows 提供了 3 种排列的方案可供选择。

（1）层叠窗口：把窗口按先后的顺序依次排列在桌面上，其中每个窗口的标题栏和左侧边缘是可见的，可以任意切换各窗口之间的顺序。

（2）横向平铺窗口：各窗口并排显示，在保证每个窗口大小相当的情况下，使得窗口尽可能往水平方向伸展。

（3）纵向平铺窗口：在排列的过程中，使窗口在保证每个窗口都显示的情况下，尽可能往垂直方向伸展。

右击任务栏中的非按钮区域，弹出快捷菜单，在其中可以进行相应的选择。在选择了某项排列方式后，在任务栏快捷菜单中会显示相应的撤销该选项的命令，例如，选择【层叠窗口】命令后，任务栏的快捷菜单中会增加一项【撤销层叠】命令，当选择此命令后，窗口恢复原状。

三、Windows 任务栏

任务栏是位于桌面最下方的一条小长条，用于显示系统正在运行的程序和弹出的窗口、当前时间等内容，通过任务栏可以完成许多操作，而且也可以对它进行一系列的设置。

1. 任务栏的组成

任务栏分为【开始】按钮、快速启动工具栏、窗口按钮栏和通知区域等几部分，如图 1-6 所示。

图 1-6　任务栏

（1）【开始】按钮。单击此按钮，可以弹出【开始】菜单，在用户操作过程中，要用它打开大多数的应用程序，详细内容后述。

（2）快速启动工具栏。它由一些小按钮组成，单击可以快速启动程序。一般情况下，它包括 Internet Explorer 图标、Outlook Express 图标和【显示桌面】图标等。

（3）窗口按钮栏。当启动某项应用程序而弹出该窗口后，在任务栏中会显示相应的有立体感的按钮，表明当前程序正在被使用，在正常情况下，按钮是向下凹陷的，当把程序窗口最小化后，按钮则是向上凸起的，这样可以使观察更方便。

（4）语言栏。在此可以选择各种输入法，单击语言指示器，在弹出的菜单中进行选择，可以切换为中文输入法，语言栏可以最小化以按钮的形式在任务栏显示，单击右上角的【还原】按钮，它也可以独立于任务栏之外。

（5）隐藏和显示按钮。其作用是隐藏不活动的图标和显示隐藏的图标。右击任务栏空白处，在弹出的快捷菜单中选择【属性】命令，在弹出的【任务栏和「开始」菜单属性】对话框中勾选【隐藏不活动的图标】复选框，系统会自动将最近没有使用过的图标隐藏起来，以使任务栏的通知区域不至于很杂乱，它在隐藏图标时会弹出文本框提醒用户。

（6）【音量】按钮 ：单击任务栏中小喇叭形状的按钮，弹出音量控制对话框，可以通过拖动小滑块来调整扬声器的音量，当勾选【静音】复选框后，扬声器的声音消失。当双击【音量】按钮或者右击该按钮，在弹出的快捷菜单中选择【打开音量控制】命令，可以弹出【主音量】窗口，在其中可以调整音量控制、波形、软件合成器等各项内容。当右击【音量】按钮，在弹出的快捷菜单中选择【调整音频属性】命令，弹出【声音和音频设备属性】对话框，在其中显示了有关音频设备的信息，可以对音频进行进一步调整，如图 1-7 所示。在【声音】选项卡中，可以改变应用于 Windows 和程序事件中的声音方案，单击【浏览】按钮，系统将提供多种声音方案。

（7）日期指示器 19:31 。在任务栏的最右侧，显示了当前的时间，把指针指向该指示器，则显示当前的日期，双击该指示器弹出【日期和时间属性】对话框，在【时间和日期】选项卡中，可以完成时间和日期的校对，在【时区】选项卡中，可以进行时区的设置，而使用与 Internet 时间同步可以使本机上的时间与 Internet 上的时间保持一致。

2．任务栏的基本操作

系统默认的任务栏位于桌面的最下方，可以根据自己的需要把它拖动到桌面的任何边缘处及改变任务栏的宽度，通过改变任务栏的属性，还可以让它自动隐藏。

1）任务栏的属性

右击任务栏中的非按钮区域，在弹出的快捷菜单中选择【属性】命令，即可弹出【任务栏和「开始」菜单属性】对话框，如图 1-8 所示。

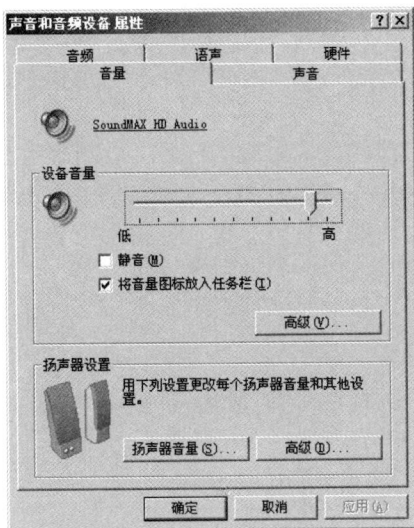

图 1-7　【声音和音频设备属性】对话框　　　图 1-8　【任务栏和「开始」菜单属性】对话框

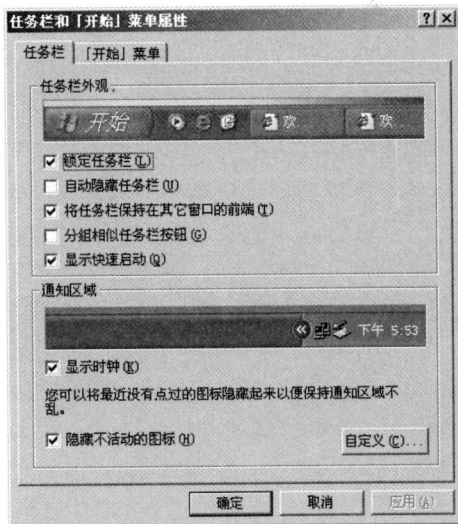

在【任务栏】选项卡的【任务栏外观】选项组中，可以通过对复选框的勾选来设置任务栏的外观。

（1）锁定任务栏。当锁定后，任务栏不能被随意移动或改变大小。

（2）自动隐藏任务栏。当不对任务栏进行操作时，它将自动消失，当需要使用时，可以把指针指向任务栏位置，它会自动显示。

（3）将任务栏保持在其他窗口的前端。如果弹出多个窗口，任务栏总是在最前端，而不会被其他窗口盖住。

（4）分组相似任务栏按钮。把相同的程序或相似的文件归类分组使用同一个按钮，这样不至于在弹出多个窗口时，按钮变得很小而不容易被辨认，使用时，只要找到相应的按钮组就可以找到要操作的窗口名称。

（5）显示快速启动。选择后将显示快速启动工具栏。

在【通知区域】选项组中，可以选择是否显示时钟，也可以把最近没有单击过的图标隐藏起来以便保持通知区域的简洁明了。

单击【自定义】按钮，在弹出的【自定义通知】对话框中，可以进行隐藏或显示图标的设置。

2）改变任务栏及各区域大小

当任务栏位于桌面的下方妨碍了用户的操作时，可以把任务栏拖动到桌面的任意边缘。在移动时，先确定任务栏处于非锁定状态，然后在任务栏中的非按钮区域按住鼠标左键拖动到所需要边缘再释放，这样任务栏就会改变其位置。

有时弹出的窗口比较多而且都处于最小化状态时，在任务栏中显示的按钮会变得很小，观察会很不方便，这时，可以改变任务栏的宽度来显示所有的窗口，把指针指向任务栏的上边缘，当显示双箭头指示时，按住鼠标左键不放拖动到合适位置再释放，任务栏中即可显示所有的按钮。

任务栏中的各组成部分所占比例也是可以调节的，当任务栏处于非锁定状态时，各区域的分界处将显示两竖排凹陷的小点，把指针指向该处，显示双向箭头后，按住鼠标左键拖动即可改变各区域的大小。

在任务栏中使用不同的工具栏，可以方便而快捷地完成一般的任务。右击任务栏的非按钮区域，在弹出的快捷菜单中选择【工具栏】命令，可以看到在其子菜单中列出的常用工具栏，当选择其中的一项时，任务栏中会显示相应的工具栏。也可以根据需要添加或者新建以及删除工具栏。

四、Windows 菜单

Windows 中提供了【开始】菜单、控制菜单、快捷菜单和菜单栏菜单。这些菜单是单击【开始】按钮，或单击窗口菜单栏中的某菜单项而显示的一组命令列表。

菜单中有一些符号或字母标示，其意义如下：

（1）正常的菜单命令是用黑色字符显示出来的，可以随时选取它。灰色显示的菜单命令是暂时不能用的。

（2）在菜单列表中，通常根据其功能进行分组，组与组之间用"分组线"分隔。

（3）菜单命令后跟有省略号的菜单选项，表示选择此菜单命令将弹出一个对话框，要求输入某种信息或改变某些设置。

（4）菜单命令后跟有三角标记的菜单选项，说明此菜单命令下面还有子菜单，当指针指向该选项时，就会自动弹出下一级菜单。

（5）菜单命令后带有组合键的命令，表示可以在不弹出菜单的情况下，直接按该组合键来选择相应的菜单命令。

（6）菜单命令前带有"√"号的选项，表示已选用。选择该菜单命令将在选用与不选用此功能之间进行切换。

（7）菜单命令前有"·"号的选项，表示它是可选用的，但在它的分组菜单中，只能有一个且必定有一个被选中，被选中的选项前带有"·"标记。

1.【开始】菜单

Windows 的【开始】菜单位于桌面的左下角，用户可以通过【开始】菜单方便地访问 Internet、收发 E-mail 或启动常用的程序，以及实现对计算机的操作与管理。

在桌面上单击【开始】按钮，或者按"Ctrl+Esc"组合键，就可以打开【开始】菜单，Windows 的【开始】菜单有两种风格，如图 1-9 所示如果需要改变【开始】菜单样式时，在该菜单中选择【控制面板】命令，双击【任务栏和「开始」菜单】图标，这时会弹出【任务栏和「开始」菜单属性】对话框，如图 1-10 所示。在【「开始」菜单】选项卡中进行选择，再单击【确定】按钮，当再次打开【开始】菜单时，将改为选定的【「开始」】菜单样式。

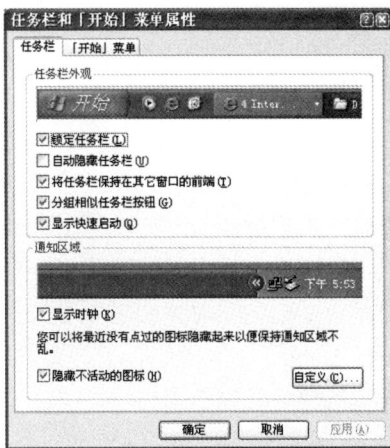

图 1-9　【开始】菜单　　　　　　　　图 1-10　"任务栏和「开始」菜单"对话框

【开始】菜单的命令包括以下几种。

（1）【程序】或【所有程序】：用于启动某个应用程序。

（2）【我最近的文档】：用于打开最近使用过的文档。

（3）【控制面板】：用于设置网络连接、打印机、任务栏和【开始】菜单以及系统管理的控制面板。

（4）【搜索】：用于在计算机中查找所需要的内容，除了文件和文件夹，还可以查找图片、音乐以及网络上的计算机和通讯簿中的联系人等。

（5）【帮助和支持】：弹出【帮助和支持中心】窗口，为用户提供帮助主题、指南、疑难解答和其他支持服务。

（6）【运行】：利用【运行】对话框打开程序、文件夹、文档或者是网站。

（7）【注销】和【关闭计算机】：进行注销用户和关闭计算机的操作。

无论何种风格的【开始】菜单，都可以通过【任务栏和「开始」菜单属性】对话框中的【「开始」菜单】选项卡，单击【自定义】按钮来设置【开始】菜单，或添加和删除【开始】菜单的内容项目。

2．控制菜单和菜单栏菜单

应用程序的菜单主要由控制菜单和菜单栏组成。菜单栏上的文字如"文件"、"编辑"等称为菜单名，这些菜单就是控制菜单。而每个菜单名对应一个由若干菜单命令组成的下拉菜单就是菜单栏菜单。

3．快捷菜单

快捷方式的菜单简称为"快捷菜单"，是通过右击某对象时显示的菜单。这种菜单根据选择的对象不同其内容也不同。

五、　控制面板

单击 Windows【开始】按钮，在弹出菜单中选择【设置】|【控制面板】，就可以进入到控制面板。Windows 中控制面板的图标可以以分类视图查看，这样方便了人们按主题进行设置。不过这项功能在其他版本的 Windows 中不提供，在其他版本 Windows 中，控制面板以"视图"出现。这里以经典视图为例进行介绍。

打开控制面板，找到左边面板上"切换到经典视图"的链接，单击就切换到经典模式。如图 1-11 所示，这时窗口出现一系列的图标，每个图标代表着系统中的一部分。要打开某个控制面板的图标，只需双击即可。

图 1-11　"控制面板"窗口

六、系统

控制面板中最重要的图标是"系统"图标。在这个程序中可以设定大部分与计算机工作相关的控制选项。双击"系统"图标，打开"系统"对话框，该对话框有 7 个选项卡：

（1）"常规"：显示了正在使用的操作系统版本以及其他一些细节。

（2）"计算机名"：显示内部网络标识的计算机名、工作组信息。单击"更改"按钮可以进行更改。如果还没有建立内部网络，该选项也会存在，但更改没有任何作用。

（3）"硬件"：用于检查或更改计算机硬件的设置。单击"设备管理器"按钮，将会出现"设备管理器"窗口，列出了计算机中的所有硬件，包括磁盘驱动器、监视器、网卡、Modem、扫描仪等，所有的设备按目录排列。要查看设备目录下面的设备，单击目录左边的"+"号，目录扩展开来并显示出相关的设备。旁边有黄色警告标志的设备表示该设备有问题，不能正常工作。可以记录下这些问题设备，然后告诉技术支持人员或者在在线求助论坛中寻求帮助。随意更改设备管理器的设置可能会让计算机停止工作，所以在没有得到正确指导的情况下要格外小心操作。

单击"驱动程序签名"按钮可以选择是否接受没有微软签名认证的硬件设备驱动程序。由于许多第三方的合法驱动程序没有通过微软签名认证，所以最好保持默认的"警告"设置。

如果选中了"Windows Update"按钮，你的计算机会在出现硬件问题时自动地在因特网上寻找设备驱动程序。

（1）"高级"：包括了一些很复杂且比较危险的设置。如果你不清楚，建议不要随便修改。

（2）"自动更新"：主要设置 Windows 访问 Windows XP 的修复网站的频率，该网站提供了最新的 Windows 漏洞补丁包。可以把访问频率设定为"自动下载并安装所有更新"，或者"自动下载更新并且当更新就绪可以安装时通知我"，或者"从不下载任何更新"。对于是宽带上网，建议保留第二项的缺省选择，这样可以随时打好补丁包；对于拨号上网可以选择"下载任何更新前通知我并在安装到我的计算机之前再通知我一次"，因为有些升级包会非常大。

（3）"远程"：可以让技术人员远程控制你的计算机并帮助解决问题，不过一般不常用。为了防止非授权访问，最好不要选中第二项，即"允许用户远程连接到这台计算机"。

七、添加硬件

Windows 能够很好地检测到新安装的硬件。它常常能自动安装硬件驱动程序，或者引导插入设备的驱动程序盘。不过如果是第一次安装一个新硬件，而且它没有被 Windows 自动识别，就需要打开控制面板中的"添加新硬件"。它事实上是一个向导，它指示一步一步找到安装的新硬件。双击"添加|删除硬件"图标，出现"添加|删除硬件向导"对话框后，单击"下一步"按钮，向导自动搜索设备，如果发现了新设备，向导又进一步引导安

装驱动程序。如果向导不能发现设备，它会询问是否插入了硬件。如果插入了新硬件，向导会让你从一个列表中选择设备的名字。如果设备不在此列表当中，拖动列表滚动条到最底部，选择"添加新设备"项，然后单击"下一步"。可以要求 Windows 再搜索一次新硬件，或者从一个列表中选择硬件。

如果 Windows 还是找不到也无法定位新设备，那么最好亲自来找出这个设备。选择"我想从列表中选择硬件"按钮，然后单击"下一步"。系统会列出一系列的硬件类型。选择最合适的设备类型，单击"下一步"，然后在列表中找出设备生产商和型号。如果有驱动程序盘，则单击"从磁盘安装"按钮，然后按照提示完成硬件安装过程。

八、添加/删除程序

通常情况下，要安装一个新软件，只需要插入程序光盘，然后等待安装程序自动运行。如果安装程序不能自动运行，可以通过控制面板中的"添加/删除程序"来完成程序的安装。

双击"添加/删除程序"，在左边的面板中选择"添加新程序"，然后选择"光盘或软盘"，按照指示安装。也可以在"添加/删除程序"中通过访问 Windows Update 网站升级 Windows。

"添加/删除程序"向导在删除程序时显得更为有用。可以通过在开始菜单中找到某程序的子菜单，选择"卸载"来删除程序。这时一般会弹出一个对话框，引导卸载应用程序。不过有的应用程序不提供这种卸载服务，要删除此类程序就需要用到控制面板里的"添加/删除程序"。

在"添加/删除程序"对话框中，"更改或删除程序"选项有一系列的软件列表，列出了在计算机中目前安装的所有在软件（除了 Windows 本身）。在 Windows 下该列表也显示出软件所占用的磁盘空间。如果选中列表中的某一个软件，还会显示出软件的使用频率和最近一次的使用时间，同时会出现一个"更改/删除"按钮或者两个单独的"更改"、"删除"按钮。选择以上两个按钮之一会弹出一个对话框，引导修改或者删除应用程序。注意删除本机软件列表中的一些 Windows 核心程序和升级补丁包会导致系统不稳定或不安全。

另外，一些应用程序（以及大多数游戏程序）卸载时会删除安装时产生的数据和设置文件，比如收藏的 Web 站点，如果你希望保存这些数据，请在卸载前做好备份。不可以使用控制面板卸载 Windows，不过可以添加或删除 Windows 组件。打开"添加/删除程序"对话框，在左边面板上选择"添加/删除 Windows 组件"，将会出现"Windows 组件向导"，包括了所有的 Windows 组件列表。在这个列表中，被选中的项表示已经安装的 Windows 组件。清除某项前边的选中标记可以卸载该组件，反之打上选中标记则可以安装该组件。一些组件项可以展开：当"详细信息"按钮可用的时候，单击该按钮，就会弹出对话框让你选择有关该组件项的详细选项。

一些 Windows 组件，如 Internet Explorer 和网络服务，是 Windows 的核心部分，不要删除它们。而另外一些组件，如 Windows 媒体播放器或者 Outlook Express，如果不需要的话就可以卸载它们。按照需要添加或删除相应组件后，单击"下一步"，然后按照向导提示完成对 Windows 组件的修改。

九、Windows 输入法

操作计算机的基本技能之一是输入中、英文，Windows 支持许多种中文输入方法，熟练掌握 1～2 种中文输入方法是学习计算机知识的前提。

1. 安装和删除输入法

Windows 在安装时缺省地安装支持 GB2312 -80 的微软拼音、智能 ABC 全拼、双拼、郑码等多种输入法。可以根据需要任意安装或删除某种输入法。

安装 Windows 提供的中文输入法的方法如下：

（1）单击【开始】按钮，选择"设置"，然后单击"控制面板"，在其中单击"区域和语言选项"图标，选择"语言"选项卡，在"文字服务和输入语言"选项组中单击"详细信息"，这时打开"文字服务和输入语言"对话框，如图 1-12 所示。

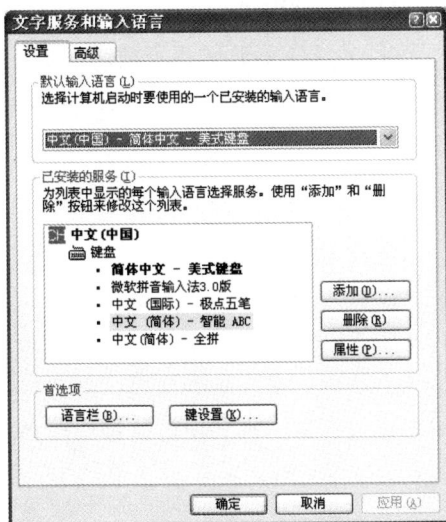

图 1-12 "文字服务和输入语言"对话框

（2）在"输入默认输入语言"下拉框中选择输入语言。在"已安装的服务"框中选择输入法，使用"添加"、"删除"按钮进行输入法的添加和删除。

（3）选择一种输入法，点击"属性"按钮，可以进行输入法设置。还可以进行"语言栏"和"键设置"的设置。设置完毕单击【确定】即可。

对于不是系统自带的输入法，如"五笔字型"输入法，一般可使用输入法自带的安装光盘进行安装，如果不能安装就需要将输入法程序复制到系统文件夹（Windows\system32）下，然后修改注册表，再进行上述操作。外挂输入法程序最好在行家的帮助下进行。

2. 切换输入法

可以使用"Ctrl+Space"键来启动或关闭中文输入法，使用"Ctrl+ Shift"键在英文及各种中文输入法之间进行切换。

任务栏的"语言指示器"指示了当前正在使用的输入法。有"En"标志的指示器说明当前正在使用英文（即 ASCII 码）输入法，而"CN"标志的指示器说明当前正在使用中文输入法，旁边还有一个中文输入法的图标。单击"语言指示器"或输入法图标也可以选择输入方法。

3. 中文输入法工具栏

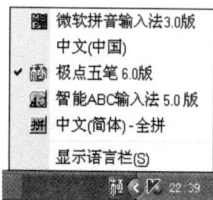

选择某种中文输入法后，将显示出该中文输入法工具栏，如图 1-13 所示。它一般停留在任务栏之上。将光标移动到输入法工具栏的边缘，光标将变成一个"十"字箭头形，此时按住鼠标拖动，可以把输入法工具栏移动到屏幕上的任何位置。中文输入法工具栏的各个按钮都是开关按钮，即单击它们可以改变输入法的某种状态，如中\英文输入、数字半\全角输入、中\英文标点输入、控制软键盘等。

图 1-13　输入法工具栏

4. 软键盘

所谓软键是指屏幕上弹出的一个类似键盘的窗口，单击其中的键就可以输入它所表示的字符。Windows 内置的中文输入法共提供 15 种软键盘，它们是：标准 PC 键盘、繁体仓颉输入法 PC 键盘、繁体注音输入法 PC 键盘、希腊字母、俄文字母、注音符号、拼音、日文平假名、片假名、标点符号、数字序号、数学符号、单位符号、制表符及特殊符号键位图。单击输入法工具栏中的软键盘标志，在弹出的软键盘菜单中选择软键盘，就可以切换到软键盘的输入状态。再次单击软键盘标志可取消软键盘输入状态。

5. 输入法选项设置

各种输入法都支持输入法设置选项。输入法选项包括词语联想、词语输入、逐渐提示、外码提示、关闭跟随、编码查询，等等。在输入法工具栏的相应输入法按钮上单击鼠标右键，在弹出的菜单上选择"属性设置"或"设置"或"输入选项"，选中所需的功能。

十、打印机和传真

双击"打印机和传真"，将看到一个安装在系统中的所有打印机的列表，包括传真和共享打印机。双击其中的某个图标可以出现打印队列的文件目录窗口。在这个窗口中选择"打印机"菜单，就可以选择暂停打印，设置打印首选项，设置为默认打印机或者选择重新开始打印、取消打印等操作。

右击某个打印机图标，在出现的快捷菜单中也可以完成上述操作。在快捷菜单中点击"属性"，可以修改打印机的默认设置。

十一、Windows 的用户管理

在实际生活中，经常出现多用户使用一台计算机的情况，而每个用户的个人设置和配置文件等均会有所不同，这时用户可进行多用户使用环境的设置。使用多用户使用环境设置后，不同用户用不同身份登录时，系统就会应用该用户身份的设置，而不会影响到其他用户的设置。设置多用户使用环境的具体操作如下：

（1）在"我的电脑"窗口中单击"控制面板"命令，打开"控制面板"窗口。

（2）双击"用户帐户"图标，打开"用户帐户"窗口。

（3）在该窗口中的"挑选一项任务"选项组中可选择"更改用户"、"创建一个新用户"或"更改用户登录或注销的方式"3 种选项；在"或挑一个帐户做更改"选项组中可选择"计算机管理员"帐户或"来宾"帐户。

（4）若用户要进行用户帐户的更改，可单击"更改帐户"命令，打开"用户帐户"的"挑选一个要更改的帐户"窗口。

（5）在该窗口中选择要更改的帐户，例如，选择"计算机管理员"帐户，打开"用户帐户"的"您想更改您的帐户的什么？"窗口。

（6）在该窗口中，用户可选择"更改我的图片"、"更改我的帐户类别"、"创建密码"等选项。

（7）若用户要更改其他用户帐户选项或创建新的用户帐户时，可单击相应的命令选项，按提示信息操作即可。

控制面板除上述主要功能外，还包括其他许多图标，例如：设置时间；设置和更改日期、时间、时区以及网络时钟等。

任务实施

步骤一：更改桌面背景

（1）弹出【显示属性】对话框。右击桌面空白处，在弹出的快捷菜单中选择【属性】命令，弹出【显示属性】对话框。如图 1-14 所示。

（2）选择【桌面】选项卡，单击【浏览】按钮，弹出【浏览】对话框，如图 1-15 所示。

（3）在此对话框的【查找范围】下拉列表中选择【图片收藏】文件夹，然后选中文件 fengjing.jpg，最后单击【打开】按钮，返回【显示属性】对话框，此时【显示属性】对话框中的【应用】按钮呈黑色显示。在【显示属性】对话框中单击【确定】按钮或【应用】按钮，完成桌面背景的设置，如图 1-16 所示。

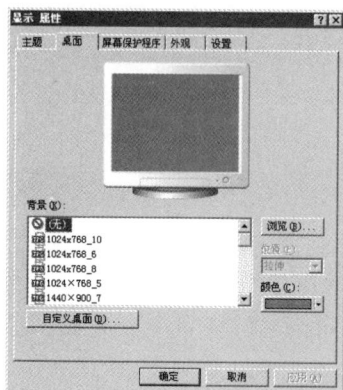

图 1-14　【显示属性】对话框

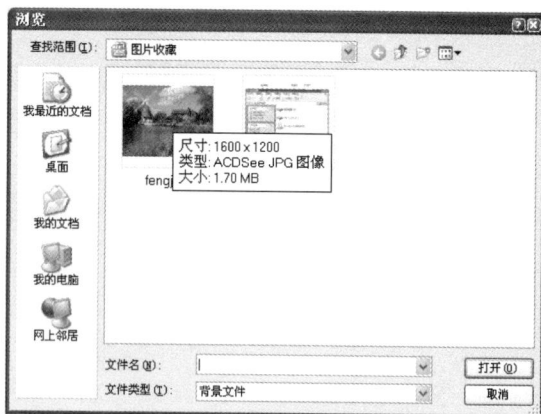

图 1-15　【浏览】对话框

图 1-16　桌面改变后效果

步骤二：给桌面添加图标

（1）在【显示属性】对话框中，单击【桌面】选项卡中的【自定义桌面】按钮，弹出【桌面项目】对话框，如图 1-17 所示。

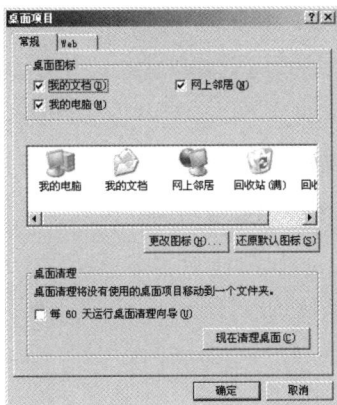

图 1-17　【桌面项目】对话框

（2）选中【桌面图标】中的【我的电脑】、【我的文档】、【网上邻居】和 Internet Explorer 等复选框，然后单击【确定】按钮，返回【显示属性】对话框，此时【显示属性】对话框中增加了一个【应用】按钮。在【显示属性】对话框中单击【确定】按钮或【应用】按钮，完成添加桌面项目操作，如图 1-18 所示。

图 1-18　添加桌面项目后的效果

提示：更改桌面图标，在如图 1-17 所示的【桌面项目】对话框中选中要更改的图标，将打开【更改图标】对话框。其中显示当前正在使用的图标。如果还有可用的图标，则它们会显示在列表框中。单击该列表框中的其他图标或在文本框中输入新文件为更改后的图标，单击【确定】按钮后则完成图标的更改。

步骤三：将图片收藏文件夹制作成屏幕保护程序

（1）右击桌面的空白处，在弹出的快捷菜单中选择【属性】命令，打开【显示属性】

对话框，选择【屏幕保护程序】选项卡。

（2）选择【屏幕保护程序】下拉列表框中的【图片收藏幻灯片】选项，此时【屏幕保护程序】选项卡中的"显示器"便开始以幻灯片的形式播放【图片收藏】文件夹中的图片，单击【确定】或【应用】按钮即可完成设置。

步骤四：改变屏幕保护程序的效果

（1）右击桌面的空白处，在弹出的快捷菜单中选择【属性】命令，弹出【显示属性】对话框，选择【屏幕保护程序】选项卡。

（2）在【屏幕保护程序】选项卡中单击【设置】按钮，弹出【图片收藏屏幕保护程序选项】对话框，如图 1-19 所示。

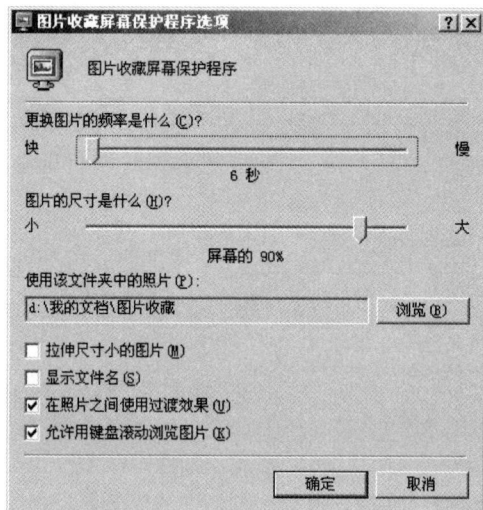

图 1-19　【图片收藏屏幕保护程序选项】对话框

（3）单击【浏览】按钮，弹出【浏览文件夹】对话框，选择作为屏幕保护程序图片的所在的 d:\myphoto 文件夹。拖动【更换图片的频率是什么？】下的滑块到【快】，调整屏幕保护程序中每幅图片停留在屏幕上的时间。拖动【图片的尺寸是什么？】下的滑块，调整图片在屏幕上所占的百分比为 90%，勾选【在照片之间使用过渡效果】复选框，使屏幕保护程序的幻灯片具有过渡效果。

提示：在【屏幕保护程序】选项卡中通过调整【等待】数字框设定显示所选的屏幕保护程序之前要等待时间（不操作计算机的时间）。勾选【在恢复时使用密码保护】复选框，则当屏幕保护程序开始运行后，如果要恢复使用计算机时要求输入密码。屏幕保护程序也可以是【屏幕保护程序】下拉列表中的其他选项。

步骤五：改变【开始】菜单的显示

（1）右击任务栏空白处，在弹出的快捷菜单中选择【属性】命令，弹出【任务栏和「开始」菜单属性】对话框，如图 1-20 所示。

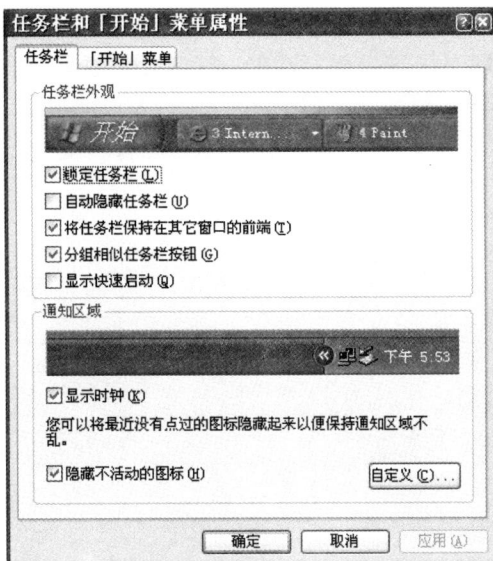

图 1-20　任务栏和「开始」菜单属性

（2）选择【「开始」菜单】选项卡，单击【自定义】按钮，弹出【自定义「开始」菜单】对话框，如图 1-21 所示。

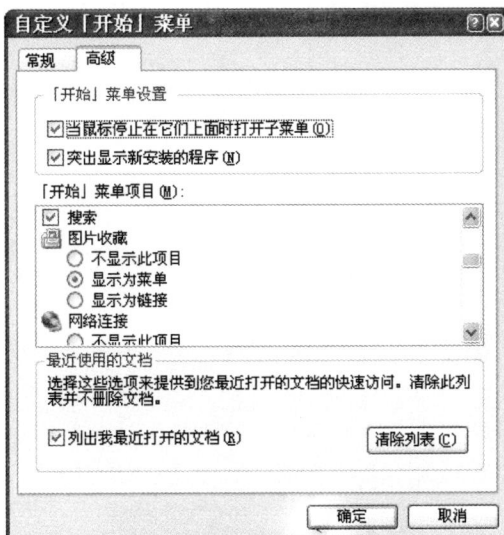

图 1-21　【自定义「开始」菜单】对话框

（3）选择【高级】选项卡，在【「开始」菜单项目】列表框中的【图片收藏】中选中【显示为菜单】单选按钮。单击【确定】按钮，返回【任务栏和「开始」菜单属性】对话框，再单击【确定】或【应用】按钮，完成设定。此时，【开始】菜单中的【我的文档】、【图片收藏】菜单项增加扩展标记，可以显示相应文件夹窗口的内容，如图 1-22 所示，这样可以方便操作，如选择【图片收藏】菜单项下的某一图片文件即可打开相应的图片。

（4）弹出【自定义「开始」菜单】对话框，选择【常规】选项卡，如图 1-23 所示。

图 1-22　【图片收藏】菜单项增加扩展标记

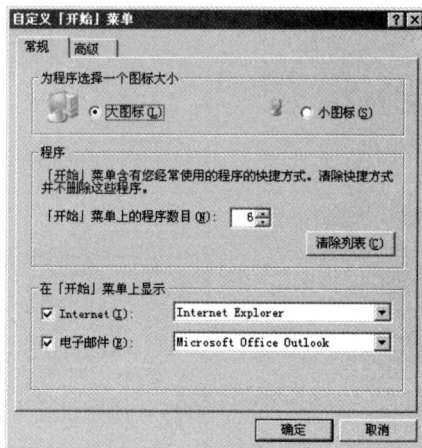

图 1-23　【常规】选项卡

（5）单击【清除列表】按钮，再单击【确定】按钮即可清除最近使用的程序项。

（6）返回【任务栏和「开始」菜单属性】对话框，再单击【确定】或【应用】按钮关闭对话框。此时的【开始】菜单左侧的经常使用的应用程序项的快捷方式全部清除，如图 1-24 所示。

图 1-24　清除列表后效果

步骤六：改变任务栏的显示

（1）右击任务栏空白处，在弹出的快捷菜单中选择【属性】命令，弹出【任务栏和「开始」菜单】对话框选择【任务栏】选项卡，如图 1-25 所示。

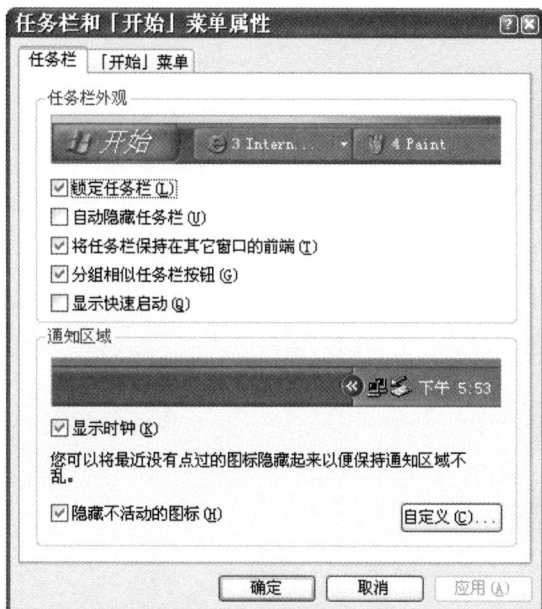

图 1-25　"任务栏"选项卡

（2）在【任务栏】选项卡中勾选【任务栏外观】中的【分组相似任务栏按钮】和【显示快速启动】复选框。

（3）勾选【通知区域】选项组中的【隐藏不活动的图标】和【显示时钟】复选框。

（4）单击【确定】或【应用】按钮，设置效果如图 1-26 所示。

图 1-26　隐藏不活动的图标的效果

步骤七：添加/删除程序、输入法、语言及字体

（1）选择【开始】菜单下的【控制面板】命令，打开"控制面板"窗口。

（2）在"控制面板"窗口选择"添加/删除程序"。

（3）在"当前安装的程序"列表框中选择"WinRAR 压缩专家"应用程序，然后单击【更改/删除】按钮，完成删除"WinRAR 压缩专家"应用程序的操作。

（4）在"控制面板"窗口选择"添加/删除程序"，选择"添加/删除 Windows 组件"，显示如图 1-27。

（5）双击附件和工具，显示如图 1-28，去掉游戏前的"√"，点确定。

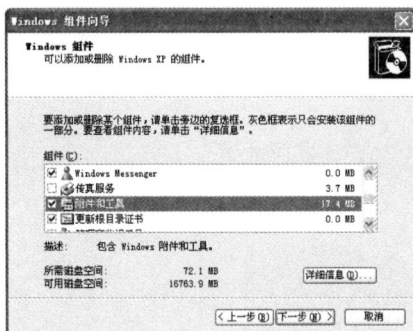
图 1-27 "Windows 附件向导"对话框

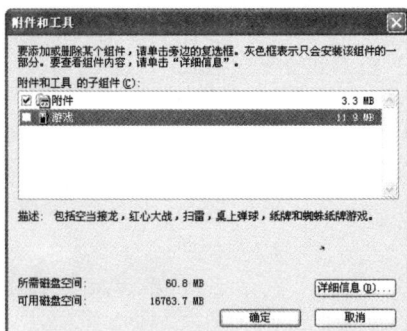
图 1-28 "附件和工具"对话框

（6）鼠标右键单击任务栏上的语言指示器，打开快捷菜单，选择"设置"。打开"文字服务和输入语言"对话框，选择智能 ABC 输入法，点"删除"按钮，然后点【确定】按钮。如图 1-29 所示。

（7）打开"文字服务和输入语言"对话框，点"添加"按钮，显示如图 1-30 所示对话框，在输入语言中选择"朝鲜语"，点确定。

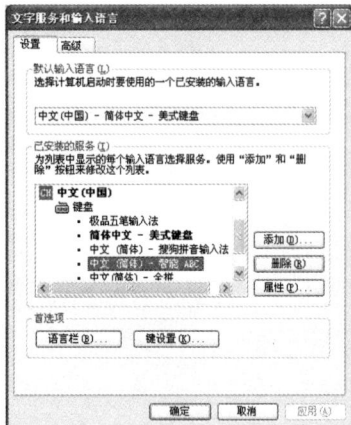
图 1-29 "文字服务和输入语言"对话框

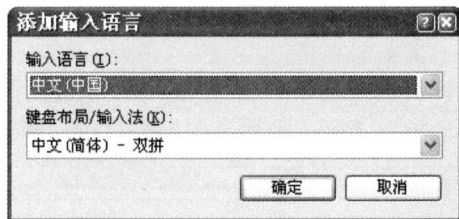
图 1-30 "添加输入语言"对话框

（8）找到操作员级\繁楷体\繁楷体.ttf 文件，点鼠标右键，选择复制。

（9）打开【控件面板】|【字体】对话框，光标在对话框内，单击鼠标右键，选择粘帖，即可将繁楷体添加成功。

步骤八：Windows XP 账户管理

要求给 Windows XP 的用户账户设置账户信息包括图标、口令等。

其操作步骤如下：

（1）单击【开始】菜单的登录用户图标，打开"用户账户"窗口，见图 1-31。

（2）更换登录用户图标，选择"更换我的图片"，打开"用户账户"窗口的"为您的账户挑一个新的图像"页，见图 1-32，选择 butterfly.bmp，然后单击【更换图片】按钮，完成用户帐户图片的更换，返回"用户帐户"窗口。

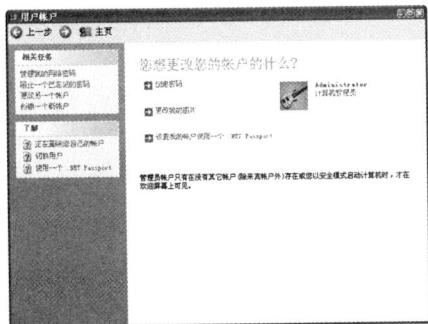

图 1-31　"用户帐户"窗口　　　　　图 1-32　"为您的帐户挑一个新的图像"页

（3）创建用户密码。在图 1-31 所示的窗口中选择"创建密码"，打开图 1-33 所示的窗口。按要求输入新密码并确认密码，最后单击【创建密码】按钮，完成密码的建立，返回"用户帐户"窗口。

（4）添加新用户。在图 1-31 所示的对话框中选择常见任务窗口的"创建一个新帐户"，打开图 1-34 所示的窗口。

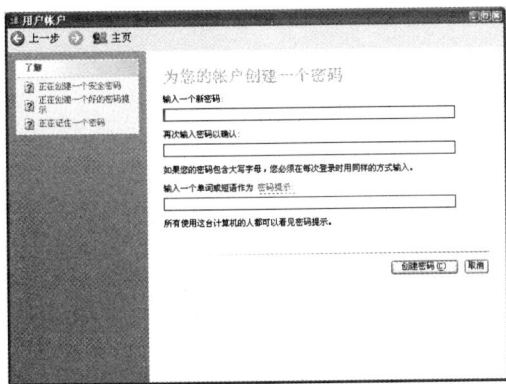

图 1-33　"为您的帐户创建一个密码"页　　　图 1-34　"创建一个新帐户"页

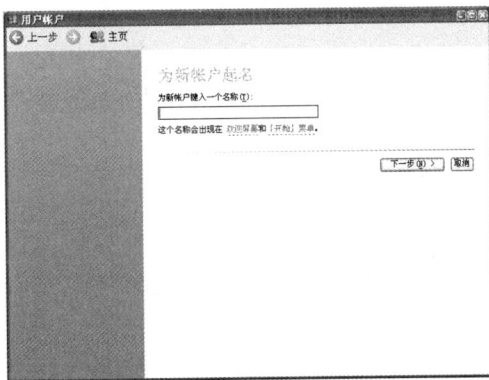

（5）输入新用户名 lili，单击【下一步】按钮，打开图 1-35 所示的窗口。选中"挑选一个帐户类型"的"受限"单选按钮，然后单击【创建帐户】按钮，完成新用户的创建。

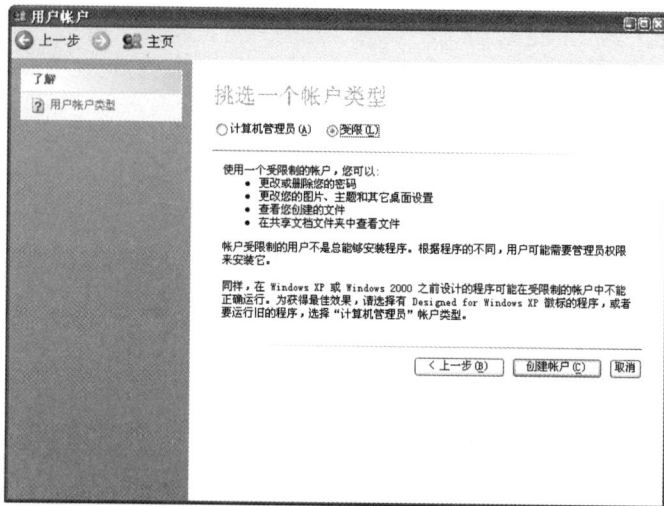

图1-35　"挑选一个帐户类型"页

步骤九：使用打印机

（1）将打印机与主机相连，接通电源。

（2）点【开始】|【打印机和传真】，双击添加打印机。显示"添加打印机向导"对话框，如图1-36所示。

（3）点击下一步，显示本地或网络打印机，如图1-37所示。选择连接到此计算机的本地打印机。

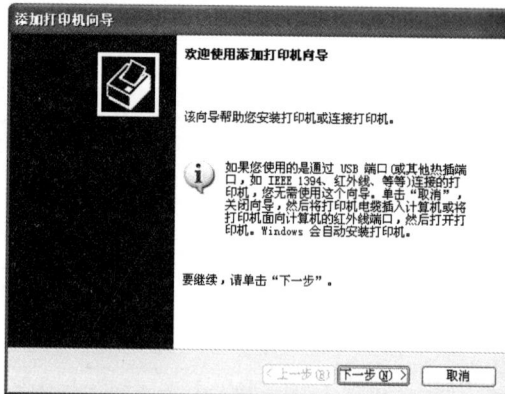

图1-36　"添加打印机向导"对话框

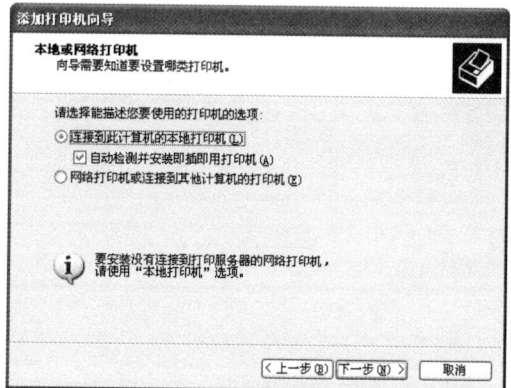

图1-37　本地或网络打印机

（4）点击下一步。显示新打印机检测，如图1-38所示。根据需要选择是否打印测试页。

（5）点击下一步。显示正在完成添加打印机向导。如图1-39所示。

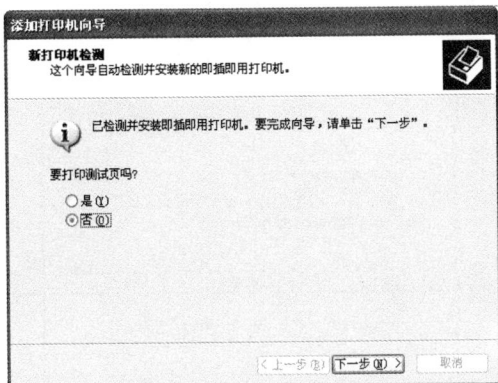

图 1-38　新打印机检测　　　　　　　　　　图 1-39　正在完成添加打印机向导

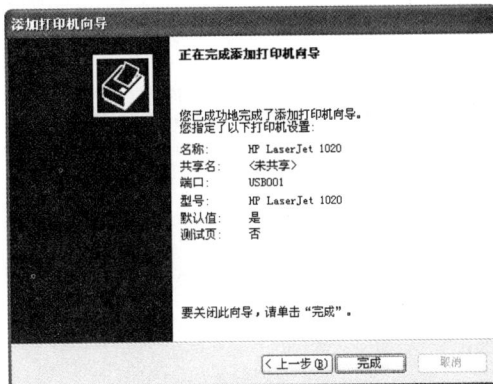

（6）点击完成，显示如图 1-40，打印机和传真窗口。

（7）打印机安装完成。此打印机为默认打印机。

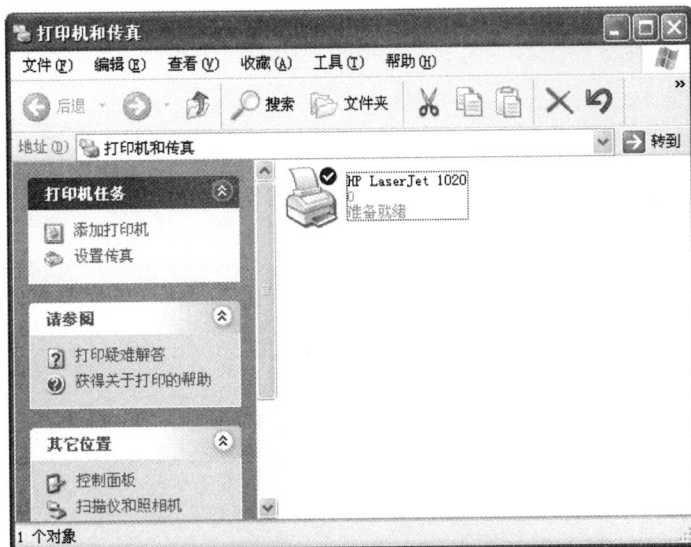

图 1-40　"打印机和传真"窗口

步骤十：将本机 IP 地址修改为 192.168.30.16

（1）右击桌面上"网上邻居"图标，单击"属性"，打开网络连接窗口，如图 1-41 所示。

（2）右击本地连接，单击"属性"，打开本地连接属性对话框，如图 1-42 所示。

图 1-41 "网络连接"窗口

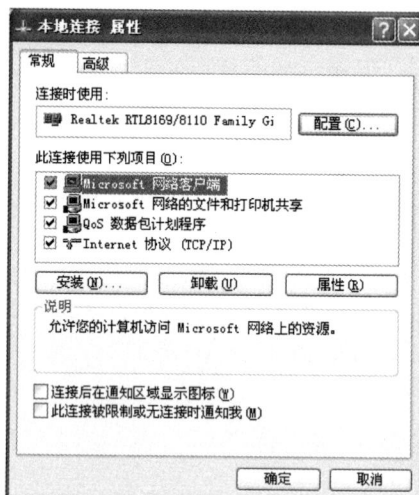

图 1-42 "本地连接属性"窗口

（3）双击"Internet 协议（TCP/IP）"，打开 Internet 协议（TCP/IP）属性对话框，如图 1-43 所示。

（4）选择使用下面 IP 地址，在 IP 地址处输入 192.168.30.16，子网掩码：255.255.255.0，默认网关：192.168.30.1，如图 1-44 所示。

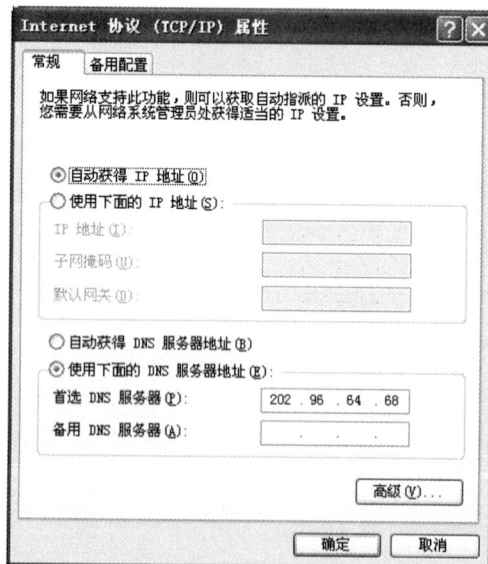

图 1-43 "Internet 协议（TCP/IP）属性"窗口

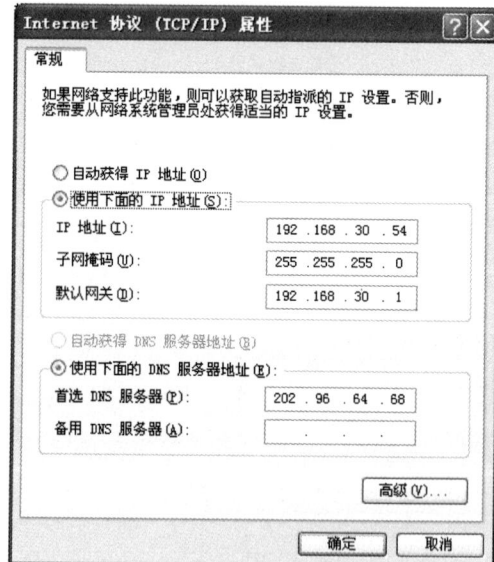

图 1-44 IP 地址修改后

（5）在 Internet 协议（TCP/IP）属性对话框点击【确定】，在本地连接属性对话框点击【确定】，IP 地址修改完毕。

❀ 任务总结

通过本项目的实施，我们对 Windows XP 的工作环境有了一定的了解。桌面和窗口的组成及设置是本项目的重点，键盘和鼠标的熟练使用是本项目的关键。而如果你想成为 Windows XP 的高级使用者，不断地演练和总结则是最有效的途径。只有掌握 Windows XP 的基本操作和环境设置，才能为应用软件的使用奠定坚实基础。Windows XP 系统设置是一个想成为 Windows XP 应用高手的使用者所必需掌握的部分，其中软硬件管理和用户管理即是重点也是难点，熟练掌握这些操作会为进一步的使用计算机奠定坚实的基础。当然，我们在实际使用中可能还会遇到一些疑难问题，正是这些疑难问题的存在，促使我们作进一步的探索和经验积累。

▶ 实用技巧

1. 巧用 Windows 徽标键

现在的大多数键盘都有一个带有微软视窗小旗的按键，位于键盘最下一排，我们称之为 Windows 徽标键。相信大多数人不常使用它，其实利用它可以使你的操作更加方便，与它相关的一些快捷键及功能如表 1-1 所示。

表 1-1 Windows 徽标键的功能

按　键	功　能
Windows 徽标键	弹出【开始】菜单
Windows 徽标键＋D	将所有窗体最小化或恢复原来大小
Windows 徽标键＋E	启动资源管理器
Windows 徽标键＋F	启动文件搜索引擎
Windows 徽标键＋Ctrl＋F	启动计算机搜索引擎
Windows 徽标键+R	显示【运行】对话框
Windows 徽标键+Break	显示【系统属性】对话框

2. 与 Internet 时间同步

目前有许多软件都可以让计算机的时钟变得准确，其原理就是该软件选择一个服务器，当用户上网的时候计算机内的时钟与服务器的时钟相比较，如果不准确的话就可以自动调整过来。而如今在 Windows XP 也集成了这一功能。通过双击任务栏中右下角的日期指示器，在【日期和时间属性】对话框的【Internet 时间】选项卡中进行调整。需要注意的是，如果计算机安装了防火墙，那么很有可能不能进行 Internet 时间调整。

3. 修复受损的 Windows XP "用户账户"

Windows XP 的 "用户账户" 的主界面是一个基于 HTML 界面的程序，如【用户账户】窗口中的【更改用户登录和注销的方式】等菜单，它们实际上都是超链接。正是因为如此，Windows XP 的用户账户容易受到损坏，例如，用户可能会遇到过下面这样的问题。当在 Windows XP 中打开【用户账户】窗口时，整个程序界面一片空白，显示错误提示：参数无效。【用户账户】窗口无法启动。

此类错误就是由于 Windows XP 中关于 HTML 显示的 DLL 动态链接库注册状态失效引起的，如需修复此类问题，就需要使用 REGSVR32 命令重新注册相应的 DLL 动态链接库文件。首先可以先执行 SFB/SBANNOW 命令检测一下系统文件的完整性，确认系统文件没有问题后，依次执行：

```
REGSVR32/S %SystemRoot%system32JSBRIPT.DLL
REGSVR32/S %SystemRoot%system32NUSRMGR.BPL
REGSVR32/S %SystemRoot%system32THEMEUI.DLL
REGSVR32/S %SystemRoot%system32VBSBRIPT.DLL
REGSVR32/S /I %SystemRoot%system32MSHTML.DLL
```

问题即可解决。

4. Windows XP 中切换用户的便捷途径

使用 Windows XP 的用户在需要切换用户的时候，可以单击【开始】按钮，在弹出【开始】的菜单中选择【注销】|【切换用户】命令，或者按 Ctrl+Alt+Delete 组合键，弹出【任务管理器】窗口，在【任务管理器】窗口中选择【用户】|【断开】命令同样可以切换用户，但这两种方法都要经过好几次操作，显得较麻烦，其实在 Windows XP 中有更快捷的方法。其操作步骤：同时按 Windows 徽标键+L 键，Windows 徽标键+L 键不仅有快速切换用户的作用，还有另外一个作用就是在计算机连接到网络域的时候，按 Windows 徽标键+L 键可锁定计算机。

子任务二 系统资源的管理

❀ 任务提出

Windows XP 操作系统具有强大的文件管理功能，附件中包含了许多有用的工具。熟练掌握 Windows XP 文件管理，充分利用附件中工具，如系统工具、计算器、写字板、画图、记事本、辅助工具、放大镜、屏幕键盘等。也许这些工具有更多、功能更强大的专门应用软件，但"附件"中的工具小程序，运行速度比较快，可以节省很多的时间和系统资源，提高工作效率，使计算机成为用户的高效工具。让我们来一起定义一个 Windows XP 的工作环境，具体要求如下：

1. 文件管理

（1）在 D 盘根目录下建立，名为"多媒体"的文件夹；

（2）在"多媒体"文件夹下，新建两个子文件夹"music"和"image"；

（3）搜索本机中的"mp3"文件，并将以"G"开头的文件复制到"music"文件夹。

（4）搜索本机中的扩展名为"jpg"，文件名由 5 个字符组成的文件，全部复制到"image"文件夹中；

（5）将"image"文件夹中所有文件的增加只读属性；

（6）将"多媒体"文件夹设置为共享。

2. 磁盘管理

（1）对 C 盘进行磁盘清理。

（2）对 D 盘进行磁盘碎片整理。

（3）格式化 E 盘。

3. 画图

利用画图工具制作一个图像，并将其做为墙纸。

4. 计算器的使用

将二进制数 10001010，转化为十进制数。

❈ 学习目标

知识目标	能力目标	素质目标	技能（知识）点
（1）掌握文件和文件夹的基本概念 （2）掌握文件和文件夹的基本操作 （3）学会使用 WindowsXP 的系统工具 （4）了解记事本、写字板及画图工具的使用方法 （5）掌握计算器的使用方法	（1）能够熟练进行文件和文件夹的基本操作 （2）能够熟练使用 WindowsXP 的系统工具 （3）能够灵活运用记事本、写字板、画图、计算器等工具解决实际问题	（1）培养认真观察、独立思考、自主学习的能力 （2）培养学生团队协作精神 （3）培养学生良好的世界观、审美观	我的电脑和资源管理器的使用，文件和文件夹的建立、删除、复制、移动、重命名，文件和文件夹的搜索，系统工具的使用，磁盘格式化，写字板、记事本、画图工具的使用、计算器的使用

❀ 任务分析

本任务包括是文件和文件夹的基本操作，附件中工具的使用两大部分。这里不仅要学会基本操作而且要掌握最有效的解决问题的方法。

❀ 实施准备

一、Windows 文件概念

1. 文件概念

文件是软件在计算机内的储存形式，程序、文档以及其他各种软件资源都是以文件的形式储存、管理和使用的。

文件可以保存数据、文字、图片、声音等多种信息，不同的信息种类保存在不同的文件类型中。Windows 中的任何文件都是由文件名来标识，这与 DOS 文件是一样的。

文件名的格式为：文件名.扩展名。

Windows 支持长文件名，最长为 255 个字符，文件名可以包含除"？"、"、"、"*"、""""、 "<"、">"和"|"之外的字符，还可以是空格字符。扩展名用 3 个字符表示。

通常，文件类型是用文件的扩展名来区分，根据保存的信息和保存的方式将文件分为不同的类型，在计算机中以不同的图标显示。

在确定文件时不区分文件名的大、小英文字母，而是将其视为同一文件。可使用通配符 "*"或"?"快速进行文件查找。"*"可表示任意个字符；"?"表示任意一个字符。

如：*.com 表示任意文件名，但扩展名是 COM 的系统文件。

A??.* 表示文件名长度为 3 个字符，且第一个字符是 A 的文件。

2. 文件存储结构和路径

在 Windows 中，存放文件的磁盘按层次分为许多不同存储区域，这些存储区域称为文件夹，Windows 以文件夹形式组织文件。文件夹如同 DOS 和 Windows3.x 下的目录，在目录下可以有子目录和文件；在文件夹下相应也有子文件夹和文件。文件夹的命名方式和文件命名方式一样。通过磁盘驱动号、文件夹名和文件名可查找到文件夹或文件所在的位置，这种位置的表示方式也称为文件夹或文件的"路径"。

二、"资源管理器"和"我的电脑"

Windows 主要使用"资源管理器"和"我的电脑"管理计算机资源，它们是有效管理文件、文件夹和其他资源的工具，可以方便地实现浏览、查看、移动和复制文件或文件夹等操作。

"资源管理器"可以以分层的方式显示计算机内所有文件的详细图表。使用资源管理器实现文件或文件夹的操作，可以不必打开多个窗口，而只在一个窗口中就可以浏览所有的磁盘和文件夹。

"资源管理器"窗口由标题栏、菜单栏、工具栏、地址栏、浏览区及状态栏组成。浏览区又分为左、右"窗格"，两个"窗格"中的滚动条均可独立操作。任何情况下，不管左窗格中的活动文件夹是否可见，右窗格显示的总是对应当前活动文件夹中的内容。

单击【开始】按钮，打开【开始】菜单，选择"程序|附件|资源管理器"命令，出现"资源管理器"窗口，如图 1-45 所示。

图 1-45　"资源管理器"窗口

在该对话框中，左窗格显示了所有磁盘和文件夹的列表，在左窗格中，若驱动器或文件夹前面有"+"号，表明该驱动器或文件夹有下一级子文件夹，单击该"+"号可展开其所包含的子文件夹，当展开驱动器或文件夹后，"+"号会变成"-"号，表明该驱动器或文件夹已展开，单击"-"号，可折叠已展开的内容。例如，单击左窗格中"我的电脑"前面的"+"号，将显示"我的电脑"中所有的磁盘信息，选择需要的磁盘前面的"+"号，将显示该磁盘中所有的内容。

右窗格用于显示选定的磁盘和文件夹中的内容，其显示方式包括：缩略图、平铺、图标、列表和详细内容等 5 种方式，可以通过工具栏上的"查看"按钮进行切换选择。选择"查看"菜单的"排列图标"命令，可以按"名称"、"大小"、"类型"以及"修改时间"进行排列图标。

单击"资源管理器"的关闭按钮或选择"文件|关闭"命令，或使用"Alt+ F4"键可以退出"资源管理器"。

"我的电脑"是 Windows 桌面上的一个最常用的图标，它和"资源管理器"的功能基本相同，可以管理文件、管理打印机，可以打开"控制面板"对系统进行各种设置。双击"我的电脑"图标，便进入"我的电脑"。

"资源管理器"和"我的电脑"窗口的区别是："我的电脑"的窗口只能显示当前某个文件夹中的内容；"资源管理器"窗口在左窗格中显示文件夹结构，在右窗格中显示当前文件夹的所有内容。文件夹和文件显示方式因为设置（大、小图标等）的不同会有所不同，但基本结构是一样的。

三、文件和文件夹的操作

文件和文件夹的管理操作一般在"我的电脑"、"资源管理器"和文件夹窗口中进行，要进行相关的操作前必须选定文件或文件夹，"先选定后操作"是 Windows 的操作特征。被选定的文件或文件夹呈蓝色反白显示。文件或文件夹选定操作包括：

（1）选定一个文件或文件夹：单击文件或文件夹。

（2）选定连续的多个文件或文件夹：单击第一个文件或文件夹，再按住"Shift"键，再单击最后一个文件或文件夹。

（3）选定不连续的多个文件或文件夹：选择第一个文件或文件夹，再按住"Ctrl"键，再单击其他文件或文件夹。

（4）选定多组不连续排列的文件或文件夹：单击第一组文件或文件夹，按住"Ctrl"键，然后单击另一组的第一个文件或文件夹，再按住"Ctrl+ Shift"键，单击该组的最后一个文件或文件夹。

另外"编辑"菜单中"全部选定"命令可以选定当前所有对象，"反向选定"命令可以选定当前没有被选定的对象。如果要取消一个选定的对象，则按住"Ctrl"键，再单击要取消的对象。如果要取消全部选定的对象，则单击其他任何地方即可。

文件和文件夹的有关操作如下：

1. 创建新文件夹或文件

创建新的文件夹可以用于存放具有相同类型或相近形式的文件，创建新文件夹的操作步骤如下：

（1）双击"我的电脑"图标，打开"我的电脑"。双击要新建文件夹的磁盘，打开该磁盘。

（2）单击"文件|新建|文件夹"命令，或单击右键，在弹出的快捷菜单中选择"新建|文件夹"命令即可新建一个文件夹。

（3）在新建的文件夹名称文本框中输入文件夹的名称，单击"Enter"键或用鼠标单击其他地方即可。

用类似的方法可以创建新的空文件，即双击"我的电脑"图标，打开"我的电脑"对话框，双击要新建文件的磁盘，打开该磁盘。然后单击"文件|新建"命令，或单击右键，在弹出的快捷菜单中选择"新建"命令，再在"新建"的下一级菜单中选择一种文件类型，则可新建一个名为"新建（文件类型）文档"的文件。

如果双击该文件，则系统会自动搜索相应的应用程序将文件打开。

2. 重命名文件或文件夹

重命名文件或文件夹就是给文件或文件夹重新命名一个新的名称。选择要重命名的文

件或文件夹，单击"文件|重命名"命令，或单击右键，在弹出的快捷菜单中选择"重命名"命令。这时文件或文件夹的名称将处于编辑状态（蓝色反白显示），可直接键入新的名称进行重命名操作。

也可在文件或文件夹名称处直接单击两次（两次单击间隔时间应稍长一些，以免使其变为双击），使其处于编辑状态，键入新的名称进行重命名操作。

3. 删除文件或文件夹

当需要删除文件或文件夹时，选定要删除的文件或文件夹，单击"文件|删除"命令，或单击右键，在弹出的快捷菜单中选择"删除"命令，在弹出"确认文件 |文件夹删除"对话框中单击"是"按钮。若不删除该文件或文件夹，可单击"否"按钮。

删除后的文件或文件夹将被放到"回收站"中，可以选择将其彻底删除或还原到原来的位置。从网络、移动媒体删除的项目或超过"回收站"存储容量的项目将不被放到"回收站"中，而被彻底删除，不能还原。

"回收站"提供了一个安全的删除文件或文件夹的解决方案，从硬盘中删除文件或文件夹时，Windows 会将其自动放入"回收站"中，直到将其清空或还原到原位置。

删除或还原"回收站"中文件或文件夹的操作步骤如下：

（1）双击桌面上的"回收站"图标，打开"回收站"窗口，如图 1-46 所示。

图 1-46　"回收站"窗口

（2）若要删除"回收站"中所有的文件和文件夹，可单击"回收站任务"窗格中的"清空回收站"命令；若要还原所有的文件和文件夹，可单击"回收站任务"窗格中的"恢复所有项目"命令；若要还原文件或文件夹，可选中该文件或文件夹，单击"回收站任务"窗格中的"恢复此项目"命令，若要还原多个文件或文件夹，可按着"Ctrl"键，选定文件或文件夹。

删除"回收站"中的文件或文件夹，意味着将该文件或文件夹彻底删除，无法再还原；若还原已删除文件夹中的文件，则该文件夹将在原来的位置重建，然后在此文件夹中还原文件；当回收站充满后，Windows 将自动清除"回收站"中的空间以存放最近删除的文件和文件夹。

也可以选中要删除的文件或文件夹，将其拖到"回收站"中进行删除。将文件或文件夹拖到"回收站"时按住"Shift"键，或选中该文件或文件夹，再按"Shift+ Delete"键。则可直接删除文件或文件夹，而不将其放入"回收站"中。

4. 移动和复制文件或文件夹

有时需要将某个文件或文件夹移动或复制到其他地方，这时就需要用到移动或复制命令。移动文件或文件夹就是将文件或文件夹放到其他地方后，原位置的文件或文件夹消失，出现在目标位置；复制文件或文件夹就是将文件或文件夹复制一份，放到其他地方，原位置和目标位置均有该文件或文件夹。

移动和复制文件或文件夹的操作步骤如下：

（1）选择要进行移动或复制的文件或文件夹。

（2）单击"编辑|剪切"或"复制"命令，或单击右键，在弹出的快捷菜单中选择"剪切"或"复制"命令。

（3）选择目标位置。

（4）单击"编辑|粘贴"命令，或单击右键，在弹出的快捷菜单中选择"粘贴"命令即可。

5. 查找文件或文件夹

有时候需要查找文件或文件夹。搜索文件或文件夹的具体操作如下：

（1）单击【开始】按钮，在弹出的菜单中选择"搜索|文件或文件夹"命令，打开"搜索结果"窗口，如图 1-47 所示，在"要搜索的文件或文件夹名为"文本框中，输入文件或文件夹的名称。

（2）在"包含文字(C)"文本框中输入该文件或文件夹中包含的文字。

（3）在"搜索范围(L)"下拉列表中选择要搜索的范围。

（4）单击【立即搜索】按钮开始搜索，搜索的结果将显示在"搜索结果"对话框右边的空白框内。

（5）若要停止搜索，可单击【停止搜索】按钮。

6. 更改文件或文件夹属性以及设置共享文件夹

文件或文件夹包含只读、隐藏和存档等三种属性。"只读"表示该文件或文件夹不允许更改和删除；"隐藏"表示该文件或文件夹在常规显示中将不被看到；"存档"表示该文件或文件夹已存档，有些程序用此选项来确定哪些文件需做备份。

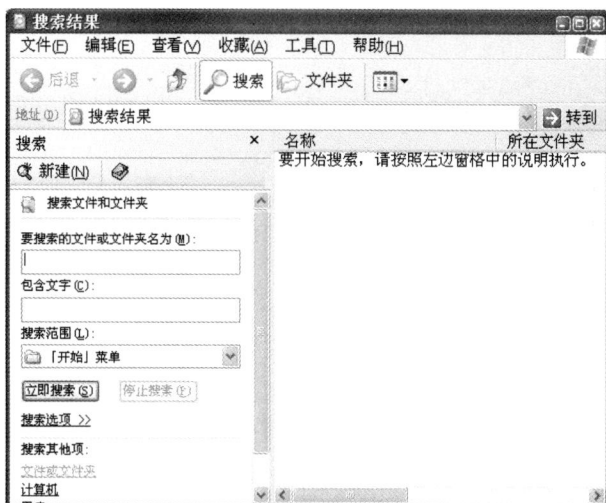

图 1-47　"搜索结果"窗口

更改文件或文件夹属性的操作步骤如下：

（1）选中要更改属性的文件或文件夹。

（2）选择"文件|属性"命令，或单击右键，在弹出的快捷菜单中选择"属性"命令，打开"属性"对话框。

（3）选择"常规"选项卡，在该选项卡的"属性"选项组中选定需要的属性复选框。

（4）单击"应用"按钮，将弹出"确认属性更改"对话框，在该对话框中可选择"仅将更改应用于该文件夹"或"将更改应用于该文件夹、子文件夹和文件"选项，再单击【确定】按钮。

Windows 不仅可以使用系统提供的共享文件夹，也可以设置自己的共享文件夹。系统提供的共享文件夹在"我的电脑"中，若想将某个文件或文件夹设置为共享，可选定该文件或文件夹，将其拖到共享文件夹中即可。

设置自己的共享文件夹的操作与更改文件或文件夹属性操作类似。选定要设置共享的文件夹，选择"文件|属性"命令，"或单击右键，在弹出的快捷菜单中选择"属性"命令，打开"属性"对话框，选择"共享"选项卡。也可以选择"文件|共享与安全"命令。

在"共享"选项卡选中"在网络上共享这个文件夹"复选框，这时"共享名"文本框和"允许其他用户更改我的文件"复选框变为可用状态。再选中"允许其他用户更改我的文件"复选框，则其他用户即能看该共享文件夹中的内容，也能对其进行修改。"共享名"文本框中共享文件夹名称可以更改，但更改的名称是其他用户连接到此共享文件夹时将看到的名称，文件夹的实际名称并没有改变。设置完毕后，单击"应用"按钮或【确定】按钮即可。

四、Windows 系统工具

1. 清理磁盘

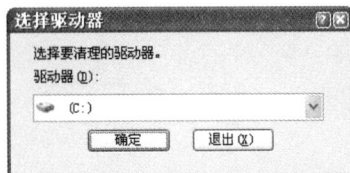

图1-48　【选择驱动器】对话框

使用磁盘清理程序可以帮助用户释放磁盘驱动器空间，删除临时文件、Internet 缓存文件和可以安全删除不需要的文件，腾出它们占用的系统资源，以提高系统性能。

磁盘清理程序的具体操作如下：

（1）单击【开始】按钮，在弹出的【开始】中菜单选择【所有程序】|【附件】|【系统工具】|【磁盘清理】命令，弹出【选择驱动器】对话框，如图1-48所示。

（2）在该对话框中选择要进行清理的驱动器。单击【确定】按钮，然后弹出该驱动器的磁盘清理对话框，选择【磁盘清理】选项卡，如图1-49所示。

（3）在该选项卡中的【要删除的文件】列表框中列出了可删除的文件类型及其所占用的磁盘空间大小，勾选某文件类型前的复选框，在进行清理时即可将其删除；在【获取的磁盘空间总数】中显示了若删除所有选中的文件类型后，可得到的磁盘空间总数；在【描述】列表框中显示了当前选择的文件类型的描述信息，单击【查看文件】按钮，可查看该文件类型中包含文件的具体信息。

（4）单击【确定】按钮，将弹出【磁盘清理】确认删除对话框，单击【是】按钮，弹出该磁盘清理对话框。清理完毕后，该对话框将自动消失。

（5）若要删除不用的可选 Windows 组件或卸载不用的安装程序，可选择【其他选项】选项卡，如图1-50所示。在该选项卡中单击【Windows 组件】或【安装的程序】选项组中的【清理】按钮，即可删除不用的可选 Windows 组件或卸载不用的安装程序。

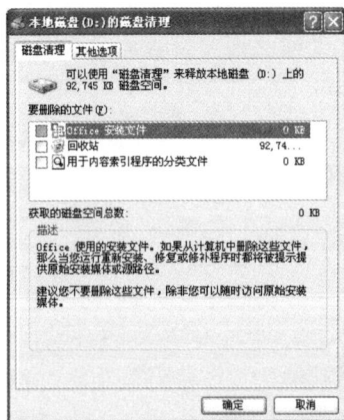

图1-49　【磁盘清理】选项卡

图1-50　【其他选项】选项卡

2. 整理磁盘碎片

磁盘，尤其是磁盘经过长时间的使用后，难免会出现很多零散的空间和磁盘碎片，一个文件可能会被分别存放在不同的磁盘空间中，这样在访问该文件时系统就需要到不同的磁盘空间中去寻找该文件的不同部分，从而影响了运行速度。同时由于磁盘中的可用空间也是零散的，创建新文件或文件夹的速度也会降低。使用磁盘碎片整理程序可以重新安排文件在磁盘中的存储位置，将文件的存储位置整理到一起，同时合并可用空间，实现提高运行速度的目的。

磁盘碎片整理程序的操作步骤如下：

（1）单击【开始】按钮，在弹出的【开始】菜单中选择【所有程序】|【附件】|【系统工具】|【磁盘碎片整理程序】命令，弹出【磁盘碎片整理程序】窗口，如图 1-51 所示。

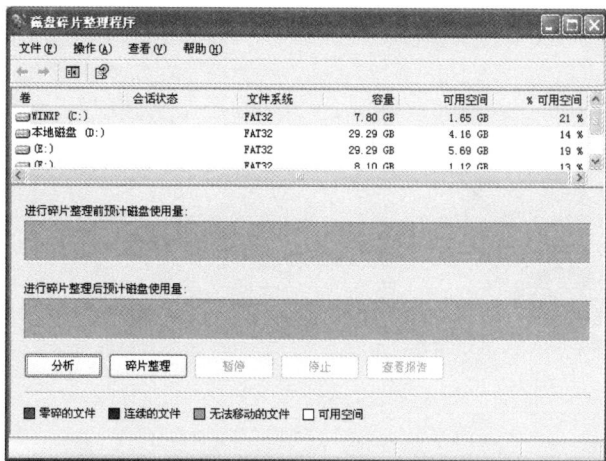

图 1-51　【磁盘碎片整理程序】窗口

（2）在该对话框中显示了磁盘的一些状态和系统信息。选择某个磁盘，单击【分析】按钮，系统即可分析该磁盘是否需要进行磁盘整理，并弹出是否需要进行磁盘碎片整理的对话框。

（3）在该对话框中单击【查看报告】按钮，可弹出【分析报告】对话框，该对话框中显示了该磁盘的卷标信息及最零碎的文件信息。

（4）单击【碎片整理】按钮，即可开始磁盘碎片整理程序，系统会以不同的颜色条来显示文件的零碎程度及碎片整理的进度。整理完毕后，弹出【磁盘碎片整理程序】信息提示对话框，提示磁盘整理程序已完成，单击【确定】按钮即可。

3. 查看磁盘属性

磁盘的属性通常包括磁盘的类型、文件系统、空间大小、卷标信息等常规信息，以及磁盘的查错、碎片整理等处理程序和磁盘的硬件信息等。

查看磁盘的常规属性的操作步骤如下：

（1）打开【我的电脑】窗口，右击要查看属性的磁盘图标（如 E 磁盘），在弹出的快捷菜单中选择【属性】命令。

　　（2）弹出【本地磁盘（E:）属性】对话框，选择【常规】选项卡，如图 1-52 所示。

　　（3）可以在该选项卡中最上面的文本框中键入该磁盘的卷标；在该选项卡的中部显示了该磁盘的类型、文件系统、已用空间及可用空间等信息；在该选项卡的下部显示了该磁盘的容量，并用饼图的形式显示了已用空间和可用空间的比例信息。单击【磁盘清理】按钮，可启动磁盘清理程序，进行磁盘清理。结束后单击【确定】按钮。

　　在经常进行文件的移动、复制、删除及安装、删除程序等操作后，可能会出现坏的磁盘扇区，这时可执行磁盘查错程序，以修复文件系统的错误、恢复坏扇区等。

　　磁盘查错程序的操作与查看磁盘的常规属性类似，在【本地磁盘（E:）属性】对话框中选择【工具】选项卡，如图 1-53 所示。在该选项卡中有【查错】、【碎片整理】和【备份】3个选项组。

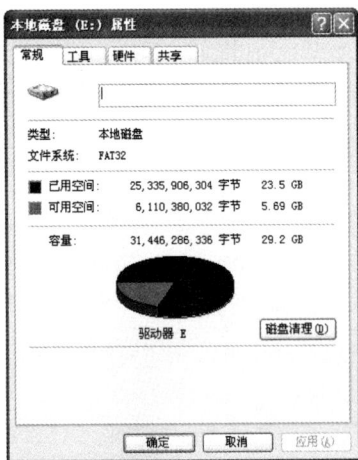

图 1-52　【本地磁盘（E:）属性】对话框　　　　图 1-53　【工具】选项卡

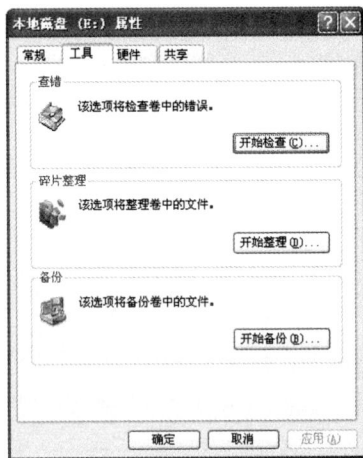

　　单击【查错】选项组中的【开始检查】按钮，弹出【检查磁盘】对话框，该对话框中可勾选【自动修复文件系统错误】和【扫描并试图恢复坏扇区】复选框，单击【开始】按钮，即可开始进行磁盘查错，在【进度】框中可看到磁盘查错的进度。磁盘查错完毕后将弹出【正在检查磁盘】对话框，最后单击【确定】按钮即可。

　　单击【碎片整理】选项组中的【开始整理】按钮，可执行磁盘碎片整理程序。

　　单击【备份】选项组中的【开始备份】按钮，可执行备份程序向导。

　　同样，如果要查看磁盘的硬件信息及更新驱动程序，则在【本地磁盘（E:）属性】对话框中选择【硬件】选项卡，该选项卡中的【所有磁盘驱动器】列表框中显示了计算机中的所有磁盘驱动器。

　　单击某一磁盘驱动器，在【设备属性】选项组中即可看到关于该设备的信息，单击【属性】按钮，可弹出该磁盘驱动器的设备属性对话框，如图 1-54 所示。在该对话框中显示了该磁盘设备的详细信息。

若要更新驱动程序，可选择【驱动程序】选项卡，如图 1-55 所示。

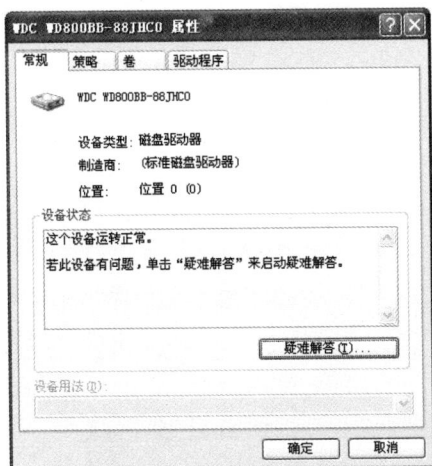

图 1-54　设备属性对话框　　　　　　　　图 1-55　【驱动程序】选项卡

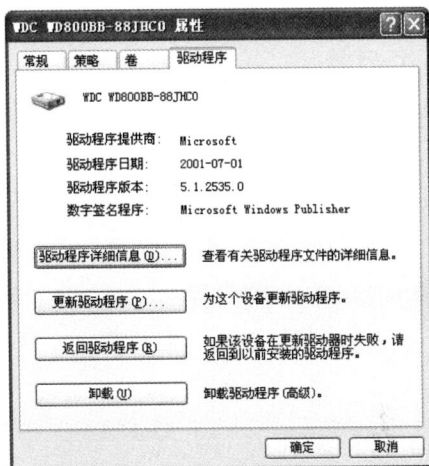

单击【驱动程序详细信息】按钮，可查看驱动程序文件的详细信息；单击【更新驱动程序】按钮，即可在弹出的【硬件升级向导】对话框中更新驱动程序；单击【返回驱动程序】按钮，可在更新失败后，用备份的驱动程序返回到原来安装的驱动程序；单击【卸载】按钮，可卸载该驱动程序；最后单击【确定】或【取消】按钮，可关闭该对话框。

4. 格式化磁盘

格式化磁盘就是在磁盘内进行划分磁区，作内部磁区标示，以方便存取。格式化磁盘可分为格式化硬盘和格式化软盘两种。格式化硬盘又可分为高级格式化和低级格式化，高级格式化是指在 Windows 下对硬盘进行的格式化操作；低级格式化是指在高级格式化操作之前，对硬盘进行的分区和物理格式化。

若要格式化软盘，应先将其放入软驱中，双击【我的电脑】图标，打开【我的电脑】窗口，选择要进行格式化操作的磁盘，选择【文件】|【格式化】命令，或右击要进行格式化操作的磁盘，在弹出的快捷菜单中选择【格式化】命令。这时弹出【格式化】对话框，单击【开始】按钮并进行确认，再单击【确定】按钮即可开始进行格式化操作。其中，【快速格式化】将不扫描磁盘的坏扇区而直接进行格式化，只有在磁盘已经进行过格式化而且确信该磁盘没有损坏的情况下，才使用该选项。

格式化磁盘将删除磁盘上的所有信息。

格式化硬盘操作与格式化软盘一样，但在操作时提示选择会多一些。要特别注意在操作前一定要处理、备份好硬盘中的数据。

五、写字板和记事本

1. 写字板

【写字板】是一个使用简单、功能较多的文字处理程序，与任务一介绍的 Word 文字处理软件是同类软件。它可以进行日常工作中文件的编辑，实现图文混排，插入图片、声音、视频剪辑等多媒体资料。

单击【开始】按钮，在弹出的【开始】菜单中选择【所有程序】|【附件】|【写字板】命令，即可启动【写字板】程序，如图 1-56 所示。从图中可以看到它是一个仿 Windows Office Word 的界面，由标题栏、菜单栏、工具栏、格式栏、水平标尺、工作区和状态栏几部分组成。

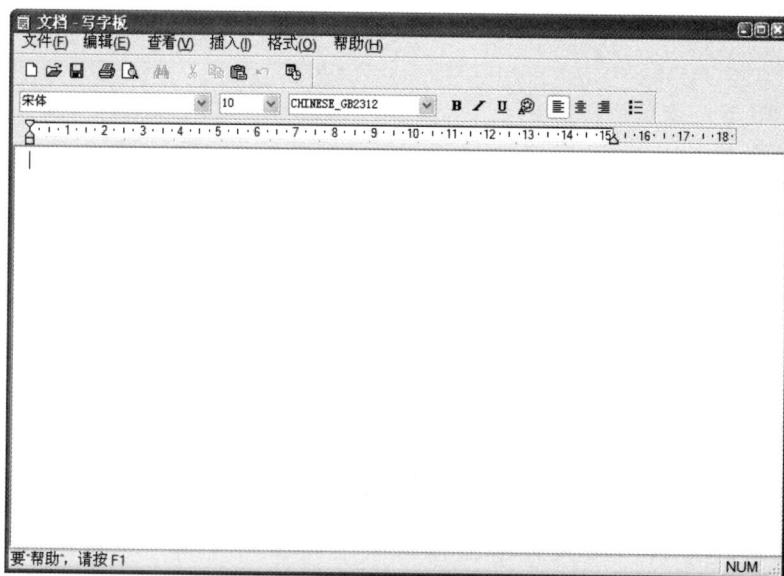

图 1-56　【写字板】界面

在菜单栏中提供了【文件】、【编辑】、【查看】、【插入】、【格式】和【帮助】6 个菜单。其功能主要包括以下几点。

（1）【文件】|【新建】命令：可以选择新建文档的类型，新建一个文档进行文字的输入。

（2）【文件】|【页面设置】命令：可以选择纸张的大小、来源及使用方向，还可以进行页边距的调整。

（3）【格式】|【字体】命令：可以进行字体、字形（常规、斜体等）、字号、字体颜色和效果（添加删除线、下划线等）的设置。

（4）【格式】|【段落】命令：设置段落格式，包括缩进方式、段落对齐方式等。

（5）【格式】|【项目符号样式】命令：可以添加项目符号。

（6）【插入】|【日期和时间】命令：提供了多种格式的日期和时间，可直接插入当前的时间而不用逐字输入。

（7）【插入】|【对象】命令：在【写字板】中可以插入图像、图表、Office 文档等多种对象。

编辑功能是【写字板】的核心功能，主要操作包括以下几点。

（1）选中：按下鼠标左键不放手，在所需要操作的对象上拖动，当文字呈反色显示时，说明已经选中对象；当需要选择全文时，可选择【编辑】|【全选】命令，或者使用 Ctrl+A 组合键。

（2）删除：可以按 Delete 键，或者选择【编辑】|【清除】或者【剪切】命令，即可删除内容，所不同的是，【清除】是将内容放入到【回收站】中，而【剪切】是把内容存入了剪贴板中，可以进行粘贴。

（3）移动：先选中对象，按住左键拖动到所需要的位置再释放，即可完成移动的操作。

（4）复制：先选中对象，使用【编辑】|【复制】命令，或使用 Ctrl+C 组合键。移动与复制的区别在于，进行移动后，原来位置的内容不再存在，而复制后，原来的内容还存在。

（5）查找和替换：选择【编辑】|【查找】命令，在【查找】对话框中输入要查找的内容可以进行查找操作。选择【编辑】|【替换】命令，在【查找内容】文本框中输入原来的内容，即要被替换掉的内容，在【替换为】文本框中输入要替换后的内容，可以完成替换操作。

2. 记事本

【记事本】用于纯文本文档的编辑，功能没有写字板强大，适于编写一些篇幅短小的文件，由于它使用方便、快捷，应用广泛，例如，一些程序的 READ ME 文件通常是以记事本的形式打开的。

单击【开始】按钮，在弹出的【开始】菜单中选择【程序】|【附件】|【记事本】命令，即可启动【记事本】程序，如图 1-57 所示，它的界面与【写字板】的界面基本一样。关于【记事本】的一些操作几乎都和【写字板】一样，在这里不再过多讲述，可参照前述【写字板】的功能来使用。

在 Windows XP 中的【记事本】又新增了一些功能，例如，可以在工作区域右击，在弹出的快捷菜单中选择改变文档的阅读顺序，可以使用不同的语言格式来创建文档，能以若干不同的格式打开文件。

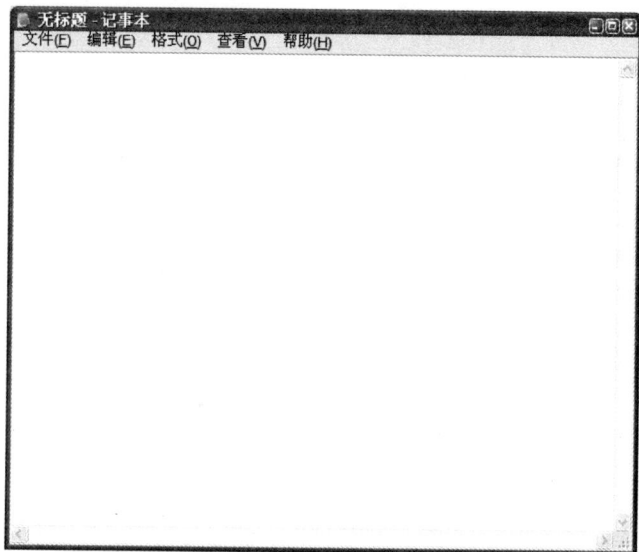

图 1-57 【记事本】界面

六、画图

【画图】程序是一个位图编辑器，可以对各种位图格式的图画进行编辑、自己绘制图画、对扫描的图片进行编辑修改。在编辑完成后，可以 BMP、JPG、GIF 等格式存档，还可以发送到桌面和其他文本文档中。

单击【开始】按钮，在弹出的【开始】菜单中选择【所有程序】|【附件】|【画图】命令，即可启动【画图】，如图 1-58 所示。其程序界面的构成如下：

（1）标题栏：在这里标明了正在使用的程序和正在编辑的文件。

（2）菜单栏：此区域提供了在操作时要用到的各种命令。

（3）工具箱：包含了 16 种常用的绘图工具和一个辅助选择框，提供多种选择。

（4）颜料盒：由显示多种颜色的小色块组成，可以随意改变绘图颜色。

（5）状态栏：它的内容随光标的移动而改变，标明了当前光标所处位置的信息。

（6）绘图区：处于整个界面的中间，提供画布。

图 1-58 【画图】程序界面

在菜单栏中提供了【文件】、【编辑】、【查看】、【图像】、【颜色】和【帮助】6 个菜单。对于【文件】、【编辑】、【查看】等功能通过前面的学习，已经有所熟悉，只不过有些具体功能的对象、含义不同。在

使用【画图】程序之前，首先要根据实际需要进行画布的选择，也就是要进行页面设置，确定所要绘制的图画大小以及各种具体的格式。可以通过选择【文件】|【页面设置】命令，在【页面设置】对话框的【纸张】选项组中的下拉列表中可以选择纸张的大小及来源，可从【方向】选项组中选择纸张的方向，还可进行页边距及缩放比例的调整，当一切设置好之后，即可开始绘画工作。

画图工作实际上一多半是使用【工具箱】提供的常用的工具。在【工具箱】中，当每选择一种工具时，在辅助选择框中会显示相应的信息。这些工具包括以下几种。

（1）裁剪工具。该工具用于对图片进行任意形状的裁切。选择此工具，按住左键不释放，对所要进行的对象进行圈选后再释放左键，此时显示虚框选区，拖动选区，即可看到效果。

（2）选定工具。该工具用于选中对象，使用时选择此工具，按住左键拖动可以圈选出一个矩形选区，对所要操作的对象进行选择，可对选中范围内的对象进行复制、移动、剪切等操作。

（3）橡皮工具。该工具用于擦除绘图中不需要的部分。可根据要擦除的对象范围大小，来选择合适的橡皮擦，橡皮工具根据后背景而变化，当改变其背景色时，橡皮会转换为绘图工具，类似于刷子的功能。

（4）填充工具。该工具用于对一个选定区内进行颜色的填充。可以从颜料盒中进行颜色的选择，选中某种颜色后，单击改变前景色，右击改变背景色，在填充时，一定要在封闭的范围内进行，否则整个画布的颜色会发生改变，达不到预想的效果，在填充对象上单击填充前景色，右击填充背景色。

（5）取色工具。该工具用于等同于在颜料盒中进行颜色的选择。运用此工具在要操作的对象上单击，颜料盒中的前景色随之改变，而对其右击，则背景色会发生相应的改变。当需要对两个对象进行相同颜色填充，而这时前、背景色的颜色已经调乱时，可采用此工具，能保证其颜色的绝对相同。

（6）放大镜工具。该工具用于对某一区域进行放大详细观察。选择此工具，绘图区会显示一个矩形选区，选择所要观察的对象，单击即可放大，再次单击恢复原来的状态，可以在辅助选框中选择放大的比例。

（7）铅笔工具。该工具用于不规则线条的绘制。直接选择该工具即可使用，线条的颜色依前景色而改变，可通过改变前景色来改变线条的颜色。

（8）刷子工具。该工具用于绘制不规则的图形。选择该工具，在绘图区按住左键拖动即可绘制显示前景色的图画，按住右键拖动可绘制显示背景色图画。可以根据需要选择不同的笔刷粗细及形状。

（9）喷枪工具。该工具用于产生喷绘的效果。选择好颜色后，选择此工具，即可进行喷绘，在喷绘点上停留的时间越久，其浓度越大，反之，浓度越小。

（10）文字工具。该工具用于在图画中加入文字。选择此工具，【查看】菜单中的【文字工具栏】便可使用，选择此命令，这时就会弹出【文字】工具栏，在文字输入框内输完文字并且选中后，可以设置文字的字体、字号，给文字加粗、倾斜、加下划线，改变文字的显示方向，等等。

（11）直线工具。该工具用于直线线条的绘制。先选择所需要的颜色以及在辅助选择框中选择合适的线宽度，选择此工具，按住左键拖动至所需要的位置再释放，即可得到直线，在拖动的过程中同时按 Shift 键，可起到约束的作用，这样可以画出水平线、垂直线或与水平线成 45°的线条。

（12）曲线工具。该工具用于曲线线条的绘制。先选择好线条的颜色及宽度，然后选择此工具，按住左键拖动至所需要的位置再释放，然后在线条上选择一点，拖动则线条会随之变化，调整至合适的弧度即可。

（13）矩形工具、椭圆工具、圆角矩形工具。这些工具用于绘制矩形、椭圆和圆角矩形。这 3 种工具的应用基本相同，当选择工具后，在绘图区直接拖动即可画出相应的图形，在其辅助选择框中有 3 种选项，包括以前景色为边框的图形、以前景色为边框背景色填充的图形、以前景色填充没有边框的图形，在拖动的同时按 Shift 键，可以分别得到正方形、正圆、正圆角矩形工具，绘制相应的图形。

（14）多边形工具。该工具用于绘制多边形。选定颜色后，选择此工具，在绘图区拖动，当需要弯曲时释放左键，如此反复，直到完成所需图形时双击鼠标，即可得到相应的多边形。

画图的余下工作就是图像及颜色的编辑。在【图像】菜单中，可对图像进行简单的编辑。

（1）在【翻转和旋转】对话框中，有 3 个单选按钮，分别是【水平翻转】、【垂直翻转】及【按一定角度旋转】，可以根据自己的需要进行选择。

（2）在【拉伸和扭曲】对话框中，有【拉伸】和【扭曲】两个选项组，可以选择水平和垂直方向拉伸的比例和扭曲的角度。

（3）选择【图像】|【反色】命令，图形即可呈反色显示。

（4）在【属性】对话框中，显示了保存过的文件属性，包括保存的时间、磁盘大小、分辨率以及图片的高度、宽度等，可在【单位】选项组中选用不同的单位进行查看。

在【颜色】菜单中，提供了颜色选择的空间。选择【颜色】|【编辑颜色】命令，弹出【编辑颜色】对话框，可在【基本颜色】选项组中进行色彩的选择，也可以单击【规定自定义颜色】按钮，自定义颜色然后再添加到【自定义颜色】选项组中，如图 1-59 所示。

当一幅作品完成后，可以设置为墙纸，还可以打印输出，具体的操作都是在【文件】菜单中实现的，可以直接执行相关的命令根据提示操作，这里不再过多叙述。

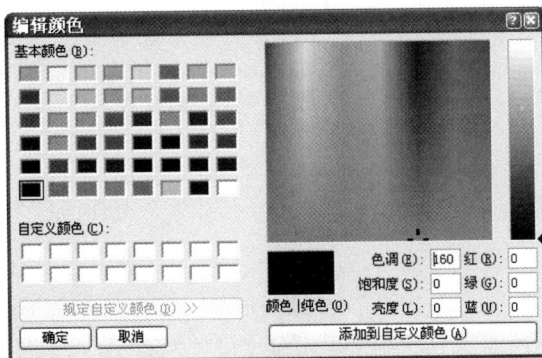

图 1-59　【编辑颜色】对话框

七、计算器

计算器可以帮助完成数据的运算，它可分为【标准计算器】和【科学计算器】两种，【标准计算器】可以完成日常工作中简单的算术运算；【科学计算器】可以完成较为复杂的科学运算，如函数运算等。运算的结果不能直接保存，而是将结果存储在内存中，以供粘贴到别的应用程序和其他文档中，它的使用方法与日常生活中所使用的计算器的方法一样，可以通过单击计算器上的按钮来取值，也可以通过从键盘上输入来操作。

单击【开始】按钮，在弹出的【开始】菜单中选择【所有程序】|【附件】|【计算器】命令，即可启动【计算器】，系统默认为【标准计算器】。选择【查看】|【科学型】命令，可切换成【科学计算器】界面，如图 1-60 所示。此窗口增加了数制选项、单位选项及一些函数运算符号，系统默认的是十进制，当改变其数制时，单位选项、数字区、运算符区的可选项将发生相应的改变。

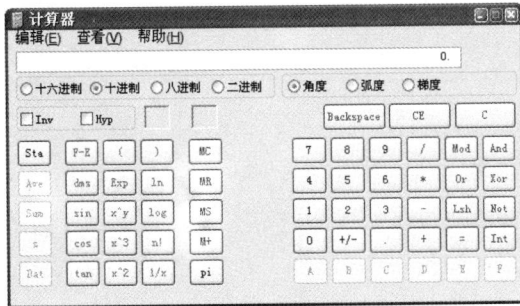

图 1-60　【计算器】界面

在工作过程中，也许需要进行数制的转换，这时可以直接在数字显示区输入所要转换的数值，也可以利用运算结果进行转换，选择所需要的数制，在数字显示区会显示转换后的结果。

另外，科学计算器可以进行一些函数的运算，使用时要先确定运算的单位，在数字区输入数值，然后选择函数运算符，再单击【=】按钮，即可得到结果。

任务实施

步骤一：文件管理

（1）双击桌面图标"我的电脑"，打开"我的电脑"窗口，见图 1-61。窗口左边是任务窗口。单击窗口工具栏图标"文件夹"，"我的电脑"窗口显示为图 1-62，窗口左边是文件夹窗口，显示计算机中所有文件夹，驱动器的树型结构；右边是文件列表框，列出当前文件夹或驱动器下的文件，这种显示模式与资源管理器相同。若要回到原结构，再次单击工具栏的【文件夹】按钮即可。

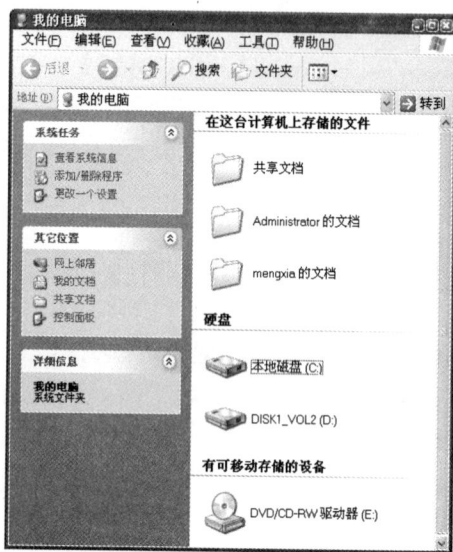

图 1-61　"我的电脑"窗口

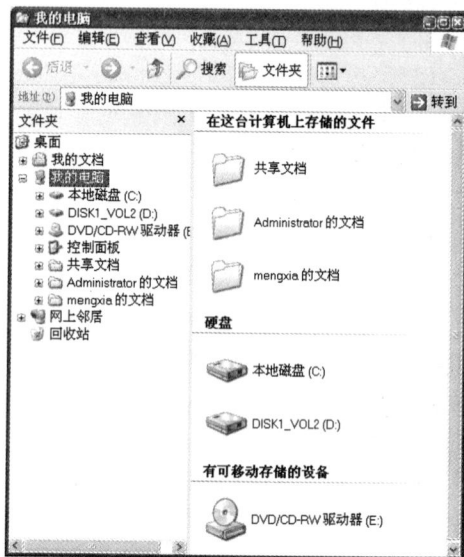

图 1-62　单击窗口工具栏图标"文件夹"后

（2）单击窗口左边文件夹窗口中的"D:"，此时窗口名成为"D:"，其右边显示 D:/下的所以文件夹。然后依次选择【文件】|【新建】|【文件夹】命令，窗口右边增加一个名为"新建文件"的文件夹，如图 1-63 所示。此时，新建的文件夹名为改写状态，输入"多媒体"，单击窗口内任一位置或按回车键则完成建立"多媒体"文件夹的操作。

（3）单击图 1-64 所示窗口右边的文件夹中的"多媒体"文件夹，用与（2）同样的方法建立"多媒体"下的子文件夹"music"和"image"。

（4）选择【开始】|【搜索】命令，打开"搜索结果"对话框，在"要搜索的文件或文件夹名为"文本框中输入"G*.mp3""搜索范围"下拉列表框中选择"本地硬盘驱动器（c:；d:），单击【立即搜索】按钮开始搜索。

图 1-63　建立"新建文件夹"窗口　　　　图 1-64　建立"多媒体"文件夹窗口

（5）选择所有找到的文件。

（6）选择【编辑】|【复制】命令，然后选择打开文件夹 D:/多媒体/music，最后选择【编辑】|【粘贴】命令，完成文件的复制。

（7）选择【开始】|【搜索】命令，打开"搜索结果"对话框，在"要搜索的文件或文件夹名为"文本框中输入"?????.jpg""搜索范围"下拉列表框中选择"本地硬盘驱动器（c:；d:），单击【立即搜索】按钮开始搜索。

（8）选择所有找到的文件。

（9）选择【编辑】|【复制】命令，然后选择打开文件夹 D:/多媒体/images，最后选择【编辑】|【粘贴】命令，完成文件的复制。

（10）打开 D:/多媒体/images 文件夹，按 Ctrl+A 键，选择所有文件，点右键，选择属性，在只读属性前加"√"。

（11）选择 d:\多媒体文件夹，点右键，选择共享和安全，选择共享。

步骤二：磁盘管理

（1）单击【开始】按钮，在弹出的【开始】菜单中选择【所有程序】|【附件】|【系统工具】|【磁盘清理】命令，弹出【选择驱动器】对话框。

（2）在该对话框中选择要进行清理的磁盘 C，单击【确定】按钮，然后弹出该驱动器的【磁盘清理】对话框，选择【磁盘清理】选项卡。

（3）单击【确定】按钮，将弹出【磁盘清理】确认删除对话框，单击【是】按钮，弹出【磁盘清理】对话框。

（4）单击【开始】按钮，在弹出的【开始】菜单中选择【所有程序】|【附件】|【系统

工具】|【磁盘碎片整理程序】命令，弹出【磁盘碎片整理程序】对话框。

（5）在该对话框中显示了磁盘的一些状态和系统信息。选择磁盘 D，单击【分析】按钮，系统既可分析该磁盘是否需要进行磁盘整理，并弹出是否需要进行磁盘碎片整理的对话框。

（6）在该对话框中单击【查看报告】按钮，可弹出【分析报告】对话框，该对话框中显示了该磁盘的卷标信息及最零碎的文件信息。

（7）单击【碎片整理】按钮，即可开始磁盘碎片整理程序，系统会以不同的颜色条来显示文件的零碎程度及碎片整理的进度。整理完毕后，会弹出信息提示对话框，提示磁盘整理程序已完成，单击【确定】按钮即可。

（8）打开【我的电脑】窗口，选择要进行格式化操作的磁盘 E，选择【文件】|【格式化】命令，或右击要进行格式化操作的磁盘 E，在弹出的快捷菜单中选择【格式化】命令。这时弹出【格式化】对话框，单击【开始】按钮并进行确认，再单击【确定】按钮即可开始进行格式化操作。

步骤三：画图

（1）单击【开始】按钮，在弹出的【开始】菜单中选择【所有程序】|【附件】|【画图】命令，启动【画图】。

（2）画图过程略。

（3）选择【文件】|【设置为墙纸】命令。

步骤四：计算器的使用

（1）单击【开始】按钮，在弹出的【开始】菜单中选择【所有程序】|【附件】|【计算器】命令，即可启动【计算器】，系统默认为【标准计算器】。

（2）选择【查看】|【科学型】命令，切换成【科学计算器】。

（3）选中【二进制】单选按钮，输入"10001010"。

（4）选中【十进制】单选按钮，即可得到结果。

任务总结

本项目中包括了文件管理和 Windows XP 系统自带的几个有用工具的应用。

文件管理是 Windows XP 操作系统功能中的重要组成部分，通过文件管理解决"资源管理器"中文件的无序与混乱，提高电脑性能和办公效率。文件管理的真谛在于方便保存和迅速提取，建立最适合自己的文件夹结构，将所有文件通过文件夹分类很好地组织起来。

Windows XP 系统自带的几个常用工具，如记事本、写字板、画图和磁盘整理等，这些工具中的大多数已被功能更为强大的专门应用软件所代替，例如，文本编辑们通常使用 Word 而不是写字板。但是，掌握这些工具的使用还是十分必要的，特别是在没有专门应用软件的情况下，使用这些工具也能够完成似乎不可能完成的任务。

实用技巧

1. 文件复制和移动的多种方法

（1）文件的复制可以用编辑菜单操作，也可工具栏的【复制】和【粘贴】按钮或用快捷菜单或用鼠标。文件夹的移动用【剪切】和【粘贴】命令。

（2）键盘复制和移动文件：Ctrl+C 复制、Ctrl+X 剪切、Ctrl+V 粘贴。

（3）鼠标复制和移动文件：

复制：不同驱动器间"拖动"；同一驱动器间"Ctrl+拖动"。

移动：不同驱动器间"Shift+拖动"；同一驱动器间"拖动"。

2. 查看 Windows XP 详细系统信息

单击【开始】按钮，在弹出的【开始】菜单中选择【所有程序】|【附件】|【命令提示符】命令，在弹出的【命令提示符】窗口中输入"systeminfo"后按 Enter 键，系统即开始检测相关信息，之后返回到当前窗口，即可查看 Windows XP 设置的详细信息。

3. 在命令提示符窗口中使用图形界面

如果用户需要在 Windows XP 的【命令提示符】窗口中重复地输入一些比较长的命令，而反复输入比较麻烦，那么可以按 F7 键，切换到图形界面，然后即可使用方向键非常方便地进行选择，按 Enter 键可以执行该命令。

4. 查看上网使用时间

在 Windows XP 中，通过【事件查看器】可以查看用户过去的上网时间。操作步骤如下：

打开【控制面板】窗口，双击【管理工具】图标，然后双击【事件查看器】图标。弹出【事件查看器】窗口，右击左侧窗格中的【系统】选项，在弹出的快捷菜单中选择【属性】命令，在【系统属性】对话框中选择【筛选器】选项卡，在【事件来源】下拉列表中选择【RemoteAccess】选项。单击【确定】按钮，返回【事件查看器】主窗口，在右侧的窗格中就会显示出上网的开始时间和结束时间，相邻的两个时间中较早的就是开始上网的时间，较晚的则是断开网络的时间。

任务二　林业系统常用文档编辑与制作

一般说来，办公室的业务主要是进行大量文件的处理，起草文件、通知、各种业务文本，接受外来文件存档，查询本部门文件和外来文件，产生文件复件，等等。所以，采用计算机文字处理技术生产各种文档，存储各种文档，是办公室文员的基本工作任务。本任务结合林业系统的特点，较为全面地介绍了办公室常用文档的编辑与制作的基本知识，通过学习能够了解常用文档的格式及内容，熟练完成常用文档的编辑与制作，为更快更好地适应办公文员工作打下良好的基础。

❀ 能力目标

（1）熟悉常用文档的基本特点。

（2）能熟练进行常用文档格式化操作。

子任务一　野生动物保护宣传展板编辑制作

❀ 任务提出

人与自然的和谐，是构建和谐社会的重要一环。人与动物的和谐相处，则是人与自然和谐的一个前提。但要形成这样一个体系，需要许多社会力量和真情投入其间，不要猎杀动物来做成美味的食物或取下它们的毛做成毛皮大衣、地毯，更不要拿下它们的角来当药材。森林是动物的家，人们不能够任意地破坏。为了让更多的人参与到爱护动物、保护动物行动之中来，我们安排编辑制作一份"野生动物保护宣传展板"，具体要求如下：

1. 页面设置

纸张大小为 A3，上边距为 3.5cm，下边距为 2.5cm，左、右边距均为 3.2cm，页脚位置为 1.5cm。

2. 内容

文字、图片内容参照图 2-1 所示样文。

3. 格式

（1）字体。正文第一段为华文行楷，第二段为方正舒体，第三段为华文琥珀，第四段为华文行楷，落款单位名称为黑体，英文、数字为 Times New Roman。

（2）字号。正文第 1 段、第 2 段、第 3 段为小二号，第 4 段为三号。

（3）字型。除第 3 段外，全部正文加粗。

图 2-1　保护野生动物宣传展板

（4）颜色。第 1 段为黑色，第 2 段为深青色，第 3 段为靛蓝色，第 4 段为橄榄色。

（5）段落。全文行距为固定值 25 磅，首行缩进 2 字符，两端对齐。第 1 段段前、段后各 1 行。

（6）分栏。第 2 和第 3 段分两栏。

（7）首字下沉。正文第 4 段设置首字下沉效果，下沉 2 行，黑体，字体颜色为深红。

（8）插入对象。

① 插入艺术字："人与动物和谐共存"。艺术字样式为第 3 行第 4 列，阴影样式 3，填充效果为预设【彩虹出岫】，艺术字形状为【波形 2】。插入艺术字："保护濒危动物爱护我们地球"。艺术字样式为第 2 行第 6 列，字体为华文彩云，艺术字形状为【倒 V 型】。

② 在样文所示位置插入对应的图片，添加文本框。

第 1 张图片版式为四周型环绕，图片大小为高 5.5cm、宽 7.5cm。

第 2 张图片版式为紧密型环绕，图片大小为高 4.7cm、宽 6cm。

第 3 张图片版式为四周型环绕，图片大小为高 5.5cm、宽 6.3cm。

文本框字体为黑体、Times New Roman，字形为加粗，字号为三号，无线条颜色，无填充色。

（9）页眉页脚。在页脚区居中显示文稿的创建日期。

（10）为文档添加背景效果。背景图片为背景.bmp。

说明：本任务要求个人独立完成，小组同学可以互相研究讨论，最后上交作品为电子稿。最终设置效果参照样文"保护野生动物宣传展板"，如图2-1所示。

❀ 学习目标

知识目标	能力目标	素质目标	技能（知识）点
（1）掌握 Word 2003 的启动与退出方法 （2）掌握文档的建立与保存方法 （3）掌握文本选择、查找和替换方法 （4）掌握项目符号和编号的使用 （5）掌握文档字体、段落和页面格式方法 （6）掌握艺术字、图片、文本框的插入和修饰方法 （7）了解其他对象的插入方法 （8）了解一般常用文档的格式特点	（1）能够熟练进行文本的编辑操作 （2）能够熟练进行文本格式化操作 （3）能够在文档中插入对象 （4）能够熟练进行图文混排操作	（1）培养认真观察、独立思考、自主学习的能力 （2）培养学生团队协作精神 （3）培养学生良好的世界观、审美观	Word 窗口组成，Word 视图，编辑标记，段落标记，文档的建立与保存，设置页面格式，设置字体和段落格式，设置项目符号和编号，设置边框和底纹，设置分栏，设置背景，设置页眉与页脚，对齐与缩进方式，插入对象，编辑对象，拼写和语法检查，打印输出操作

❀ 任务分析

制作一份图文并茂的展板，主要就是对文档中的字符、段落、页面、对象等格式进行设置。这里不仅要掌握格式化的不同方法，还要掌握不同对象间的相互位置处理方法技巧。

❀ 实施准备

一、Word 2003 的启动和退出

1. Word 2003 的启动

1）从【开始】菜单启动

安装中文版 Office 2003 后，系统会在【开始】菜单中创建 Office 2003 程序组，如图2-2所示。

单击【开始】按钮，在弹出的【开始】菜单中选择【所有程序】|【Microsoft Office】|【Microsoft Office Word 2003】命令，启动 Word 2003 应用程序。

2）从桌面快捷方式启动

安装中文版 Office 2003 后，系统通常会在桌面创建 Word 2003 桌面快捷方式，如图2-3所示。双击 Word 2003 桌面快捷方式图标，启动 Word 2003 应用程序。

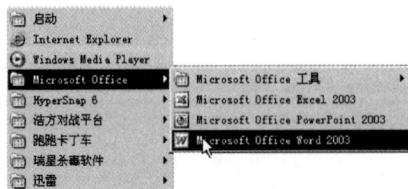

图2-2　【开始】菜单中启动 Word 2003　　　　图2-3　桌面快捷方式

3）双击 Word 文档启动 Word 2003

打开资源管理器，双击任意 Word 文档，系统自动启动 Word 2003，同时打开该文档。

提示：通过【开始】菜单和桌面快捷方式启动 Word 2003 程序后，打开的是新建空文档；而通过双击 Word 文档启动 Word 2003 程序后，打开的是已有文档。

2．Word 2003 的退出

1）使用菜单命令

选择【文件】|【退出】命令，退出 Word 2003 应用程序。

2）使用控制菜单

（1）单击程序窗口标题栏最左侧的控制图标，在弹出的菜单中选择【关闭】命令。

（2）双击程序窗口标题栏最左侧的控制图标。

（3）使用 Alt+F4 组合键。

以上 3 种方法均可退出 Word 2003 应用程序。

3）使用【关闭】按钮

单击程序窗口标题栏中的【关闭】按钮，退出 Word 2003 应用程序。

二、Word 2003 的应用程序窗口

Word 2003 应用程序窗口主要由标题栏、菜单栏、工具栏、工作区和状态栏这几部分组成，如图 2-4 所示。此外 Word 2003 应用程序为了方便用户使用新增了"任务窗格"，如图 2-5 所示。

图 2-4　应用程序窗口　　　　　　　　　图 2-5　任务窗格

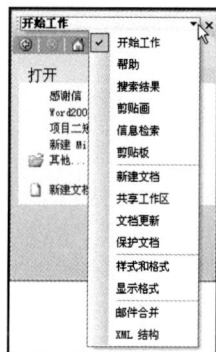

下面分别介绍应用程序窗口各部分的功能。

1. 标题栏

Word 2003 应用程序窗口最上面的部分称为标题栏。用于显示应用程序名和当前打开的文档名，如图 2-6 所示。

标题栏最左侧图标为控制菜单按钮，单击该按钮，可以弹出控制菜单。控制菜单用于控制窗口的大小、移动和关闭等操作。

图 2-6　标题栏

标题栏右侧是 3 个按钮，分别为【最小化】按钮、【最大化】/【还原】按钮和【关闭】按钮。单击【最小化】按钮可以将应用程序窗口变为操作系统任务栏中的一个图标；单击【最大化】按钮将使应用程序窗口充满整个屏幕；单击【关闭】按钮将退出 Word 2003 应用程序。

2. 菜单栏

菜单栏是应用程序窗口中重要的部分，许多操作都可以通过选择菜单命令完成，如图 2-7 所示。

图 2-7　菜单栏

默认情况下，菜单栏以停靠的方式显示在 Word 2003 窗口中，指针指向菜单栏的最左侧，按住左键并拖动，可以将菜单栏从停靠方式改为浮动方式。

提示： 除使用鼠标选择外，也可使用键盘快速调用菜单命令。例如，【文件】菜单在菜单栏中的显示为"文件"，即使用 Alt+F 组合键可以直接打开文件菜单。

3. 工具栏

工具栏包括了一系列的常用菜单命令，使用各种工具栏中的按钮可以完成大部分的菜单功能。

显示或隐藏工具栏的操作步骤如下：

选择【视图】|【工具栏】命令，在弹出的子菜单中选择需要显示的工具栏即可，已经在窗口中显示的工具栏会显示选中标记。

工具栏和菜单栏一样，都可以在窗口中随意地移动位置。此外还可以自定义工具栏中的按钮，使按钮显示或不显示在工具栏中。

显示或隐藏工具栏按钮的操作步骤如下：

单击工具栏中的【工具栏选项】按钮（外观为向下箭头），在弹出的菜单中选择【添加

和删除按钮】|【常用】命令，即可弹出可以定制工具栏按钮的菜单，选中则显示在工具栏中，不选则不显示在工具栏中。

提示： 指针在工具栏按钮上停留片刻，系统即提示按钮的作用。

4. 工作区

工作区是 Word 2003 窗口中的主要组成部分，文本的输入和编辑操作均在此完成，其工作区组成如图 2-8 所示。

5. 任务窗格

Word 2003 的任务窗格使用用户操作更加方便，如图 2-9 所示。在任务窗格中，提供了完成各种功能的快捷方式。

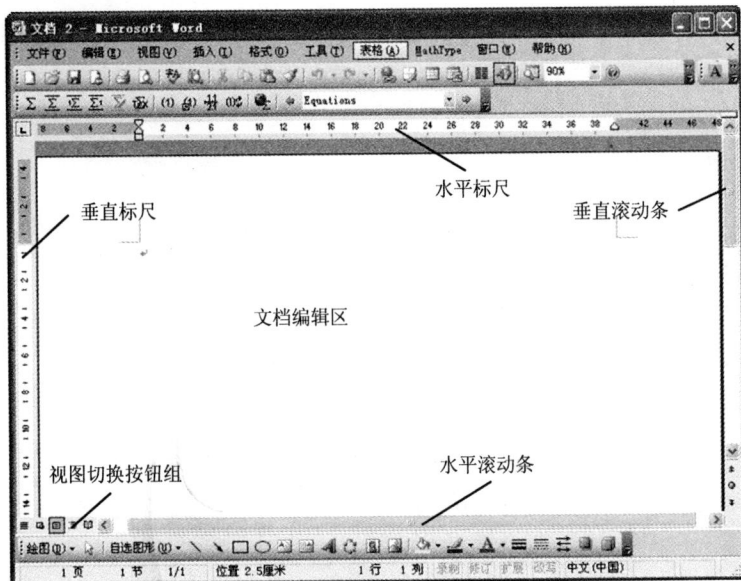

图 2-8　Word 2003 工作区　　　　　　图 2-9　任务窗格

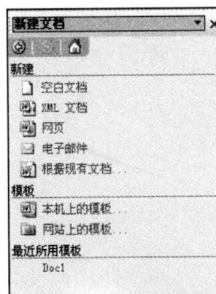

6. 状态栏

状态栏位于窗口最下端，如图 2-10 所示，它显示了当前的编辑状态。从左至右分别显示当前光标所处位置的页数、节数、在当前页面中的位置（包括行数、列数等）、是否录制宏状态、是否修订状态、是否扩展选定范围状态、是否改写状态和所使用的语言等一系列的状态信息。

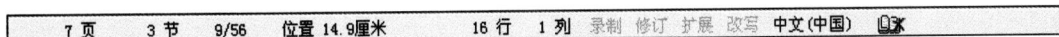

| 7 页 | 3 节 | 9/56 | 位置 14.9厘米 | 16 行 | 1 列 | 录制 修订 扩展 改写 | 中文(中国) |

图 2-10　状态栏

提示： 双击状态栏中的状态指示可以快速完成一些操作，例如，双击【改写】则进入插入状态中。

三、新建与打开文档

1. 新建文档

1）启动 Word 2003 自动创建

当从【开始】菜单程序组或桌面快捷方式启动 Word 2003 应用程序时，Word 2003 自动以默认的模板创建一个新文档。

2）使用【新建文档】任务窗格创建

选择【文件】|【新建】命令，此时在窗口右侧弹出【新建文档】任务窗格，如图 2-11 所示。单击【空白文档】超链接创建一个新文档。

提示： 使用 Ctrl+N 组合键也可创建新文档。

2. 打开文档

1）直接打开文档

在【我的电脑】窗口中找到目标文档，双击文档图标系统将自动运行 Word 2003 并在其中打开此文档。

2）在 Word 2003 中打开文档

其操作步骤如下：

（1）选择【文件】|【打开】命令，弹出【打开】对话框，如图 2-12 所示。

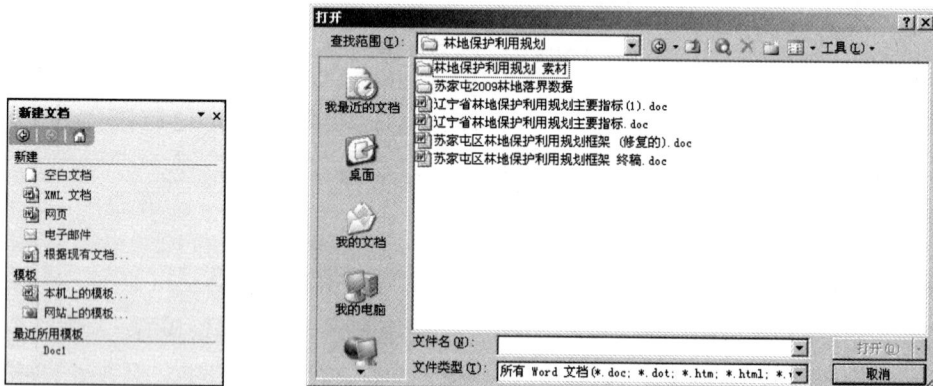

图 2-11 【新建文档】任务窗格   图 2-12 【打开】对话框

（2）在【查找范围】下拉列表中选择目标文档所在的文件夹。

（3）选择文件夹后，在下面的文件列表框中选定目标文档。

（4）单击【打开】按钮完成操作。

提示：在【打开】按钮右侧单击下拉按钮，在弹出的下拉列表中还可以选择文档的打开方式，如【以只读方式打开】或【以副本方式打开】等。

四、保存和关闭文档

1. 保存文档

1）保存文档

保存文档即是把编辑和修改完的文档保存到磁盘中。每个编辑完的文档进行保存操作后，才可以长久地保存。

其操作步骤如下：

选择【文件】|【保存】命令或直接单击常用工具栏中的【保存】按钮。

对于已有文档，单击【保存】按钮可以将对文档的编辑和修改保存在原文档中。

对于新建文档，【保存】命令和【另存为】命令效果相同，都要求选择文件保存位置、文件名和文件保存类型。

提示：Word 2003 具有自动保存功能，选择【工具】|【选项】命令，在弹出的【选项】对话框中选择【保存】选项卡，如图 2-13 所示。在该对话框中可设定自动保存时间间隔。

2）另存文档

如果选择【文件】|【另存为】命令，弹出【另存为】对话框，如图 2-14 所示。在此对话框中可以设置文件的另存位置、文件名和文件保存类型。

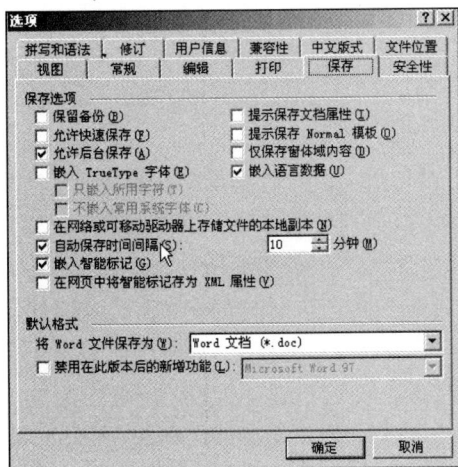

图 2-13　【选项】对话框　　　　　　　　　图 2-14　【另存为】对话框

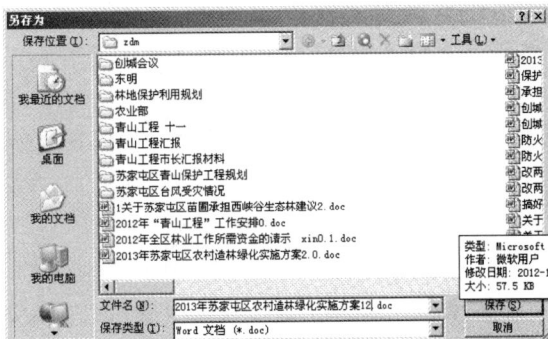

2. 关闭文档

关闭文档有多种方法。

（1）选择【文件】|【关闭】命令。

（2）单击菜单栏右端的【关闭】按钮。

图 2-15　保存提示对话框

（3）单击标题栏右端的【关闭】按钮。

（4）使用 Alt+F4 组合键或是 Ctrl+W 组合键。

关闭文档后如果还没有对当前文档的修改操作进行过保存将弹出如图 2-15 所示的对话框。

在其中单击【是】按钮则保存当前文档，单击【否】按钮则不保存修改，单击【取消】按钮则会取消关闭文档的操作。

提示： 有时文档经过了多次或多人修改，而用户希望能够将修改前后的稿件的进行对比，如果用户采用另存为 V1.0 版、V2.0 版的方式，会给用户的查找和管理带来不便。其实 Word 2003 给用户提供了一个更好的保存不同版本文件的方法，即使用版本保存，其操作步骤如下：

选择【文件】|【版本】命令，弹出如图 2-16 所示的对话框。

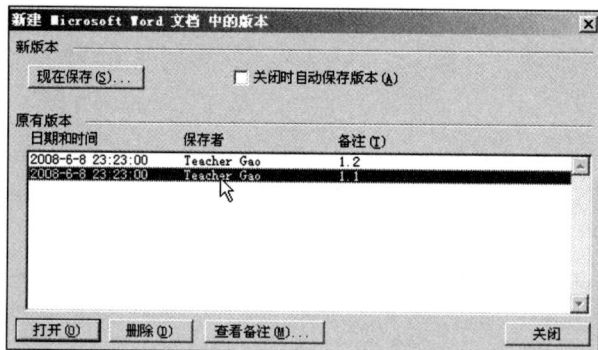

图 2-16　版本保存对话框

单击【现在保存】按钮，在弹出的【保存版本】对话框中输入版本信息，单击【确定】按钮，就可以把当前状态的文档保存为一个新的版本。当用户对文档作了较大的改动以后可以再保存一个版本，查看时弹出该文档的版本对话框，即可打开以前保存的版本进行查看。

五、文本编辑

1. 文本选择

对文档进行复制、移动和删除操作时，必须首先对字、词、句子或段落进行选取，被选中的文字以黑底白字突出显示。

文本选择主要有鼠标选择和键盘选择两种方式。其中鼠标选择是最基本和常用的方式。

1）任意数量文字选取

方法一：在选取的文字开始位置按住左键，然后移动鼠标，当指针移到要选取文字的结束位置时释放左键。

方法二：在要选取文字的开始位置单击，按住 Shift 键，指针指向文本结束位置再次单击。

2）单词选取

方法：指针指向单词位置双击。

3）句子选取

方法：按住 Ctrl 键，指针指向该句子的任意处单击。

4）行的选取

方法：指针指向该行左侧，当指针变成白色右向箭头时，单击。

5）段落选取

方法一：指针指向该段落左侧，当指针变成白色右向箭头时，双击。

方法二：指针在要选取段落的任意位置连续单击 3 次。

6）全文选取

方法一：指针指向该文任意位置左侧，当指针变成白色右向箭头时，单击 3 次。

方法二：选择【编辑】|【全选】命令。

方法三：使用 Ctrl+A 组合键。

2．文本查找与替换

在对文档进行编辑时，有时需要更改某些文字，例如，将文档中的所有"合成"改为"复合"。如果逐字修改不仅费时，而且容易遗漏。使用 Word 2003 的查找和替换功能，可以轻松地完成上述工作。其操作步骤如下：

（1）选择【编辑】|【查找】命令，弹出如图 2-17 所示的【查找和替换】对话框。

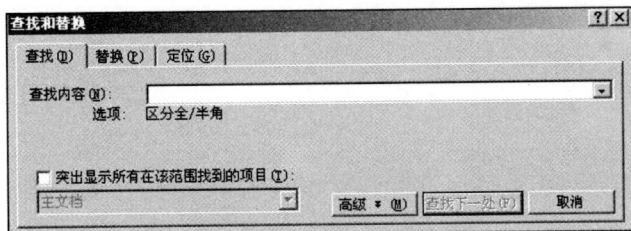

图 2-17　【查找和替换】对话框

（2）在【查找内容】文本框中输入要查找的内容，如"林业"。

（3）单击【查找下一处】按钮，逐个找到指定内容，如图 2-18 所示。

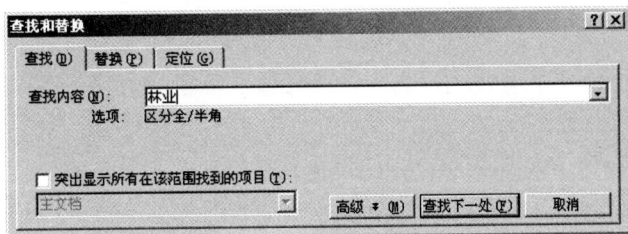

图 2-18　文档文字查找

（4）选择【替换】选项卡，弹出如图 2-19 所示的对话框。

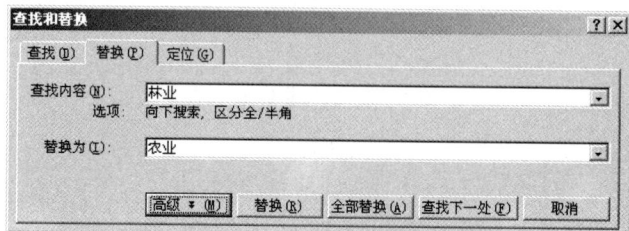

图 2-19　【替换】选项卡

（5）在【替换为】文本框中输入要替换的内容，如"农业"。

（6）单击【替换】按钮，则逐个查找替换；单击【全部替换】按钮，则一次全部替换完成。

提示： 查找和替换时可以使用通配符。例如，查找"（1）"、"（2）"、"（3）"这样的内容，操作步骤如下：

（1）选择【编辑】|【查找】命令，弹出【查找和替换】对话框。

（2）单击【高级】按钮，在【查找内容】文本框中输入"（*）"，其中"*"代表"1"、"2"、"3"等任意字符。在【搜索选项】选项组中勾选【使用通配符】复选框，如图 2-20 所示。

（3）单击【查找下一处】按钮完成查找。

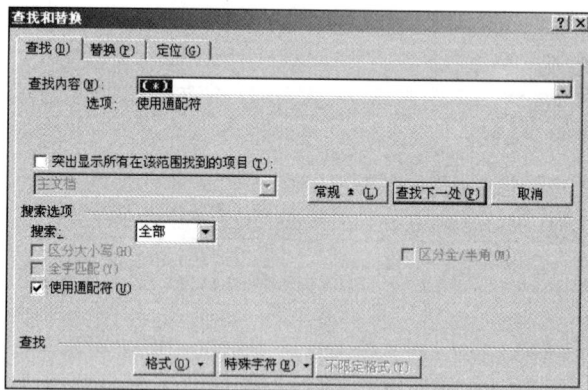

图 2-20　【查找和替换】对话框

提示： 查找和替换可使用格式。例如，将文档中所有"电脑"字体颜色替换为红色，操作步骤如下：

（1）选择【编辑】|【查找】命令，弹出【查找和替换】对话框。

（2）在【替换】选项卡的【查找内容】文本框中输入"电脑"，在【替换为】文本框中也输入"电脑"。

（3）单击【高级】按钮，在【替换】选项组中单击【格式】|【字体】，如图 2-21 所示。

（4）在弹出的【查找字体】对话框中设置【字体颜色】为"红色"。

（5）单击【全部替换】按钮，则可将文档中的所有"电脑"替换为红色字体"电脑"。

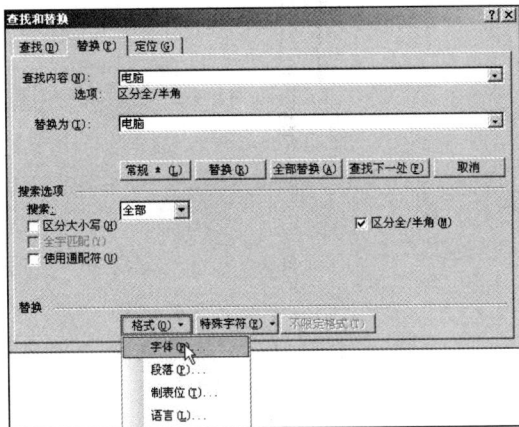

图 2-21　设置替换条件

3. 项目符号和编号

使用 Word 2003 可以快速地给文本添加项目符号和编号。项目符号和编号的使用，使文档层次分明，结构更加清晰，易于阅读和理解。其操作步骤如下：

（1）选定要应用项目符号或编号的文本。

（2）选择【格式】|【项目符号和编号】命令，弹出如图 2-22 所示的【项目符号和编号】对话框。

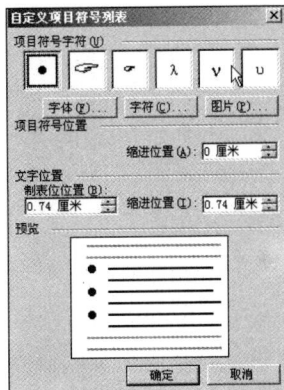

（3）选择想要添加的项目符号或编号。

提示：如果给定的项目符号中没有想要的符号，选中任意一个项目符号，然后单击【自定义】按钮，弹出如图 2-23 所示的【自定义项目符号列表】对话框，从中选择符号、符号字体，甚至选择图片作为项目符号。

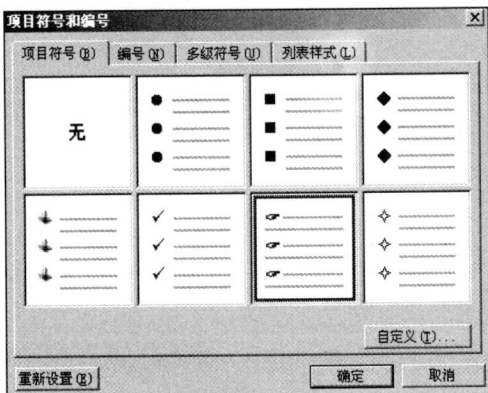

图 2-22　【项目符号和编号】对话框

图 2-23　【自定义项目符号列表】对话框

提示：如果给定的编号中没有想要的编号，选中任意编号后单击【自定义】按钮，弹出如图 2-24 所示的【自定义编号列表】对话框，从中选择编号格式、编号样式、起始编号、编号位置以及文字位置。从预览中可查看应用的效果。

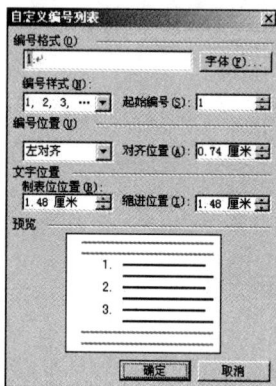

图 2-24　【自定义编号列表】对话框

（1）编号格式：编号的具体格式，如在编号后面是否加 "、" 或加 "."；是否加括号。

（2）编号样式：编号的具体样式，如 "1、2、3…" 或 "一、二、三…" 等。

（3）起始编号：编号的起始数。

（4）编号位置：编号对齐方式。在后面的数值框中输入对齐的具体位置。

（5）文字位置：选项组输入文字缩进的位置。

六、文档格式

1. 字体格式

字体格式是文档编辑中最普遍应用的一种格式，字体格式可以对文字的字体、字符间距和文字效果进行设置和修饰。选择【格式】|【字体】命令，弹出【字体】对话框，如图 2-25 所示。

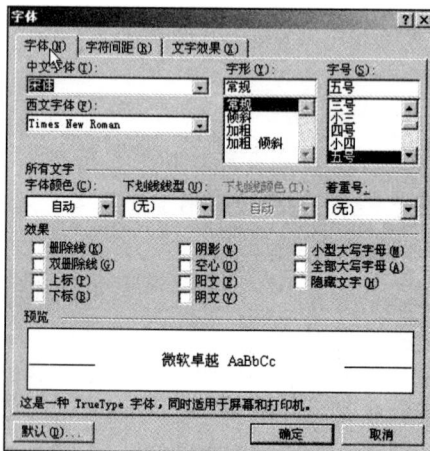

图 2-25　【字体】对话框

（1）字体。Word 2003 提供了多种中英文字体供使用，其默认的中文字体是宋体，英文字体是 Times New Roman。另外，用户也可以添加新的中英文字体。

（2）字形。字形有常规、倾斜、加粗和加粗倾斜 4 种。

（3）字号。字号有中文初号到八号，英文 72 号到 5 号。中文初号字最大，英文 72 号字最大。

　　提示：如果要显示或打印更大的字，可直接在字号框中输入数字，如"100"，然后单击【确定】按钮即可获得。

　　（4）字体颜色。Word 2003 提供 40 种标准颜色供选用，如图 2-26 所示。

　　此外用户还可以选用自定义的其他颜色。单击【其他颜色】按钮，弹出【颜色】对话框如图 2-27 所示。

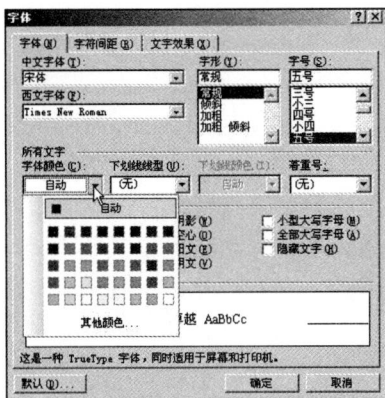

图 2-26　标准字体颜色　　　　　　　　图 2-27　【颜色】对话框

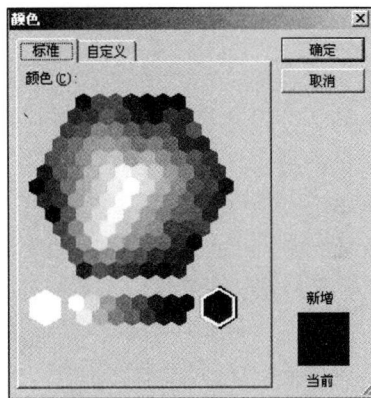

　　提示：在字体颜色 40 种选项中，如果不清楚是什么颜色，指针在这一颜色上稍加停顿，界面即显示提示，如图 2-28 所示。

　　（5）效果。Word 2003 设置了文字的 11 种效果，通过其下面的预览可查看其作用。例如，"下标"可用于像分子式"H_2O"这种情况。

　　（6）字符间距。此功能用于调整字符间的距离，包括字符的缩放、水平间距调整和垂直位置的调整。其效果可通过预览查看。

　　（7）文字效果。Word 2003 提供了 6 种动态效果，以增强文字在屏幕上的视觉，如图 2-29 所示。

图 2-28　字体颜色提示　　　　　　　　图 2-29　【文字效果】选项卡

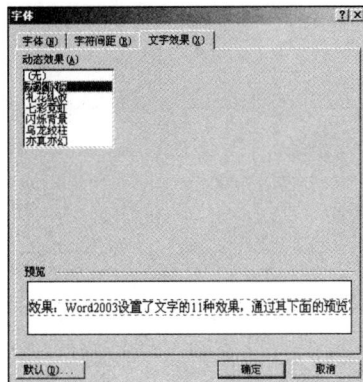

2. 段落格式

段落格式是指为一个或几个段落设置段间距、行间距、段前和段后距离及添加边框和底纹等。

选择【格式】|【段落】命令，弹出如图 2-30 所示的【段落】对话框。

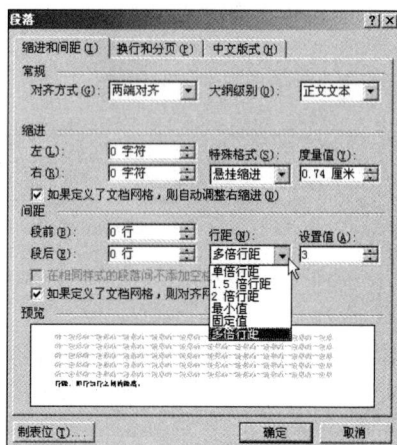

（1）对齐方式。对齐方式指文本段落在文档页面中所处的位置，有左对齐、居中、右对齐、两端对齐和分散对齐等方式。

（2）大纲级别。在大纲视图中编辑文档时，可通过设置段落的大纲级别，将文档设置为分层结构。为段落指定大纲级别也是一种为文档设置分层结构的方法。使用大纲级别不会改变文字的显示方式。

（3）缩进。调整整个段落与页边距的距离，其单位为字符或厘米（也可输入"cm"）。例如，在【左】数值框中输入"2 厘米"，则整个段落距左侧页边距为 2 厘米。

（4）特殊格式。特殊格式包括首行缩进和悬挂缩进。一般中文的行文是段落首行缩进 2个字符，当然也可以依据需要首行缩进任意字符。另一些情况下，要求的不是首行缩进，而是其他行缩进，这时就要使用悬挂缩进。

（5）行距。行距即行与行之间的距离。在【行距】下拉列表中有如图 2-31 所示的选项。其中【最小值】和【固定值】可为数值，【多倍行距】可在【设置值】数值框中输入倍数。

图 2-30　【段落】对话框　　　　　　图 2-31　【行距】下拉列表

（6）段前和段后。段前和段后指选中段落与前一段落和后一段落的间距。

提示：缩进、特殊格式和行距段前、段后支持的单位有"字符"、"厘米"和"磅"等。

3. 边框和底纹

（1）边框。选择【格式】|【边框和底纹】命令，在弹出的【边框和底纹】对话框中选择【边框】选项卡，如图 2-32 所示。

选择线型、颜色和宽度，然后在【应用于】下拉列表中选择【文字】或【段落】选项，最后单击【方框】按钮，单击【确定】按钮。

提示：在【应用于】下拉列表中选择【文字】和【段落】的效果是不同的，可从预览中查看。

（2）页面边框。选择【格式】|【边框和底纹】命令，在弹出的【边框和底纹】对话框中选择【页面边框】选项卡，如图 2-33 所示。

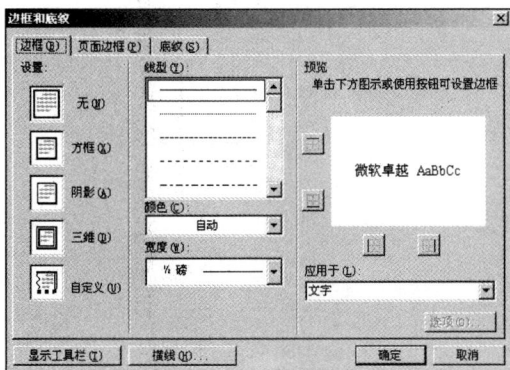

图 2-32 【边框】选项卡	图 2-33 【页面】选项卡

页面边框与边框的操作基本一样，所不同的是页面边框是为整篇文档或文档的节所加的边框，另外页面边框增加了【艺术型】选项。

（3）底纹。选择【格式】|【边框和底纹】命令，在弹出的【边框和底纹】对话框中选择【底纹】选项卡，如图 2-34 所示。

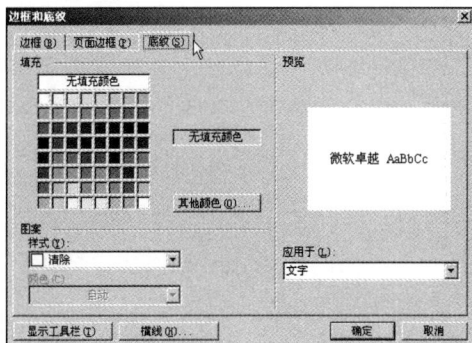

图 2-34 【边框】选项卡

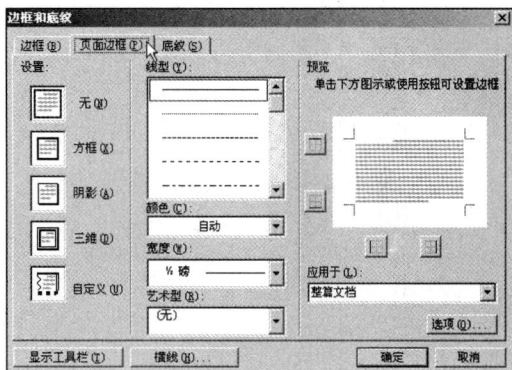

在【填充】选项组中选择一种填充颜色，如果无合适的颜色，可单击【其他颜色】按钮，在弹出的【颜色】对话框中自定义颜色。也可以对所选段落应用图案样式。应当注意的是，底纹与边框一样，在【应用于】下拉列表中，底纹应用于【文字】和【段落】是稍有区别的。

4. 页面格式

页面是文档的显示板面，页面的设置直接影响到文档的打印效果。页面格式排版涉及纸张的大小和方向以及页眉、页脚等。

页面设置：选择【文件】|【页面设置】命令，弹出如图 2-35 所示的【页面设置】对话框。在【页面设置】对话框的 4 个选项卡中，【页边距】和【纸张】最为重要。

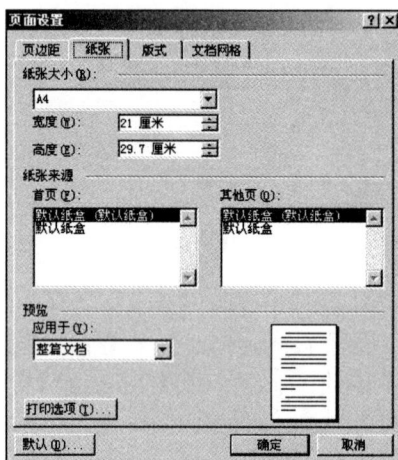

页边距是指文档的文本内容在纸张中的位置，即文本与纸张上下左右边界的距离。在【方向】选项组中，有【纵向】和【横向】的选择，如图 2-35 所示。

Word 2003 在【纸张大小】下拉列表中，提供了十几种纸张类型格式供用户选用，如果仍不能满足实际需求，还可以自定义纸张大小。在【纸张大小】下拉列表中选择【自定义】选项，在【宽度】和【高度】数值框中输入具体数值即可。【纸张】选项卡如图 2-36 所示。

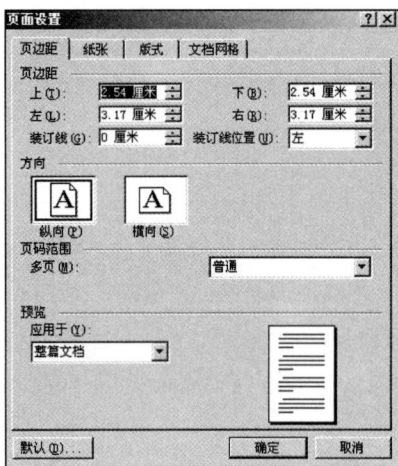

图 2-35　【页面设置】对话框　　　　　图 2-36　【纸张】选项卡

提示：在【版式】选项卡中进行节和页眉页脚的一些设置，以便于进行长文档的格式编排。

5. 页眉和页脚

设置页眉和页脚是指在文档页面的顶端和底部添加注释性词语、标题、作者姓名、写作日期，或者是添加文档的页数等。

选择【视图】|【页眉和页脚】命令，弹出【页眉和页脚】工具栏，同时切换到页眉和页脚编辑状态，如图 2-37 所示。

在页眉中输入"短文档编辑"后，在工具栏中单击【关闭】按钮，退出页眉和页脚编辑状态。设置后文档本节任何一页页眉处均有"短文档编辑"字样。

页眉和页脚编辑栏从左到右按钮依次是【自动图文集】、【插入页码】、【插入页数】、【页码格式】、【插入日期】、【插入时间】等，指针在按钮上停留即提示按钮的名称。

页码、页数是以 Word 域的方式自动插入的，当文档实际页数发生变化时，页码和总页数也随之变化。

单击【页码格式】按钮，弹出如图 2-38 所示的【页码格式】对话框。页码有多种可格式供选择。

单击【在页眉和页脚间切换】按钮，由页眉编辑转为页脚编辑，如图 2-39 所示。

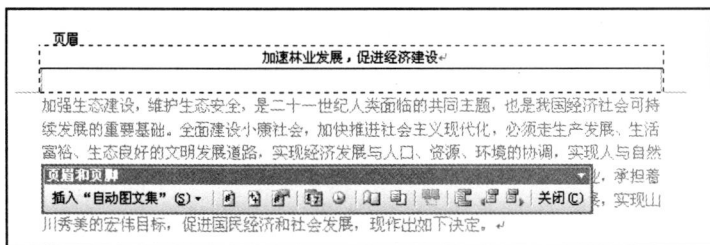

图 2-37　编辑页眉和页脚

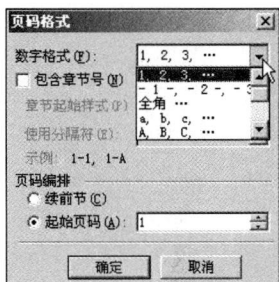

图 2-38　【页码格式】对话框

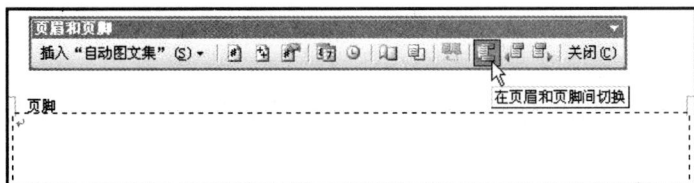

图 2-39　页脚编辑状态

提示： 该工具栏中的【链接至前一个】按钮是至关重要的，正确设置该按钮的状态，可以帮助用户设置每节不同的页眉和页脚。

6. 文档背景

Word 2003 提供了丰富的预置颜色，用户可以利用这些颜色设置文档背景。

1）设置文档背景

选择【格式】|【背景】命令，弹出【颜色】对话框，如图 2-40 所示。选择【标准】选项卡，单击所需的颜色，单击【确定】按钮即可。

2）设置填充效果

若觉得使用单的颜色背景比较单调，还可以选择渐变、纹理、图案和图片等背景效果。其操作步骤如下：

选择【格式】|【背景】|【填充效果】命令，弹出【填充效果】对话框，如图 2-41 所示。用户可在【渐变】选项卡中设置【单色】、【双色】、【预设】选项，并调整底纹样式，在【变形】选项组中查看预览效果，如图 2-42 所示；也可在【纹理】

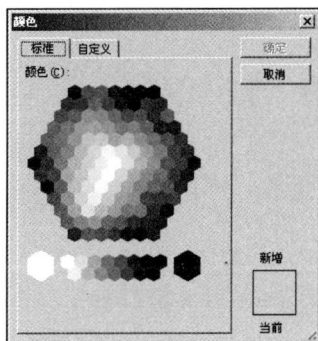

图 2-40　【颜色】对话框

选项卡中选择一种作为文档页面背景；也可选择【图案】选项卡，选择需要的一种图案，为文档指定一种背景图案；也可在【图片】选项卡中选一张图片作为文档背景。

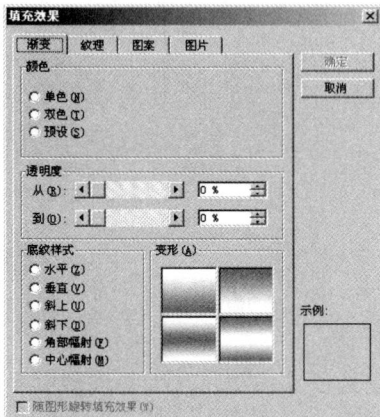

图 2-41　【填充效果】对话框　　　　　　图 2-42　【纹理】选项卡

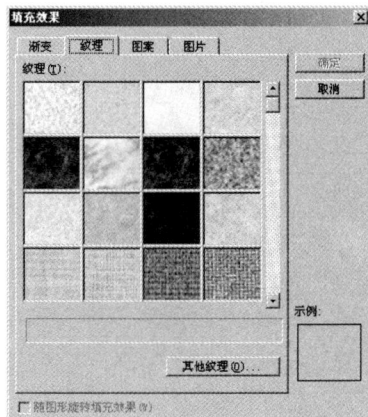

3）设置水印

水印也是一种特殊的背景，是指印在页面上的透明的花纹。选择【格式】|【背景】|【水印】命令，弹出【水印】对话框，如图 2-43 所示。在该对话框中，可设置不同的文字、图片水印。

图 2-43　【水印】对话框

七、插入对象

Word 2003 具有十分强大的图文混排功能，除了可以输入文字外，还可以插入图片、艺术字、文本框、数学公式和其他对象，美化版面，使文档更加生动活泼。

1. 插入图片

1）插入剪贴画

选择【插入】|【图片】|【剪贴画】命令，文档窗口右侧打开【剪贴画】任务窗格，如图 2-44 所示。

单击【管理剪辑】超链接，打开如图 2-45 所示的剪辑管理器。展开【Office 收藏集】，从右侧预览窗格中选择对象，右击选中的图片，在弹出的快捷菜单中选择【复制】命令，到文档中粘贴。

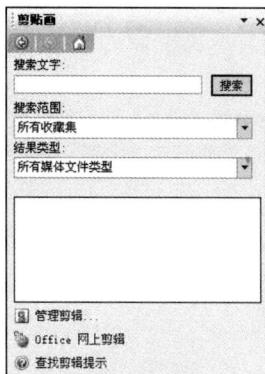

图 2-44　【剪贴画】任务空格　　　　　　　　图 2-45　剪辑管理器

提示： 由于剪贴画是矢量图，因此图片的大小调整时不会失真。

2）从文件中插入图片

选择【插入】|【图片】|【来自文件】命令，弹出如图 2-46 所示的【插入图片】对话框。

图 2-46　【插入图片】对话框

在列表框中选中要打开的文件，单击【插入】按钮，则图片插入到文档指定位置。

图片和剪贴画的格式设置主要有两种。

（1）右击选定图片，在弹出的快捷菜单中选择【设置图片格式】命令，如图 2-47 所示。

（2）单击【图片】工具栏中的【设置图片格式】按钮，弹出【设置图片格式】对话框。

①【图片】选项卡：可对图像进行上下左右的精确裁剪；【颜色】下拉列表中有自动、黑白、灰度和冲蚀 4 个选项；图像的亮度和对比度可通过"滑块"调整，也可直接在其后的数值框中设定百分比。

　　② 【版式】选项卡：如图 2-48 所示。版式是文档中图片（剪贴画）与文字的关系。插入的图片或剪贴画默认为【嵌入型】，不能随意移动位置。要改变图片（剪贴画）和文字的环绕方式可选择其他方式。如果要对图片（剪贴画）做进一步的精确设置可单击【高级】按钮，弹出如图 2-49 所示【高级版式】对话框。

　　③ 【大小】选项卡如图 2-50 所示。可以根据需要调整图片或剪贴画的尺寸，既可以通过数值调整，也可以通过百分比调整。

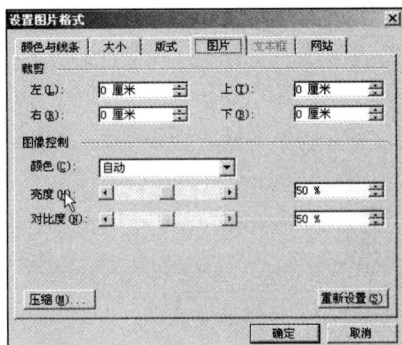

图 2-47　【设置图片格式】对话框

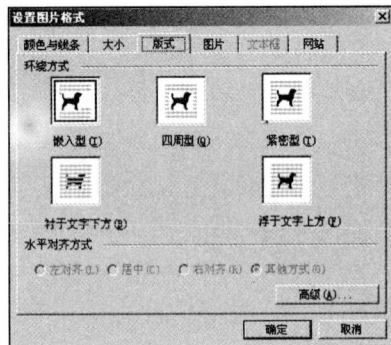

图 2-48　【版式】选项卡

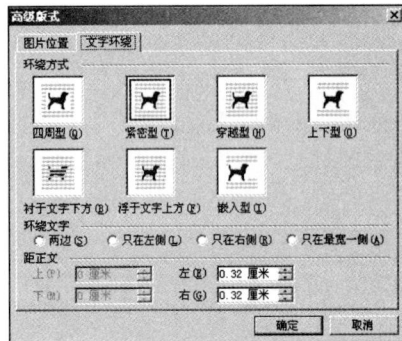

图 2-49　【高级版式】对话框

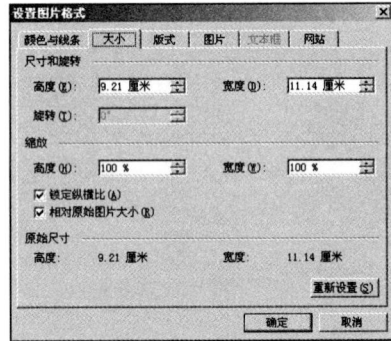

图 2-50　【大小】选择卡

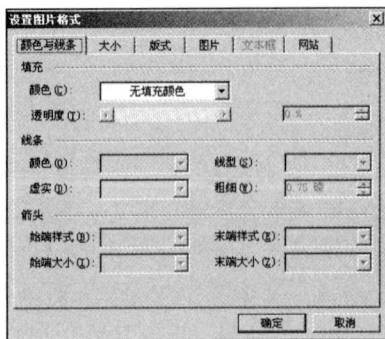

图 2-51　【颜色与线条】选项卡

提示：

（1）当【锁定纵横比】复选框被勾选时，图片的高度与宽度保持相同的尺寸比例，即调整高度，宽度随之按比例变化。

（2）插入的图片一般不能旋转，而剪贴画可以实现旋转。

　　④ 【颜色与线条】选项卡如图 2-51 所示。可对对象的线条颜色、填充效果进行设置。

2. 插入艺术字

选择【插入】|【图片】|【艺术字】命令，弹出【艺术字库】对话框，如图 2-52 所示。

在 30 种艺术字样式中选择一种，单击【确定】按钮，弹出如图 2-53 所示的【编辑"艺术字"文字】对话框。

选择字体、字号，输入文字内容，单击【确定】按钮。设定的艺术字插入到文档指定位置。

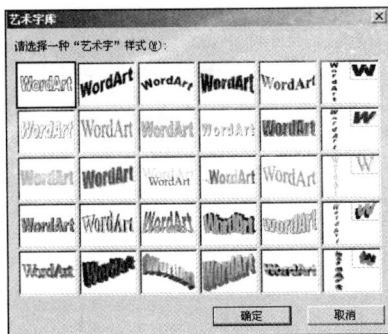

图 2-52　【艺术字库】对话框　　　　图 2-53　【编辑"艺术字"文字】对话框

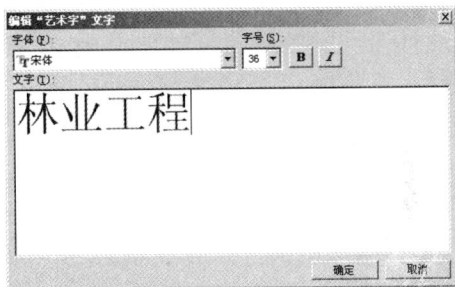

艺术字的格式可以通过两种方式设置。

（1）使用【设置艺术字格式】对话框。右击艺术字，在弹出的快捷菜单中选择【设置艺术字格式】命令，弹出如图 2-54 所示的【设置艺术字格式】对话框。

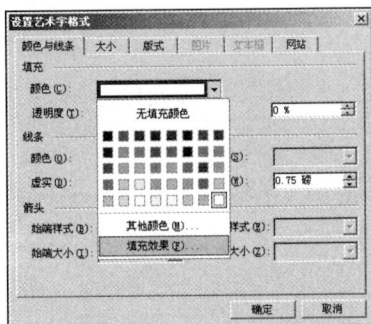

艺术字格式的设置与图片格式的设置基本一样，不同的是艺术字可以旋转角度，也可以设置不同的填充效果。在【颜色与线条】选项卡中，在【填充】选项组的【颜色】下拉列表中选择【填充效果】选项，如图 2-55 所示，弹出【填充效果】对话框，如图 2-56 所示。系统默认显示的是【渐变】选项卡，选中【单色】、【双色】、【预设】单选按钮来设置不同类型的渐变效果，可在【底纹样式】选项组中选择渐变的样式，在【变形】选项组中查看预览效果。

（2）使用【艺术字】工具栏。选择【视图】|【工具栏】|【艺术字】命令，弹出如图 2-57 所示的【艺术字】工具栏。

在【艺术字】工具栏按钮中，【艺术字形状】按钮使用较多，如图 2-58 所示。

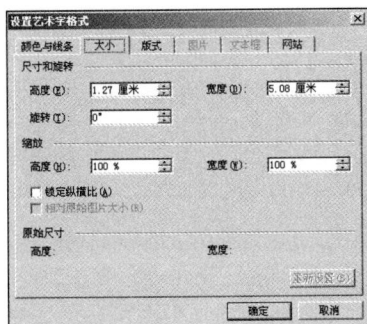

图 2-54　【设置艺术字格式】对话框　　　　图 2-55　选择填充效果

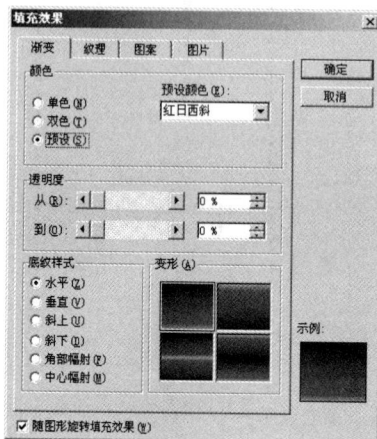

图 2-56　【填充效果】对话框

图 2-57　【艺术字】工具栏

图 2-58　艺术字形状

艺术字形状有 40 种样式可供选择，指针指向某一样式时，会显示样式名称。

除了通过【设置艺术字格式】对话框和【艺术字】工具栏对艺术字格式编辑外，也可以直接编辑艺术字。选中艺术字后，艺术字的四周显示如图 2-59 所示控制点。白色的 6 个圆点用于改变艺术字的大小；黄色圆点用于改变艺术字的倾斜角度；绿色圆点用于改变艺术字的旋转角度。

3．插入文本框

（1）选择【插入】|【文本框】|【横排】或【竖排】命令，在文档中显示绘图画布，如图 2-60 所示。

图 2-59　艺术字控制点

图 2-60　绘图画布

（2）在画布内单击，可创建一个文本框。

（3）调整文本框的大小，在其中输入文字。

（4）将指针指向文本框的边线处，当指针变成"十"字形箭头，将文本框拖动到画布之外。

（5）选中画布，按 Delete 键删除。

文本框的格式可使用文本框格式对话框和文本框工具栏设置。

4．插入数学公式

用 Word 编辑文档，有时需要在文档中插入数学公式，如编辑数学考试试卷。使用键盘的运算符号键、字体中的【上标】、【下标】及插入菜单中的【符号】只能解决一些简单问题，利用 Word 2003 安装的 Microsoft 公式 3.0 可建立复杂的数学公式。

（1）选择【插入】|【对象】命令，弹出【对象】对话框，如图 2-61 所示。

（2）在【对象类型】列表框中选择【Microsoft 公式 3.0】，单击【确定】按钮，弹出【公式】工具栏，如图 2-62 所示。

利用【公式】工具栏中提供的十几组符号可以完成复杂公式的绘制。

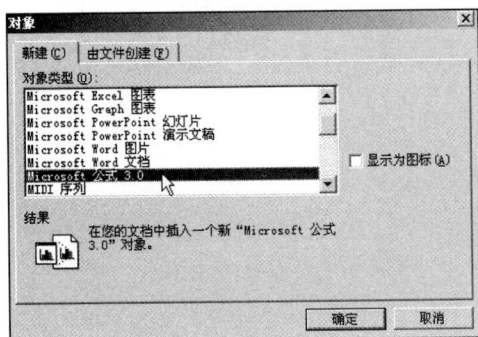

图 2-61　【对象】对话框

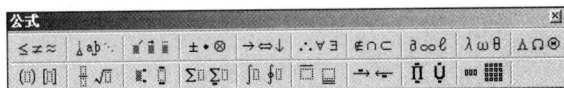

图 2-62　【公式】工具栏

提示：如果要重新编辑和修订公式，双击公式即可切换到编辑状态。

5．插入其他对象

1）插入已有 Excel 工作表

（1）选择【插入】|【对象】命令，在弹出的【对象】对话框中选择【由文件创建】选项卡，单击【浏览】按钮，选择 Excel 文件，单击【插入】按钮。

（2）返回【对象】对话框，单击【确定】按钮，即可插入 Excel 工作表。

提示：

（1）对已插入的 Excel 工作表对象双击，即可切换到工作表编辑状态。

（2）如果插入新的 Excel 工作表，可直接单击工具栏中的【插入 Microsoft Excel 工作表】按钮。

（3）插入的 Excel 工作表对象即可独立于原 Excel 工作表，也可与原 Excel 工作表示相链接。

2）插入声音和视频剪辑

（1）选择【插入】|【对象】命令，在弹出的【对象】对话框中选择【由文件创建】选项卡，单击【浏览】按钮，选择已有的音频或视频文件，单击【插入】按钮。

（2）返回【对象】对话框，勾选【显示图标】复选框，单击【确定】按钮，音频或视频文件即被插入。

提示：

（1）在文档中双击【音频或视频文件】图标，音频或视频文件开始播放。

（2）音频或视频文件的显示图标可以更改。

✿ 任务实施

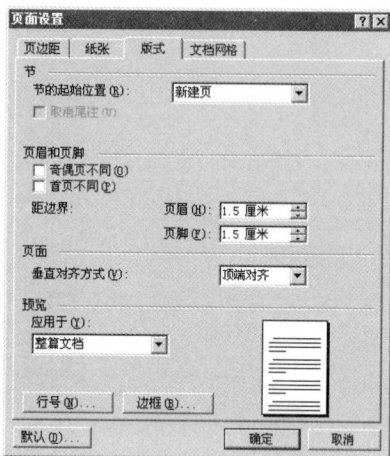

图 2-63 设置页眉、页脚距边界

步骤一：新建文档，文件名为"野生动物保护宣传展板.doc"。

步骤二：设置页面格式。

（1）选择【文件】|【页面设置】命令（双击标尺），弹出【页面设置】对话框，选择【纸张】选项卡，在【纸张大小】下拉列表中选择【A3】选项。

（2）选择【页边距】选项卡，设置上边距为 3.5cm，下边距为 2.5cm，左、右边距为 3.2cm。

（3）选择【版式】选项卡，设置页眉、页脚值为 1.5cm，如图示 2-63 所示。

（4）单击【确定】按钮，完成页面设置操作。

步骤三：录入文本内容。

按如图 2-64 所示的样文录入文本内容。

动物是人类的朋友，这话早已耳熟能详。但是，我们在与动物相处的过程，有没有以朋友的宽容来对待它们？有没有以朋友的责任来呵护它们？这是个值得审视的话题。应当肯定，随着法制的健全和人们对动物生存价值的认可，许多地方都在努力构建适宜它们栖息的家园。这些年，我市许多地方大批候鸟的回归、许多动物的复还，就是生态改善后的人为结果，周山村成群猴子的出现，可以证明这点。

濒危动物是地球上十分珍贵的资源，如果失去了，就永远消失了。我们的世界需要维持生态平衡，这样才能保证我们生存的环境。地球上有一个环环相扣的巨大生物链，就像"大鱼吃小鱼，小鱼吃虾米"一样，如果其中一个物种消失了，那么就会影响其他有关物种的生存。对我们来说，濒危动物还有很高的观赏价值呢。熊猫是不是很可爱呢，如果熊猫的家被摧毁，我们又不保护它们的话，也许哪一天，我们就再也欣赏不到这么可爱憨厚的大熊猫了。

濒危野生动物是指在其整个分布区或分布区的主要部分中处于有灭绝危险的野生动物。这些野生动物种的种群已经减少到勉强可以繁殖后代的地步，其地理分布狭窄，仅仅存在于典型地方或出现在有限的、脆弱的环境中。如果不利于其生长和繁殖的因素继续存在或发生，便会根快灭绝。按照世界公认的标准，一个物种的数量少到以百计算时，即为濒危野生动物。

新疆野马学名为普尔热瓦尔斯基马，简称"普氏野马"。上百年来，新疆野马在新疆消失，仅在德国、英国、美国、荷兰等国家的动物园和私家养殖场里饲养，数量不足 1000 匹。1986 年，我国先后从英国、美国、德国引进 18 匹回国，实施"野马还乡"计划。

图 2-64 录入文字后效果

步骤四：设置字符格式。

（1）选中正文第 1 段。选择【格式】|【字体】命令，弹出【字体】对话框，如图 2-65 所示。

（2）在【中文字体】下拉列表中选择【华文行楷】，在【字形】列表框中选择【加粗】，在【字号】列表框中选择【小二】，在【字体颜色】下拉列表中选择【黑色】，单击【确定】按钮。

（3）按上面操作步骤设置第 2～4 段正文字体、字号、字形、字体颜色格式。设置后效果如图 2-66 所示。

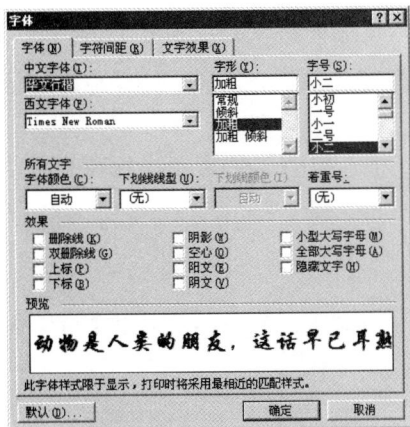

图 2-65 【字体】对话框

图 2-66 正文设置后效果

步骤五：设置段落格式。

（1）选中全文，选择【格式】|【段落】命令，弹出【段落】对话框，如图 2-67 所示。

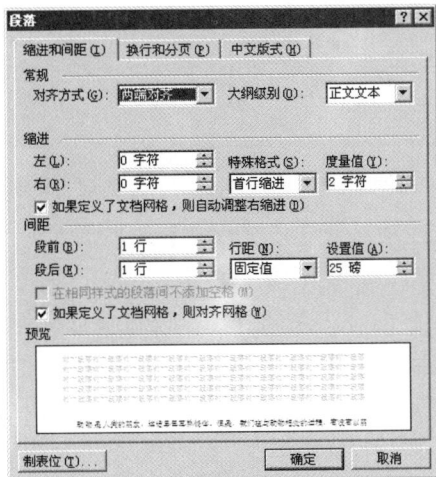

图 2-67 【段落】对话框

（2）在【对齐方式】下拉列表中选择【两端对齐】选项，在【特殊格式】下拉列表中选择【首行缩进】选项，在【度量值】数值框中输入"2 字符"，在【行距】下拉列表中选择【固定值】选项，在【设置值】数值框中输入"25 磅"，单击【确定】按钮。

（3）选中正文第 1 段内容，选择【格式】|【段落】命令，弹出【段落】对话框。

（4）设置段前 1 行，段后 1 行。单击【确定】按钮。设置段落格式后效果如图 2-66 所示。

步骤六：设置分栏与首字下沉。

1. 设置分栏

（1）选中第 2 和第 3 段正文内容。（如果选择范围包括正文最后一段时，选择范围不包括最后一段末尾的回车符）。

（2）选择【格式】|【分栏】命令，弹出【分栏】对话框，按图 2-68 所示进行设置。单击【确定】按钮，完成分栏操作。

2. 设置首字下沉

（1）将光标置于第 4 段文字范围内，选择【格式】|【首字下沉】命令，弹出【首字下沉】对话框，如图 2-69 所示。

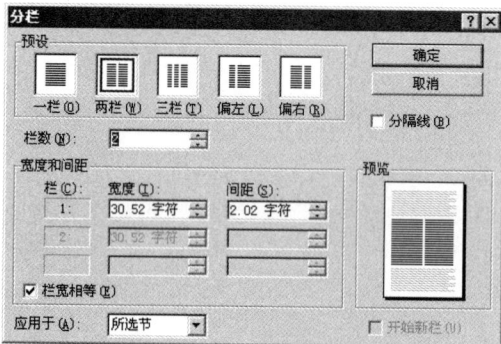

图 2-68　【分栏】对话框　　　　　　　　图 2-69　【首字下沉】对话框

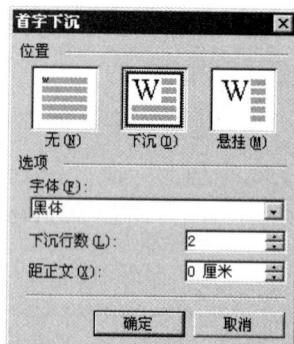

（2）在【字体】下拉列表中选择【华文行楷】选项，下沉行数为 2 行。单击【确定】按钮，完成首字下沉设置。

（3）选中首字下沉的文字内容。在调色板中设置字体颜色为"深红色"。

步骤七：插入标题艺术字。

（1）将光标置于文档第 1 行行首，选择【插入】|【图片】|【艺术字】命令，弹出【艺术字库】对话框，如图 2-70 所示。

（2）选择第 3 行第 4 列样式，单击【确定】按钮，弹出【编辑"艺术字"文字】对话框。

（3）在【文字】文本框中录入"人与动物和谐共存"文字内容，如图 2-71 所示。单击【确定】按钮，将艺术字插入到文档中。

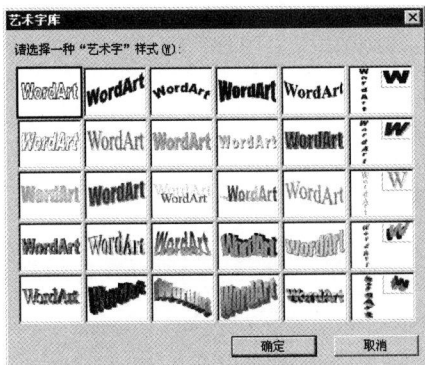

图 2-70　【艺术字库】对话框　　　　　图 2-71　【编辑"艺术字"文字】对话框

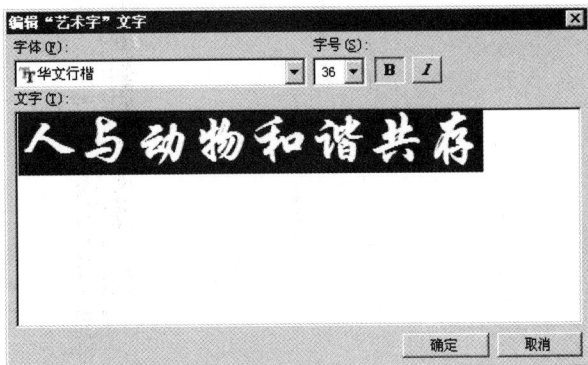

（4）选中艺术字，单击【绘图】工具栏中的【阴影样式】按钮，在弹出的下拉列表中选择【阴影样式 3】选项，如图 2-72 所示。

图 2-72　设置阴影

（5）右击艺术字，在弹出的快捷菜单中选择【设置艺术字格式】命令，弹出【设置艺术字格式】对话框，如图 2-73 的所示。

（6）在【颜色与线条】选项卡的【颜色】下拉列表中选择【填充效果】选项，弹出【填充效果】对话框。

（7）选中【渐变】选项卡中的【预设】单选按钮，在【预设颜色】下拉列表中选择【彩虹出岫】选项，在【底纹样式】选项组中选中【垂直】单选按钮，如图 2-74 所示，单击【确定】按钮。

（8）适当调整标题艺术字的大小和位置。使其与样文相似。

（9）重复上面步骤，插入第 2 个艺术字。

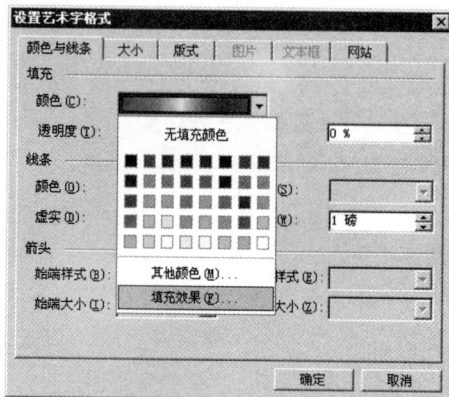

图 2-73　【设置艺术字格式】对话框

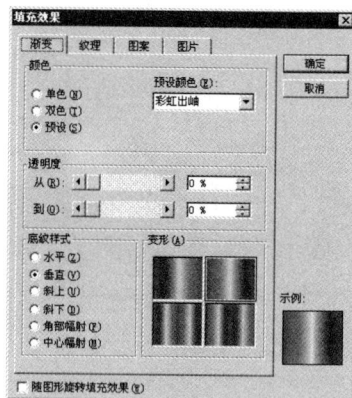

图 2-74　设置填充效果

步骤八：插入"图片"、"文本框"等对象。

1．插入图片

（1）将光标置于正文第 1 段内，选择【插入】|【图片】|【来自文件】命令，如图 2-75 所示。

（2）在弹出的【插入图片】对话框中。选择图片文件所在文件夹，选择要插入的图片文件。单击【确定】按钮，完成插入图片操作。

（3）右击该图片，在弹出的快捷菜单中选择【设置图片格式】命令，弹出【设置图片格式】对话框。

（4）在【大小】项卡中设置图片高度为 5.5cm，宽度为 7.5cm，如图 2-76 所示；在【版式】选项卡中设置环绕方式为【四周型环绕】。单击【确定】按钮，完成图片格式设置操作。

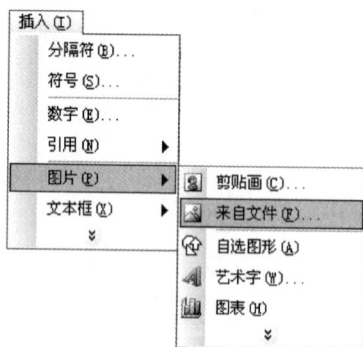

图 2-75　插入图片

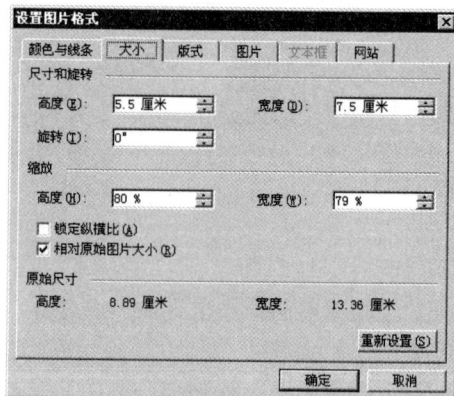

图 2-76　设置图片大小

（5）重复上面步骤。插入第 2 和第 3 张图片，并设置图片版式、大小等格式。参照样文适当调整图片位置，如图 2-77 所示。

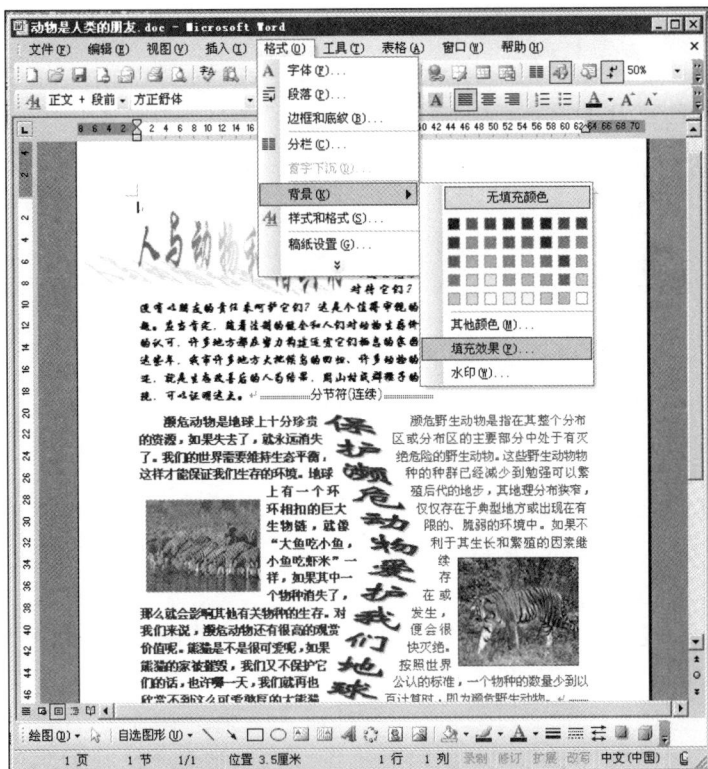

图 2-77　插入图片后效果

2．插入文本框

（1）选择【插入】|【文本框】|【横排】命令，指针变成细十字形状，在适当位置拖动，画出一个矩形区域，释放左键一个文本框。

（2）在文本框内录入"本溪市林业局面宣 www.benxilinye.com"。

（3）设置文本框格式。字体为黑体，西文字体为 Times New Roman；字形为加粗；字号为三号。

（4）右击文本框，在弹出的快捷菜单中选择【设置文本框格式】命令，弹出【设置文本框格式】对话框，选择【颜色与线条】选项卡。

（5）在【填充】选项组中的【颜色】下拉列表中选择【无填充色】选项。

（6）在【线条】选项组中的【颜色】下拉列表中选择【无线条颜色】选项，如图 2-78 所示。单击【确定】按钮，完成文本框格式设置。

（7）适当调整文本框的位置，与样文相似。

步骤九：设置页眉和页脚。

（1）选择【视图】|【页眉和页脚】命令，弹出【页眉和页脚】工具栏，并进入页眉编辑状态，如图 2-79 所示。

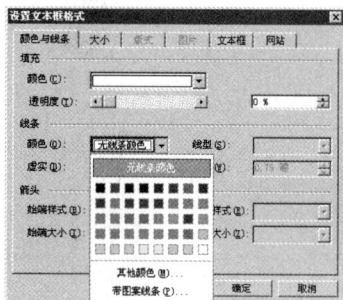

图 2-78　设置填充与线条颜色

图 2-79　页眉和页脚编辑状态

（2）单击【在页眉和页脚间切换】按钮，进入页脚编辑状态。

（3）在【自动图文集】下拉列表中选择【作者】选项和【创建日期】选项。

（4）设置页脚格式居中对齐。

步骤十：背景设置。

（1）选择【格式】|【背景】|【填充效果】命令，如图 2-80 所示，弹出【填充效果】对话框。

（2）选择【图片】选项卡，如图 2-81 所示。单击【选择图片】按钮，弹出【选择图片】对话框，如图 2-82 所示。

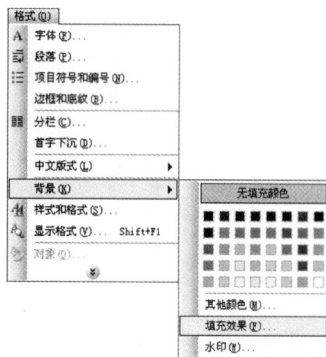

图 2-80　插入背景

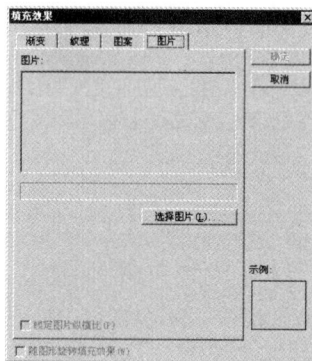

图 2-81　【图片】选项卡

图 2-82　【选择图片】对话框

（3）在【查找范围】下拉列表中选择图片所在文件夹，选择背景图片，单击【插入】按钮完成背景图片的插入操作。最后效果如图 2-1 所示。

❀ 任务总结

短文档编辑中最常用到的是字体和段落格式。字体格式使文字效果更突出，段落格式使文档更加美观，项目符号和编号功能的使用使文档结构更加清晰有序，艺术字、图片和文本框的插入使文档图文并茂更加生动。此外，如添加边框和底纹、分栏、首字下沉、改变文字方向等，在编辑中也经常用到，合理地使用这些编辑功能使文档的可读性和艺术性得到极大地增强。

❀ 操作拓展

1．在 Word 2003 中实现中文简繁转换

（1）启动 Word 2003 之后，在工具栏中可见【中文简繁转换】按钮，如图 2-83 所示。

（2）选中需要转换的文字或整篇文章。

（3）单击【中文简繁转换】按钮，则完成简繁体的转换。

2．在 Word 2003 中插入汉语拼音

（1）选中要注音的文字，选择【格式】|【中文版式】|【拼音指南】命令，弹出【拼音指南】对话框，如图 2-84 所示。

图 2-83　【中文简繁转换】按钮　　　图 2-84　【拼音指南】对话框

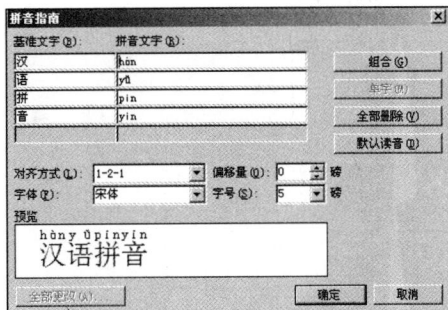

（2）在该对话框中对字体字号做适当的调整即可。

3．在 Word 2003 中实现双行合一的效果

（1）选中要合一的文字内容，选择【格式】|【中文版式】|【双行合一】命令，弹出【双行合一】对话框，如图 2-85 所示。

（2）在该对话框中进行设置后，单击【确定】按钮，完成双行合一操作。效果如图 2-86 所示。

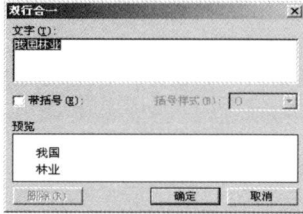

图 2-85 【双行合一】对话框

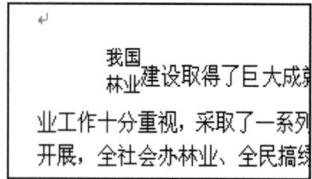

图 2-86 双行合一效果

双行合一与合并字符效果相似，操作方法也相同，不同的是合并字符最多只能是 6 个字符，而双行合一没有字符数的限制。

课业一　林苑园林公司宣传海报编辑制作

林苑园林公司正式成立，请同学们为该公司设计一份图文并茂的"林苑园林公司宣传海报"。具体要求如下。

1. 页面

纸张大小自定义为 27cm×19cm，右边距为 10cm，左边距和上、下边距为 1.0cm。

2. 内容

文字、图片内容参照样文（见图 2-87）输入。

图 2-87　林苑园林公司宣传海报

3. 格式

（1）字体。英文字体为 Tahoma，正文文字为方正黑体简体，正文第一行"苏家屯区最强园林设计"和最后一行为黑体。

（2）字号。英文为五号，正文第一行"苏家屯区最强园林设计"为小一，正文文字为四号，最后一行文字为小二，正文中数字为小一。

（3）字形。英文加黑色双线下划线，正文第一行"苏家屯区首家工程造价公司"和最后一行加粗，最后一行倾斜。

（4）颜色。英文为海绿色，正文为白色，数字为深绿色，正文最后一行为深青色。

（5）段落。全文行距为固定值25磅，居中对齐；第一行"苏家屯区最强园林设计"段前段后各一行。

（6）项目符号编号。正文三、四、五行设项目符号"★"。

（7）首字下沉。正文第六行（完善的综合接待能力……）设置为首字下沉效果，下沉2行，华文行楷，字体颜色为深绿色。

（8）插入对象。

① 插入林苑图标。版式为浮于文字上方，高1.0cm，宽1.0cm。

② 插入自选图形"☆"。设置无线条颜色，填充颜色为深绿色；复制并粘贴其余4个"☆"，将5个"☆"组合。

③ 插入艺术字标题："林苑园林公司"。版式为四周型环绕；艺术字样式为第1行第1列，填充颜色为深绿色，线条颜色为深绿；艺术字形状为桥形。

④ 插入艺术字标题："强大的园林设计能力"。版式为四周型环绕；艺术字样式为第2行第5列；填充颜色为双色，颜色1深绿色，颜色2海绿色；底纹样式斜上。

⑤ 在样文所示位置插入对应的图片、文本框。

第一张图片（右侧大图）版式为四周型环绕；裁剪图片，大小为高14cm、宽10cm。

第二、三、四张图片（下方从左到右）版式为紧密型环绕；大小为高4cm、宽5.9cm，线型为白色2磅实线。

第五张图片版式为紧密型环绕。大小为高4cm、宽5.9cm，线型为鲜绿2磅实线；缩放50%。

插入文本框。大小为高2cm、宽24cm；设置无填充颜色、无线条颜色；输入文字："绿化工程：024-89810000　公司接待：024-89818888"，设置为小一、宋体、白色。

（9）为文档填加背景效果。

插入自选图形矩形，版式为衬于文字下方；大小为高27cm，宽19cm；设置边框线型为19磅，颜色为深绿色；填充颜色为颜色1鲜绿色，颜色2深绿色；底纹样式为水平。叠放次序为置于底层。

说明：本任务要求个人独立完成，小组同学可以互相研究讨论，最后上交作品不允许出现雷同。最终设置效果参照样文"林苑园林公司宣传海报"，如图2-87所示。

子任务二　野生动物保护管理行政许可事项申请表编辑制作

❀ 任务提出

现接到上级部门交给的一个任务，设计一份野生动物保护管理行政许可事项申请表，具体要求如下：

1. 页面设置

纸张大小为 A4，上边距为 3cm，下边距、左边距、右边距各 1.5cm。

2. 标题

（1）文字内容参照样文（见表 2-1）。
（2）格式为华文新魏、三号、加粗、居中，固定行距为 25 磅，段前、段后各 1 行。

3. 表格

（1）表格为 16 行 4 列。
（2）按样文进行单元格的合并与拆分。
（3）设置行高与列宽，各单元格行高、列宽见样文中标注。
（4）边框线为外边框，双线线型，宽度为 1/2 磅；内框线为单实线线型，宽度为 1 磅。
（5）文本对齐方式参照样文。
（6）表中文字内容与样文相同。

说明：本任务要求个人独立完成，小组同学可以互相研究讨论，最后上交作品为电子稿。最终设置效果参照样文《野生动物保护管理行政许可事项申请表》，如表 2-1 所示。

表 2-1　野生动物保护管理行政许可事项申请表

行高 0.8cm，列宽 3.5cm

华文新魏、三号、加粗、居中，固定行距为 25 磅，段前、段后各 1 行

野生动物保护管理行政许可事项申请表

申请单位名称			
地址、邮编及电话			
法定代表人姓名		身份证明类型及号码	
申请事由	注：包括事项名称，涉及野生动物种类及其制品数量、规格、经营利用方式、地点、合作方等内容。		

行高 2.5cm，列宽 1.5cm

续表

涉 及 物 种			
中文名	拉丁学名	我国保护级别	公约保护级别
	行高 0.8cm，列宽 3.5cm		

附件材料	注：列明本申请所附的各项材料。（行高 5cm）		

申请单位领导签字及盖章：（列宽 7cm）		联系人姓名（行高 1.5 cm，列宽 3cm）	
		联系电话、传真	
		通讯地址	
日期：_____年_____月_____日			

❀ 学习目标

知识目标	能力目标	素质目标	技能（知识）点
（1）掌握创建规范表格的基本方法 （2）掌握复杂表格的建立方法与技巧 （3）掌握表格编辑修饰技巧 （4）掌握表格数据的计算方法 （5）了解表格与文本的转换方法	（1）能够熟练进行表格的创建、编辑操作 （2）能够熟练进行表格格式化操作 （3）能够在表格中进行数据计算	（1）培养认真观察、独立思考、自主学习的能力 （2）培养学生团队协作精神 （3）培养学生良好的世界观、审美观	单元格，行列，边框，底纹，对齐方式，表格的创建，单元格的合并与居中，单元格文本对齐方式，表格的边框处理，底纹处理，表格标题行的重复处理，表格的调整，表格属性的设置，表格与文本的转换，表格自动套用格式，公式的使用

❀ 任务分析

　　中文版表格是 Word 文档经常使用的一种形式，表格具有简明、概要的特点。其结构严谨，效果直观，常常用一张简明的表格描述就可以起到比用许多文字说明更好的效果。Word 2003 有很强的表格功能，它的表格制作命令主要集中在【表格】菜单里。合理、高效地使用这些命令，就可以制作出精美、实用的表格。在本任务中，可先创建一个规范表格，再进行单元格的合并拆分，调整行列达到预期效果。

❖ 实施准备

一、创建表格

1. 创建规范表格

创建表格通常有两种方式。

1）使用菜单栏命令

选择【表格】|【插入】|【表格】命令，弹出如图 2-88 所示的【插入表格】对话框，输入行数和列数。

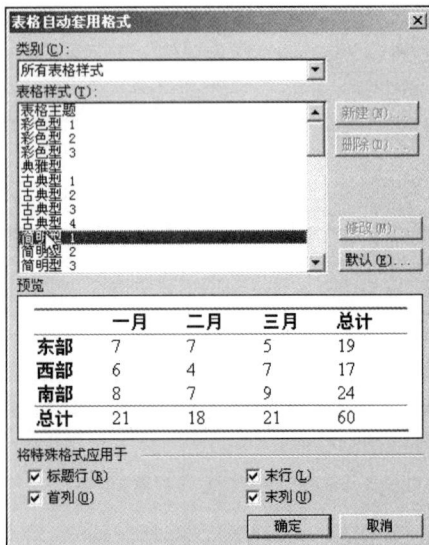

如果选中【固定列宽】单选按钮，则可以在后面的数值调节框中输入列宽的数值，也可以使用默认的【自动】选项，这时页面宽度将在指定的列数间平均分配。

如果选中【根据窗口调整表格】单选按钮，表示表格的宽度与窗口或 Web 浏览页的宽度一致。当窗口或 Web 浏览页的宽度改变时，表格宽度一起改变。

如果选中【根据内容调整表格】单选按钮，则列宽会自动适应内容的宽度。如果要把 Word 2003 预定义的格式应用于表格，则单击【自动套用格式】按钮，弹出【表格自动套用格式】对话框，如图 2-89 所示，选择所需的格式。

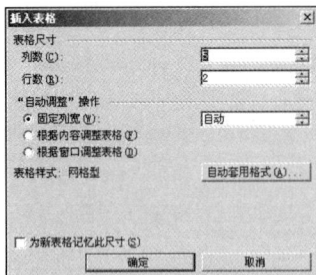

图 2-88　【插入表格】对话框　　　　图 2-89　【表格自动套用格式】对话框

2）使用工具栏按钮

选择常用工具栏中的【插入表格】按钮，如图 2-90 所示。按住左键向右下拖动选定所需行数和列数，释放左键，Word 将在当前插入点处插入一个表格。

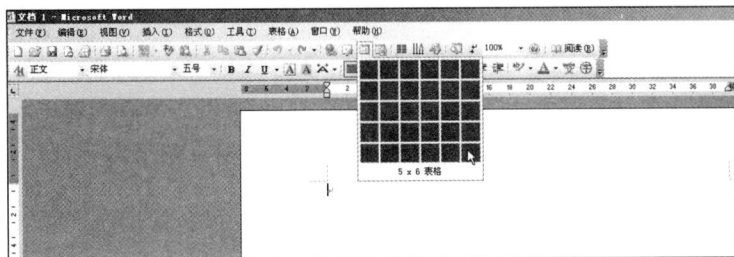

图 2-90　【插入表格】按钮

2. 创建复杂表格

利用上面两种方法创建的都是规范表格，即表格的任一行的列数都相等，任一列的行数都相等。而工作中有时需要创建不规范的复杂表格，如表 2-2 所示。

表 2-2　城郊乡林业站（文书）岗位应聘登记表

姓名		性别		年龄		相片
最高学历		英语水平		电话		
学习工作经历						
起始日期		终止日期		所在单位/毕业学校		具体职责

Word 2003 提供了一种手工绘制表格方法，可实现复杂表格的绘制。

（1）选择【视图】|【工具栏】|【表格和边框】命令如图 2-91 所示，弹出【表格和边框】工具栏。

（2）在如图 2-92 所示的【表格和边框】工具栏中单击【绘制表格按钮】当指针变成笔形指针时，将笔形指针移到文档编辑区中，从要创建的表格的一角拖动至其对角，可以确定表格的外围边框。

图 2-91　选择【表格和边框】命令

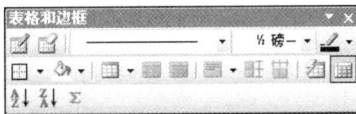

图 2-92　【表格和边框】工具栏

（3）利用【绘制表格】按钮绘制横线、竖线、斜线，形成表格的单元格。

如果要擦除框线，单击【表格和边框】工具栏中的【擦除】按钮，当指针变成橡皮形状时，将橡皮形状指针在要擦除的框线上单击，就可将其删除。

二、编辑表格

1. 表格的调整

1）插入行或列

光标置于要插入行的位置，选择【表格】|【插入】|【行】|【在上方】|【在下方】命令。

光标置于要插入列的位置，选择【表格】|【插入】|【列】|【在左侧】|【在右侧】命令。

2）删除行或列

光标置于要删除行的位置，选择【表格】|【删除】|【行】命令。

光标置于要删除列的位置，选择【表格】|【删除】|【列】命令。

3）改变行高和列宽

不精确调整。指针悬停在要改变的行和列的边框上，此时指针形状为双向箭头形状，按住鼠标左键移动边框改变行高或列宽。

精确调整。单击要改变的行和列，选择【表格】|【表格属性】命令，弹出如图2-93所示的【表格属性】对话框。

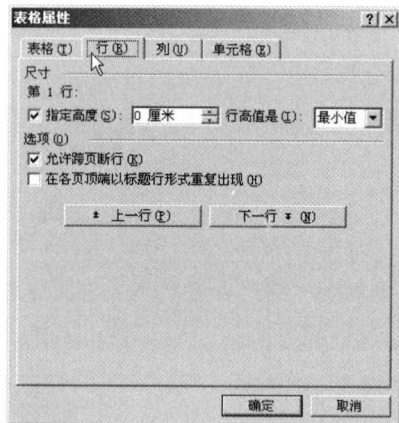

图2-93　【表格属性】对话框

勾选【指定高度】复选框，然后在其右侧数值框中输入指定数值。如果想改变其他行或列，则单击【上一行】或【下一行】按钮，然后重复上面操作。

2. 单元格合并

单元格合并指把一行或一列中的两个或多个单元格合并成一个。

（1）选中要合并的单元格，选择【表格】|【合并单元格】命令。

（2）右击要合并的单元格，在弹出的快捷菜单中选择【合并单元格】命令。

3．单元格拆分

（1）选中要拆分的单元格，选择【表格】|【拆分单元格】命令。

（2）右击要拆分的单元格，在弹出的快捷菜单中选择【拆分单元格】命令。

三、表格的格式

1．表格与文本对齐方式

选中表格的方法：指针指向表格右上角的"十"字形箭头然后单击，则选中表格。

表格对齐的方法：选中表格，选择【表格】|【表格属性】命令，在弹出的【表格属性】对话框中选择【表格】选项卡，如图 2-94 所示。

文本水平对齐的方法：选中单元格或单元格区域文本，在【格式】工具栏的【对齐方式】下拉列表中选择【两端对齐】、【居中】、【右对齐】选项，如图 2-95 所示。

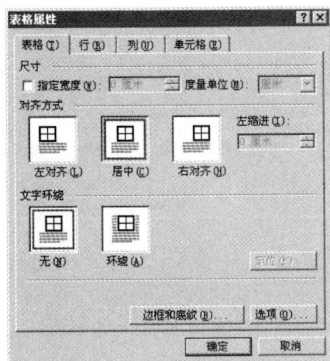

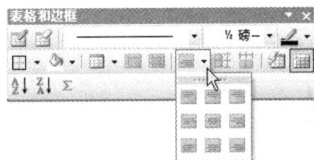

图 2-94　【表格】选项卡　　　　图 2-95　表格文本对齐方式

文本垂直对齐的方法：选中单元格或单元格区域文本，选择【表格】|【表格属性】|【单元格】|【垂直对齐方式】命令。

单元格文本对齐也可采用以下方法：选中单元格或单元格区域文本，选择【视图】|【工具栏】|【表格与边框】|【单元格对齐方式】命令。

2．边框和底纹

给表格添加边框一般有以下两种方式。

1）使用格式菜单

使用格式菜单下的边框和底纹命令，操作步骤如下：

（1）选择要设置边框的表格，选择【格式】|【边框和底纹】命令，在弹出的【边框和底纹】对话框中选择【边框】选项卡，选择线型、颜色、宽度。

（2）在【设置】选项组中选择边框后，单击【确定】按钮。

2）使用工具栏

使用表格和边框工具栏，操作步骤如下：

（1）选择要设置边框的表格，选择【视图】|【工具栏】|【表格和边框】命令。弹出【表格和边框】工具栏，如图 2-92 所示。选择线型、颜色、宽度。

（2）选择边框样式。

给表格设置底纹也有两种方式。

1）使用菜单格式

使用格式菜单下的边框和底纹命令，操作步骤如下：

（1）选择要设置底纹的表格，选择【格式】|【边框和底纹】命令，弹出【边框和底纹】对话框，选择【底纹】选项卡。

（2）在【填充】选项组中选择颜色。在【图案】选项组选定需要的图案样式。在【应用范围】下拉列表中选定应用区域。

提示：将选择底纹应用于文字、段落、单元格和表格的效果是不同的。

2）使用工具栏

使用表格和边框工具条，操作步骤如下：

（1）选择要设置底纹的表格，选择【视图】|【工具栏】|【表格和边框】命令，弹出【表格和边框】工具栏。

（2）单击【底纹】下拉按钮，在弹出的下拉列表中选择颜色，如图 2-96 所示。

提示：这种方式添加的底纹相当于上一种方式中，在【应用范围】下拉列表中选定表格的情况。

3．自动套用格式

表格绘制后，如果想快速改变表格的外观，可套用 Word 2003 提供的四十多种表格格式。其操作步骤如下：

选择要套用的表格，选择【表格】|【表格自动套用格式】命令，弹出【表格自动套用格式】对话框，选择表格样式即可，如图 2-97 所示。

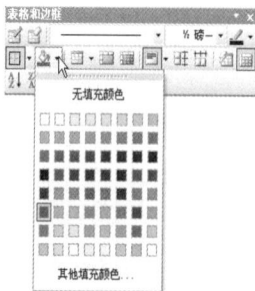

图 2-96　单击【底纹】按钮

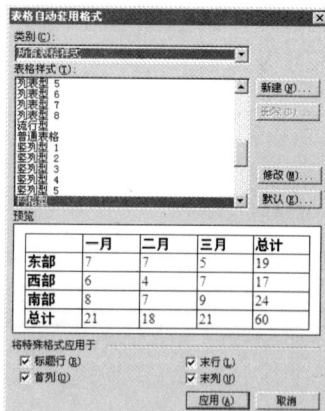

图 2-97　表格自动套用格式

4. 设置斜线表头

在使用表格时，经常需要在表头（第 1 行第 1 列单元格）绘制斜线，如"2011 年财务情况分析报告"表格，如表 2-3 所示。Word 2003 提供了制作斜线表头功能，方法简单，且效率较高。

表 2-3　2011 年城效乡林业站财务情况分析报告

项目 　金额		计划与实际			本期与上年同期		
		计划	实际	增减	本期	上年同期	增减
可比产品成本降低率							
利润							
定额资产	平均余额						
	资金率						
	周转天数						

其操作后步骤如下：

（1）将插入点置于表格的第 1 个单元格（第 1 行第 1 列单元格）中。

（2）选择【表格】|【绘制斜线表头】命令，弹出如图 2-98 所示的【插入斜线表头】对话框。

（3）在【表头样式】下拉列表中选择需要的表头样式。Word 2003 提供了 5 种预定表头样式，下面的预览框中会显示相应的效果。

（4）在【字体大小】列表框中选择表头字体的大小。

图 2-98　【插入斜线表头】对话框

（5）在【行标题】、【列标题】等文本框中输入表头的文字。

此外，使用【表格与边框】工具栏中的【绘制表格】按钮也可绘制斜线表头。

5. 表格的计算

在日常应用中，有时要对表格的数据进行计算，如求和、平均等。虽然 Word 2003 不是一个数据处理方面的软件，但它仍然具有一些基本的计算功能。如表 2-4 所示，计算合计人数和合计捐款金额。

表 2-4　苏家屯区林业局赈灾募捐明细表

部门	人数	捐款金额/元
生产科	23	7800
财务科	5	2000
审计科	2	700

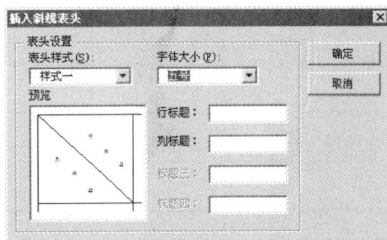

续表

部门	人数	捐款金额/元
局长办公室	4	3000
保卫科	5	1900
合计		

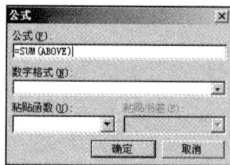

图 2-99 【公式】对话框

其操作步骤如下：

将光标置于"人数"列的最下一单元格中，选择【表格】|【公式】命令，弹出如图 2-99 所示的【公式】对话框。单击【确定】按钮。完成计算操作。

按此相同地操作，可计算捐款金额的合计。结果如表 2-5 所示。

表 2-5 苏家屯区林业局赈灾募捐明细表

部门	人数	捐款金额/元
生产科	23	7800
财务科	5	2000
审计科	2	700
局长办公室	4	3000
保卫科	5	1900
合计	39	15400

提示： 除使用求和外，也可以使用其他函数。只要修改函数名和参数即可。

函数：求和函数 SUM、平均值函数 AVERAGE、计数函数 COUNT、最大值函数 MAX、最小值函数 MIN。

参数：ABOVE——上面数据计算；LEFT——左面数据计算。

6. 表格的转换

Word 2003 具有表格和文本的相互转换功能。即用户可以快速将表格去掉而保留其中的文字，又可以为已有文字快速添加表格框。

1）表格转换成文本

其操作步骤如下：

选择要转换的表格，选择【表格】|【转换】|【表格转换成文本】命令。在弹出的【表格转换成文本】对话框中单击相应的按钮，单击【确定】按钮。

提示：表格转换成文本时一般按默认文字分隔符即可。如果有其他要求，也可选择其他文字分隔符，如图 2-100 所示。

2）文本转换成表格

其操作步骤如下：

选择要转换的文本，选择【表格】|【转换】|【文本转换成表格】命令。在弹出的【文本转换成表格】对话框中单击相应的按钮，单击【确定】按钮。

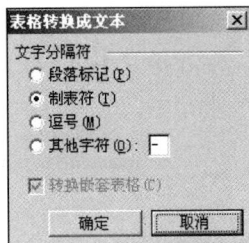

图 2-100　文字分隔符

❀ 任务实施

步骤一：新建文档。

使用 Word 软件建立新文档，文件名为"野生动物保护管理行政许可事项申请表.doc"。

步骤二：设置页面格式。

（1）选择【文件】|【页面设置】命令，弹出【页面设置】对话框。

（2）选择【纸张】选项卡，设置纸张大小为 A4。

（3）选择【页边距】选项卡，设置上、下、左、右边距如图 2-101 所示。

（4）单击【确定】按钮。完成页面设置操作。

步骤三：录入并设置标题等文本格式。

（1）将光标置于文档第 1 行，录入标题文本"野生动物保护管理行政许可事项申请表"。

（2）选中标题文本内容。选择【格式】|【字体】命令，弹出【字体】对话框，设置标题格式为华文新魏、加粗、三号，如图 2-102 所示。

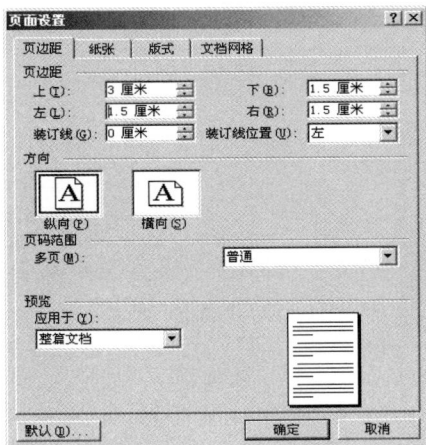

图 2-101　设置页边距　　　　　　　　　　图 2-102　设置标题字体格式

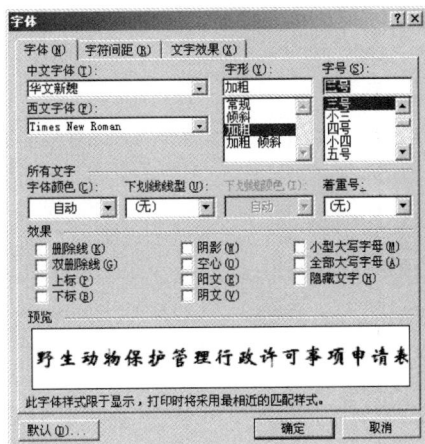

（3）选择【格式】|【段落】命令，弹出【段落】对话框，设置标题格式为居中、固定行距为 25 磅，段前、段后各 1 行，如图 2-103 所示。

步骤四：插入表格。

将光标定位于标题行的下方，选择【表格】|【插入表格】命令，弹出【插入表格】对话框，输入 4 列、16 行，如图 2-104 所示。单击【确定】按钮完成插入表格操作。

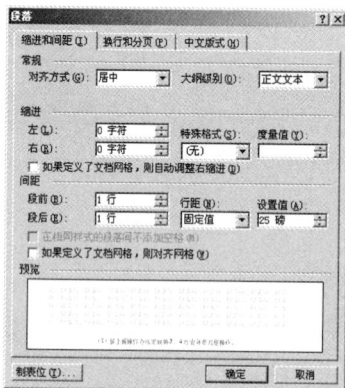

图 2-103 设置标题段落格式

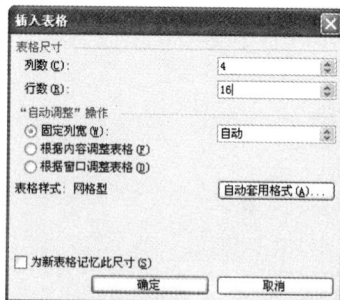

图 2-104 【插入表格】对话框

步骤五：编辑单元格（合并与拆分）。

（1）选中第 1 行 2～4 单元格，单击【表格和边框】工具栏中的【合并单元格】按钮，如图 2-105 所示，完成合并单元格操作。

（2）按上面操作方法完成第 2、4 行合并单元格操作。

（3）将第 5 行 1～4 单元格合并为一个单元格。

合并单元格

图 2-105 【合并单元格】按钮

（4）将第 13 行 2～4 单元格合并为一个单元格。

（5）选中第 14～16 行、1～2 列单元格，按上面操作方法合并单元格。

步骤六：设置行高与列宽。

（1）选中表格中第 1～3 行 1 列，选择【表格】|【表格属性】命令。在弹出的【表格属性】对话框中选择【列】选项卡，设置指定宽度为 3.5cm，单击【确定】按钮，如图 2-106 所示。

（2）按样文中给出的数据，重复上面操作过程，设置其他列列宽。

（3）选中第 1～4 行，选择【表格】|【表格属性】命令。在弹出的【表格属性】对话框中选择【行】选项卡，设置指定行高为 0.8cm，单击【确定】按钮。

（4）按样文中给出的数据，重复上面操作过程，设置其他行行高。

步骤七：设置表格边框。

（1）选中表格（单击表格左上方"十"字形箭头），选择【格式】|【边框和底纹】命令。在弹出的【边框和底纹】对话框中选择【边框】选项卡。

（2）在【设置】选项组中选择【自定义】。再选择双线线型，宽度为 1/2 磅；在【预览】

效果处调整边框线为所选中的边框样式。

（3）选择单实线线型，宽度为 1 磅；在【预览】效果处调整边框线为所选中的内部框线样式，如图 2-107 所示。

（4）单击【确定】按钮，完成表格边框设置操作。

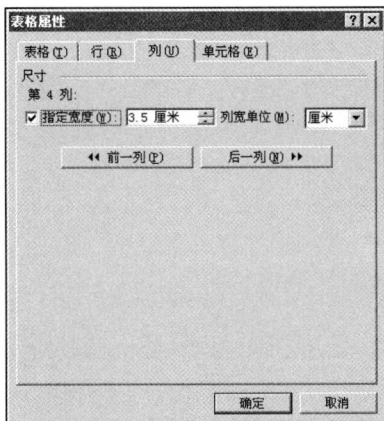

图 2-106　设置列宽度

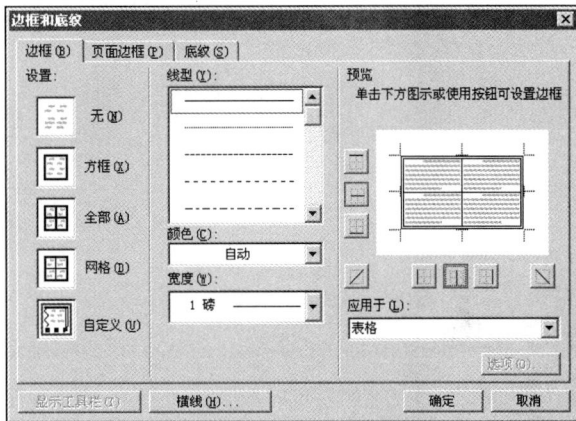

图 2-107　设置表格边框

步骤八：录入文字并设置对齐方式。

（1）按照样文录入表格中文字内容。

（2）选中表格，单击【表格和边框】工具栏中的【文本对齐方式】下拉按钮，在弹出的下拉列表中选择【中部居中】选项，如图 2-108 所示。

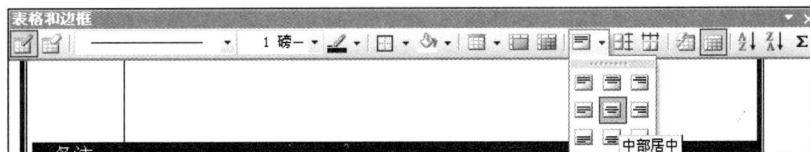

图 2-108　设置表格文本对齐方式

（3）选中 A1：A3 单元格区域，单击【表格和边框】工具栏中的【文本对齐方式】下拉按钮，在下拉列表中选择【中部两端对齐】选项。

步骤九：表格居中。

（1）选中表格，选择【表格】|【表格属性】命令，弹出【表格属性】对话框。

（2）在该对话框中选择【表格】选项卡，设置对齐方式为【居中】，如图 2-109 所示。单击【确定】按钮，完成表格居中操作。

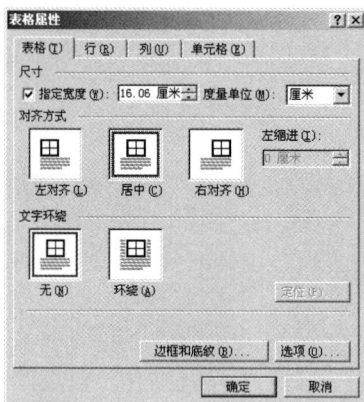

图 2-109　设置表格对齐方式

❋ 任务总结

Word 2003 的表格制作功能十分强大，特别是在页面视图中，Word 2003 的制表功能得到了充分体现。表格的简明概要、结构严谨和效果直观等特点，使得表格的使用非常普遍。

通过以上项目的实施也可以看出，Word 制表的优势在于，即可制作出美观大方的规范表格，也可制作出结构复杂的不规范表格；Word 制表的不足在于，表格数据的计算和处理比较繁琐。因此制作外观精美的表格通常使用 Word，而制作对数据处理有较高要求的表格通常使用 Excel。

❋ 操作拓展

1. 数据排序

要求将表 2-6 中的数据按总分降序排序。

表 2-6　城效乡林业站职工工资表

职工号	姓名	基本工资	效益工资	差旅费	困难补助	总工资	签字
s200007	党利英	2100	1000	520	200	3820	
s200008	刘海华	2500	900	180	300	3880	
s200003	孙炳	3100	1200	620		4920	
s200010	孙亚平	1800	1000	420	200	3420	
s200004	王硕	2600	1200	350		4150	
s200002	赵伟	3000	900	180		4080	
s200009	赵丽华	2500	1100	90		3690	
s200006	邓武	2200	1000	70	200	3470	
s200005	田英	2600	800	610		4010	
s200001	李刚	1900	1100	300		3300	

（1）选中除标题"学生成绩表"外所有行。选择【表格】|【排序】命令，弹出【排序】对话框，如图 2-110 所示。

（2）在【主要关键字】下拉列表中选择【总分】选项，在【类型】下拉列表中下拉列表选择【数字】选项；选中【降序】单选按钮，单击【确定】按钮。

2．数据计算

要求计算每名职工的总工资。

（1）将光标置于平均分下方单元格内。选择【表格】|【公式】命令，弹出【公式】对话框。

（2）在【公式】文本框输入"=AVERAGE(left)"，如图 2-111 所示，单击【确定】按钮，计算出第一名职工的总工资。

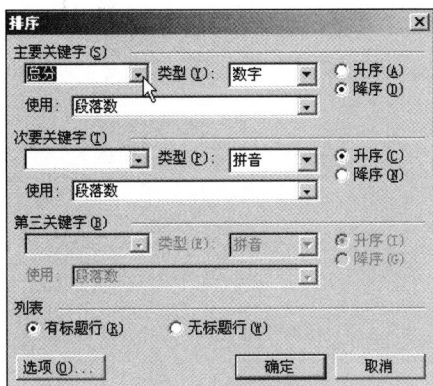

图 2-110 【排序】对话框   图 2-111 输入公式

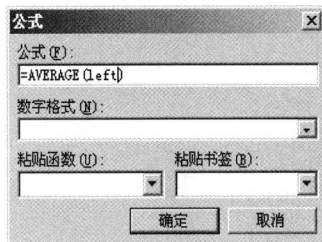

（3）选中该单元格内容，单击常用工具栏中的【复制】按钮。

（4）选中该列下面所有空白单元格，单击常用工具栏中的【粘贴】按钮（此时粘贴的是与上面单元格相同的数据）。

（5）按 F9 键，所有总工资单元格内容都刷新为正确的总工资。

3．跨页表格的标题处理

如果一个 Word 表格行数很多，可能横跨多页，怎样才能在后继各页显示表格标题？
其操作步骤如下：

（1）选中要作为表格标题的一行或多行文字，选中内容必须包括表格的第一行。

（2）选择【表格】|【标题行重复】命令，设置后，Word 2003 就能够依据自动分页符分页，并在后继各页上重复表格标题。

4．插入图表

要求以表 2-7 中数据为数据源，建立一个 Graph 图表。

表 2-7　数据源

职工号	姓名	基本工资	效益工资	差旅费	困难补助	总工资	签字
s200007	党利英	2100	1000	520	200	3820	
s200008	刘海华	2500	900	180	300	3880	
s200003	孙炳	3100	1200	620		4920	
s200010	孙亚平	1800	1000	420	200	3420	
s200004	王硕	2600	1200	350		4150	
s200002	赵伟	3000	900	180		4080	
s200009	赵丽华	2500	1100	90		3690	
s200006	邓武	2200	1000	70	200	3470	
s200005	田英	2600	800	610		4010	
s200001	李刚	1900	1100	300		3300	

选择表格数据区域（规范表格区域）。选择【插入】|【对象】命令，弹出【对象】对话框，在【对象类型】列表框中选择【Microsoft Graph 图表】，如图 2-112 所示。单击【确定】按钮完成操作。Graph 图表如图 2-113 所示。

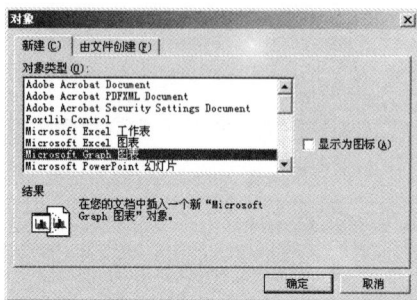

图 2-112　【对象】对话框

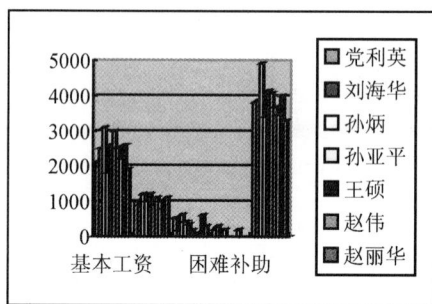

图 2-113　Graph 图表效果

课业二　林苑园林公司员工登记表编辑制作

任务提出

为了及时准确的掌握员工的个人情况、进修、奖惩情况、职务变更情况等，更好的对员工进行系统的管理，现请同学们为林苑园林公司设计制作一份"林苑园林公司员工登记表"，具体要求如下：

1. 页面

纸张大小为 A4，上、下边距为 2.0cm，左边距为 3.0cm，右边距为 2.0cm。

2. 内容

创建表格，文字、表格内容参照样文（见表2-8）。

表2-8 林苑园林公司员工登记表

林苑园林公司员工登记表

公司：___林苑园林公司___ 编号：_____

姓 名		.性别		民族		婚否	○已婚○未婚		照片
部 门		职务			到职日期				
试用时间		试用工资			转正日期				
转正工资		身份证号							
入职后履历									
情 训	培训时间	培训内容		培训地点		考核结果		备注	
奖惩记录	奖惩时间	奖惩事由			奖惩措施			备注	
职务变动记录	原职务	新任职务	到职时间		调整原因			备注	
工资变动记录	原工资标准	新工资标准	生效日期		调整原因			备注	
身份证复印件粘贴处					其他相关证件复印件附后				

3. 表格要求

参照样文合并单元格，拆分单元格。第1～4行行高为1cm，第5～10行行高为0.8cm，最后一行行高为4.3cm。

4. 表格格式

（1）字体。标题为楷体，全文为宋体；其中"照片"、"身份证复印件粘贴处"、"其他相关证件复印件附后"为黑体。

（2）字号。标题为二号，正文第 1 行四号；表格中所有文字均为小四号。

（3）字形。"公司"、"编号"加粗，为相应的位置加单实线下划线。

（4）颜色。全文字体颜色为自动。

（5）"照片"、"身份证复印件粘贴处"、"其他相关证件复印件附后"文字底纹为灰色-12.5%；所在单元格底纹图案样式浅色下斜线，颜色为灰色-25%。

说明：本任务要求个人独立完成，小组同学可以互相研究讨论，最后上交作品不允许出现雷同。最终设置效果参照样文"林苑园林公司员工登记表"（见表1-8）。

子任务三　森林经营方案编辑制作

✿ 任务提出

编制和实施森林经营方案是《森林法》和《森林法实施条例》规定的一项法定性工作，是现代林业建设的基础。依法编制和批准实施的森林经营方案既是森林经营单位科学培育、保护和利用森林资源的纲领性文件，也是林业主管部门进行科学管理和监督森林经营活动的主要依据。下面我们为某国有林场设计编排森林经营方案。具体要求如下：

1. 页面设置

纸张大小为 A4，上边距为 3cm，下边距为 2cm，左、右边距各 3cm。

2. 封面

（1）标题文字为黑体、小初。

（2）副标题文字为小一号、Time New Roman。

（3）制作单位及日期为宋体、小二。

3. 前言

（1）前言（标题）为黑体、小三，段前、段后各 3 磅，行间距为 1.5 倍。

（2）前言（内容）为仿宋、四号、行间距 24 磅，首行缩进 2 字符。

4. 方案编制人员名单

（1）标题为黑体、小三，段前、段后各 3 磅，行间距为 1.5 倍。

（2）内容文字为宋体、四号、行间距 24 磅，首行缩进 2 字符。

5. 目录

（1）标题为黑体、小三，段前、段后各 3 磅，行间距为 1.5 倍。

（2）内容文字为宋体、小四号、行间距为 20 磅；西文字体为 Time New Roman（可根据具体情况适当调节行距，使目录内容在一页内）。

6. 正文设置

（1）正文为宋体、小四，段前、段后各 0.5 行，行距为固定值 20 磅，首行缩进 2 字符。
（2）一级标题为黑体、小三、加粗、居中，段前、段后各 12 磅，行间距为 1.5 倍。
（3）二级标题为黑体、四号、加粗，段前、段后各 12 磅，行间距为 1.5 倍。
（4）三级标题为黑体、小四号、加粗，段前、段后各 6 磅，行间距为 1.5 倍。

注意：全文各部分之间各章之间分页或分节。

7. 表格

（1）表格样式为自动套用样式样简明型 1，行高为 0.8cm。
（2）表题按章分别排序。字体为宋体、五号。

8. 页眉

（1）封面无页眉。
（2）页眉内容。各部分页眉与本部分标题相同。
（3）页眉格式为顶端居中、宋体、五号。

9. 页码

（1）封面无页码。
（2）前言到目录（包括目录），页码使用罗马数字大写。
（3）正文部分页码使用阿拉伯数字，各章页码连续。
（4）页码格式为页面下方居中、Time New Roman、五号。

10. 设置文档保护

设置文档保护，密码为 123。

说明：本任务要求个人独立完成，小组同学可以互相研究讨论，最后上交作品为电子稿。最终设置效果参照样文"森林经营方案"。

❀ 学习目标

知识目标	能力目标	素质目标	技能（知识）点
（1）了解长文档编辑技巧 （2）掌握样式的使用方法 （3）掌握大纲视图的使用方法 （4）掌握页眉和页脚的设置 （5）掌握编辑题注的方法 （6）掌握长文档目录的编建方法	（1）能够熟练进行较长文档的编辑操作 （2）能够熟练进行长文档格式化操作 （3）能够在文档中插入不同的页眉和页脚	（1）培养认真观察、独立思考、自主学习的能力 （2）培养学生团队协作精神 （3）培养学生良好的世界观、审美观和价值观	节的概念，样式，插入目录，页眉和页脚，脚注和尾注，批注，题注，字数统计，文档保护，邮件合并，宏

❀ 任务分析

制作一份图文并茂的长文档，除了对文档中的字符、段落、页面、对象等格式进行设置外，更重要的是可以使用样式简化格式化操作，还要掌握自动生成目录的方法，对于长文档，还要能为不同章节设置不同页眉、页码的格式。这就要求掌握长文档编辑的一些方法技巧。

❀ 实施准备

一、样式

1. 使用样式

在长文档编辑过程中，使用样式可以使文档的格式更容易统一，便于自动生成文章目录、构筑大纲，使文档结构清晰，利于他人阅读和修改。所以，长文档编辑中经常使用的是样式而不是格式。

样式从作用上可分成段落样式和字符样式，其中应用较多的是段落样式；从产生上可分成内置样式和自定义样式，即使用者除了应用已有样式外，还可根据需要创建新的样式。

应用段落样式主要有两种方法。一种是使用格式工具栏中的【样式】下拉列表，另一种是使用格式菜单中的【样式和格式】命令。

1）使用【格式】工具栏中的【样式】下拉列表

其操作步骤如下：

（1）选中要应用段落样式的一个或多个段落。

（2）单击【格式】工具栏中的【样式】下拉按钮，弹出【样式】下拉列表，如图 2-114 所示。从【样式】下拉列表中选择想应用的段落样式。

提示：如果要应用的样式在【样式】下拉列表中没有，按住 Shift 键单击【样式】下拉列表右侧的下拉按钮，就可显示所有样式。

2）使用【格式】菜单上的【样式和格式】命令

其操作步骤如下：

（1）选中要应用段落样式的一个或多个段落。

（2）选择【格式】|【样式和格式】命令，打开【样式和格式】任务窗格，如图 2-115 所示。

（3）在【样式和格式】任务窗格的【请选择要应用的格式】列表框中选择需要的样式。

提示：要想显示所有样式，则在【样式和格式】任务窗格中单击【显示】下拉按钮，在弹出的下拉列表中选择【所有样式】选项。

2. 修改样式

Word 提供了多种内置样式，这些内置样式如果不能满足需要，可以在原样式基础上进行修改。其操作步骤如下：

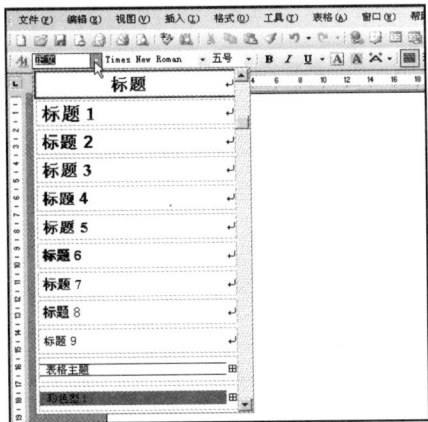

图 2-114　【样式】下拉列表

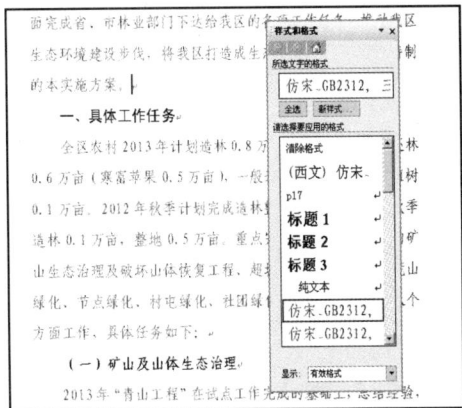

图 2-115　【样式和格式】任务窗格

（1）选择【格式】|【样式和格式】命令，打开【样式和格式】任务窗格，如图 2-115所示。

（2）右击"标题 2"，在弹出的快捷菜单中选择【修改】命令，弹出如图 2-116 所示的【修改样式】对话框。

（3）单击【格式】按钮，弹出如图 2-117 所示的下拉列表，从中可以修改样式的字体、段落等。

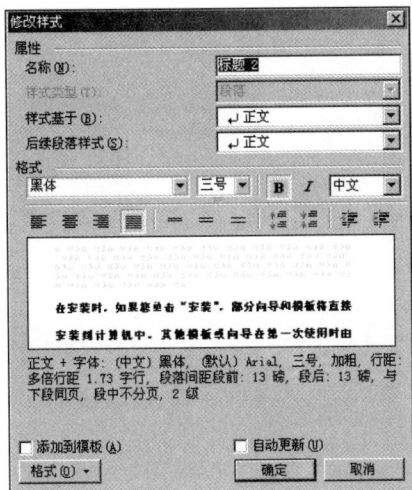

图 2-116　【修改样式】对话框

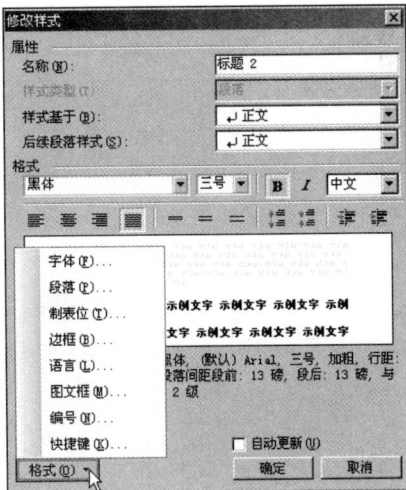

图 2-117　可修改样式选项

提示：

（1）如果要将所进行的修改添加到模板中，勾选【添加到模板】复选框。否则，所进行的修改只对当前文档有效。

（2）如果勾选【自动更新】复选框，则用户之前应用此样式设置的任何段落，都自动重新定义为该样式。

3. 创建样式

在用 Word 编辑文档时，除了使用提供的内置样式之外，还可以通过创建符合自己需求的样式来提高工作效率。其操作步骤如下：

（1）选择【格式】|【样式和格式】命令，打开【样式和格式】任务窗格，如图 2-115 所示。

（2）单击【新样式】按钮，弹出【新建样式】对话框，如图 2-118 所示。

（3）在【名称】文本框中为样式命名，选择样式类型以及样式基准和后续段落样式。

（4）单击【格式】按钮为样式设定格式。单击【确定】按钮则完成新样式建立操作。

4. 管理样式

Word 2003 提供了一个管理器，使用管理器可以将样式从一个文档或模板中复制到另一个文档中，还可以重命名样式，或者将文档中无用的样式删除。其操作步骤如下：

（1）选择【格式】|【样式和格式】命令，打开【样式和格式】任务窗格。

（2）在【显示】下拉列表中选择【自定义】选项。在弹出的【格式设置】对话框中，单击【样式】按钮。弹出【样式】对话框，如图 2-119 所示。

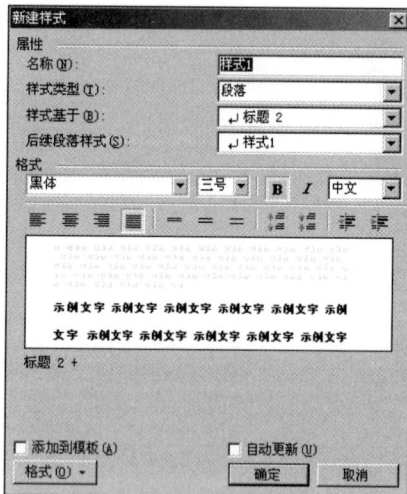

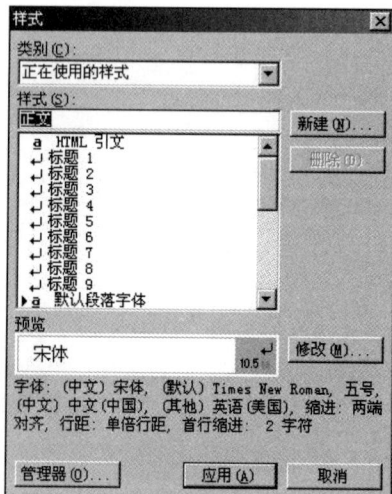

图 2-118　【新建样式】对话框　　　　　　图 2-119　【样式】对话框

（3）在【样式】对话框中单击【管理器】按钮，弹出【管理器】对话框，如图 2-120 所示。在其中的左侧列表框中列出的是当前文档所使用的样式，在右侧的列表框中列出的是当前文档模板的样式。

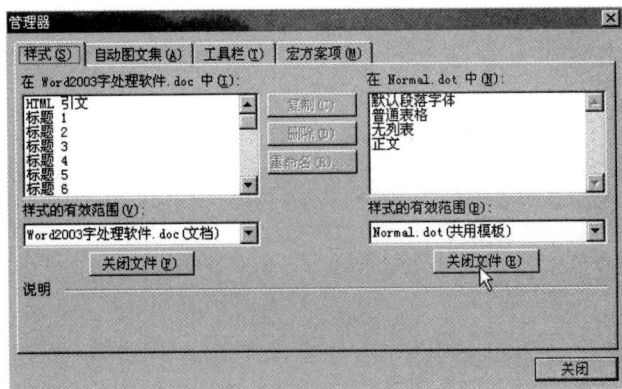

图 2-120　样式管理器

（4）在左侧的列表框中选定某一样式后，单击【复制】按钮，可将之复制到右侧列表框中，即复制到模板中。反之，也可从模板中复制样式到文档。

（5）若要从其他文档复制样式，可以单击右侧的【关闭文件】按钮，单击后该按钮变为【打开文件】按钮，即可打开所需的文档进行样式复制。单击【关闭】按钮完成操作。

二、题注

在编辑长文档时，常常会插入许多图片、表格、图表、公式等。为了方便引用，用户需要对这些插入对象按类编号。Word 2003 提供了题注功能，使用题注功能，可以方便地为图片、表格、图表、公式等对象添加编号信息。

1. 添加题注

添加题注指为文档中已有的的图片、表格、公式等对象加上名称和编号。其操作步骤如下：

（1）选定要添加题注的对象，选择【插入】|【引用】|【题注】命令，弹出如图 2-121 所示的【题注】对话框。

（2）在【题注】对话框中显示所选对象的题注标签和编号，如图 2-121 中【题注】文本框中的"表格 1"，其中"表格"为标签，"1"为编号。如果标签不符合对象要求，还可以在【标签】下拉列表中选择【表格】、【公式】或【图表】选项。

（3）用户还可以定义新标签。单击【新建标签】按钮，在弹出的【新建标签】对话框中的文本框中输入自定义的标签名称。

（4）设置题注的编号格式。单击【编号】按钮，弹出如图 2-122 所示的【题注编号】对话框。从【格式】下拉列表中选择一种新的编号方案。

提示：如果题注编号中包括章节编号，需勾选【包含章节号】复选框。同时文档必须使用自动编号或自动多级编号。

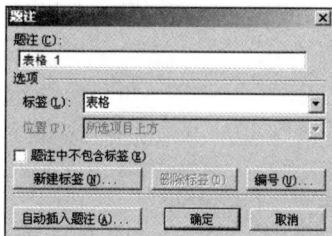

图 2-121　【题注】对话框

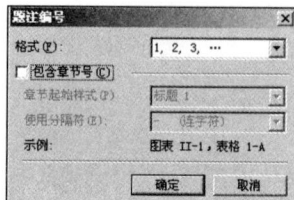

图 2-122　【题注编号】对话框

图 2-123　【自动插入题注】对话框

2. 自动添加题注

自动添加题注指为文档中将插入的图片、公式或图表等对象，预先加上名称和编号。其操作步骤如下：

（1）弹出【题注】对话框，单击【自动插入题注】按钮，弹出如图 2-123 所示的【自动插入题注】对话框。

（2）在【插入时添加题注】列表框中选择要添加题注的对象，选择需要的标签及编号。单击【确定】按钮完成设置。

设置后，插入该对象时即自动产生标签和编号。

3. 修改题注

其操作步骤如下：

（1）选中要修改的题注，选择【插入】|【引用】|【题注】命令，弹出【题注】对话框。

（2）单击【编号】按钮，弹出【题注编号】对话框，在【格式】下拉列表中选择所需的标号格式，单击【确定】按钮。

三、分节

分节的操作步骤如下：

光标定位于封面的最后一行，选择【插入】|【分隔符】命令，在弹出的【分隔符】对话框中选中【下一页】单选按钮，如图 2-124 所示，单击【确定】按钮。

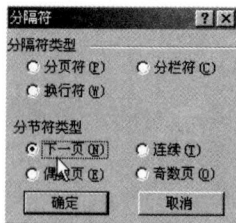

图 2-124　【下一页】单选按钮

提示：在实际操作过程中，往往会有许多页码、页眉不同的地方，这就需要在每个恰当的位置插入分节符。

四、大纲视图的使用

对于长文档，阅读并弄清楚它的结构内容是一件比较困难的事。而使用大纲视图可以将文档标题和正文文字分级显示出来，建立清晰的文档结构，并为自动生成目录奠定基础。

1．在新建文档中创建大纲视图

其操作步骤如下：

（1）选择【视图】|【大纲】命令，文档编辑区切换到大纲视图，如图 2-125 所示。

（2）输入标题。刚输入的每一个标题 Word 2003 会自动设为"标题 1"样式，按 Enter 键可以输入下一个标题。

（3）如果要将标题指定为其他标题样式，可以利用【大纲】工具栏中的【提升】/【降级】按钮，如图 2-126 所示。

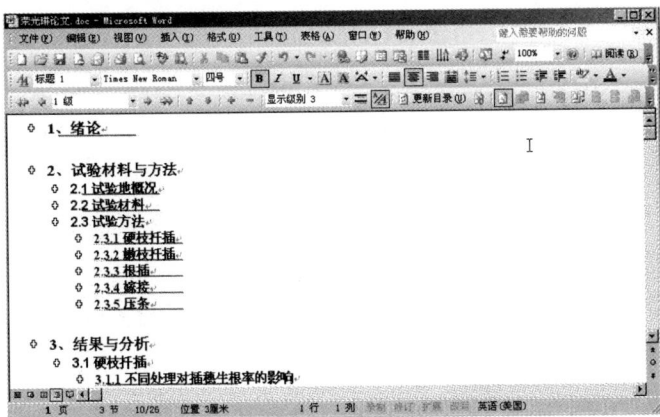

图 2-125　文档大纲视图　　　　　　　　　　　　图 2-126　【提升】按钮

（4）在建立满意的文档组织结构后，切换到页面视图以添加详细的正文内容。

2．在已有文档中创建大纲视图

其操作步骤如下：

（1）打开已有的无格式文档，选择【视图】|【大纲】命令，切换到大纲视图。

（2）将光标置于要设置的文本之中，在【大纲】工具栏中单击【提升】按钮，设置为"标题 1"样式；如果要将"标题 1"改变为"标题 2"，单击【降低】按钮。

（3）文档标题全部设定后，切换回页面视图。

提示： 不十分熟悉 Word 2003 的用户编辑长文档时，最好先清除已设定的格式，然后再设定文档结构级别。

五、编制目录

目录用来显示文档的结构和层次，目录是长文档不可缺少的部分，Word 2003 提供了自动生成目录的功能，使目录的制作非常容易。

1．创建目录

创建目录的操作步骤如下：

（1）单击要建立目录的位置，选择【插入】|【引用】|【索引和目录】命令，弹出【索引和目录】对话框，选择【目录】选项卡，如图 2-127 所示。

（2）勾选【显示页码】复选框，勾选【页码右对齐】复选框，在【制表符前导符】下拉列表中选择样式。

（3）在【格式】下拉列表中选择目录的风格，在【显示级别】数值框中输入目录要显示的标题级别。

（4）在【Web 预览】列表框中察看效果，单击【确定】按钮。

提示：如果勾选【使用超链接而不使用页码】复选框，则在 Web 版式视图中目录以超链接形式显示标题，并且不显示页码。

2. 更新目录

有时在文档目录编制完成后，文档的内容发生了变化，如页码或者标题发生了变化，这时就要更新目录，不要直接修改目录，因为这样容易引起目录与文档的内容不一致。正确的方法是更新目录域。其操作步骤如下：

（1）在页面视图中，右击目录，在弹出的快捷菜单中选择【更新域】命令，如图 2-128 所示。

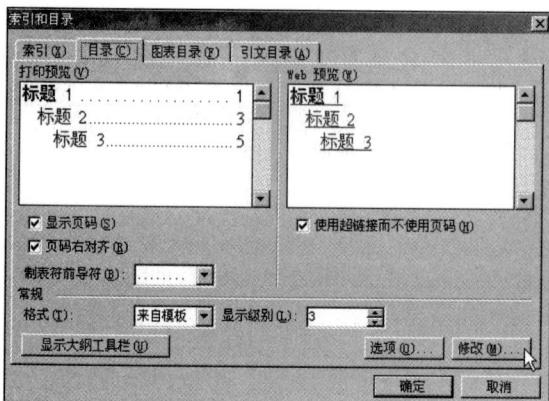

图 2-127　【目录】选项卡

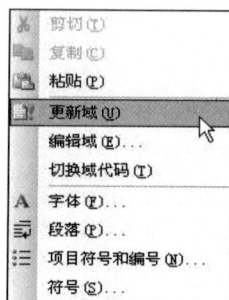

图 2-128　【更新域】命令

（2）在弹出的【更新目录】对话框中选择更新类型，如图 2-129 所示。单击【确定】按钮，则目录更新。

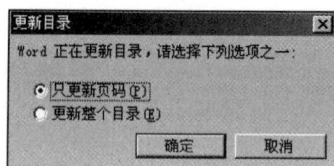

图 2-129　选择更新类型

六、文档保护

在公用计算机中编辑 Word 文档时，用户通常不希望别人修改甚至打开自己的文档，针对这一问题，Word 2003 提供了多种文档保护功能，使未被授权者不能修改和访问保护文档。

1. 打开和修改文档权限保护

（1）选择【工具】|【选项】命令，在弹出的【选项】对话框中选择【安全性】选项卡，如图 2-130 所示。

（2）在【打开文件时的密码】文本框中输入打开文档权限的密码，设置后未授权用户不能打开文档，或在【修改文件时的密码】文本框中输入修改文档权限的密码，设置后未授权用户可以打开文档但不能修改文档。单击【确定】按钮，保存文档，完成操作。

2. 文档的格式和编辑权限保护

（1）选择【工具】|【保护文档】命令，打开【保护文档】任务窗格，如图 2-131 所示。

（2）勾选【限制对选定的样式设置格式】复选框，单击【设置】超链接，在弹出的【格式设置限制】对话框中做具体的限制。

（3）勾选【仅允许在文档中进行此类编辑】复选框，在其下拉列表中选择允许的对象。

（4）单击【启动强制保护】按钮，输入密码，确认后完成操作。

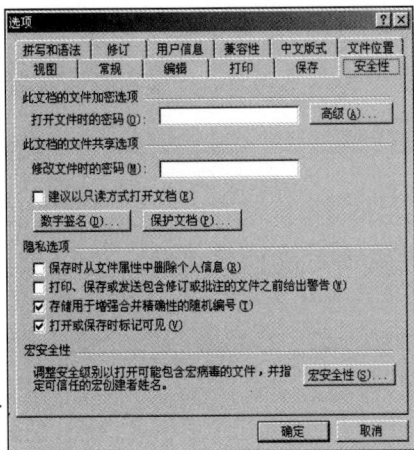

图 2-130　【安全性】选项卡　　　图 2-131　【保护文档】任务窗格

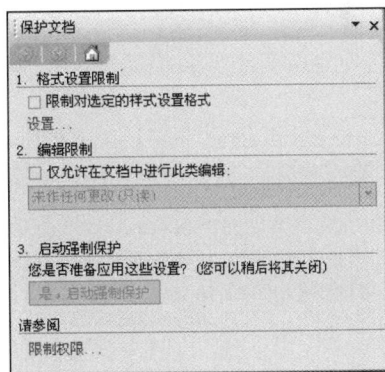

提示：若要取消文档保护，选择【工具】|【取消文档保护】命令，弹出【取消文档保护】对话框，输入密码，确定即可。

七、宏的建立与使用

在文档编辑过程中，经常有某项工作要多次重复，这时可以利用 Word 的宏功能来使其自动执行，以提高工作效率。宏是将一系列的 Word（Excel）命令组合在一起，形成一个命令集合，简化编辑操作过程，以实现任务执行的自动化。

1. 宏的录制

（1）选择【工具】|【宏】|【录制新宏】命令，弹出如图 2-132 所示的对话框。

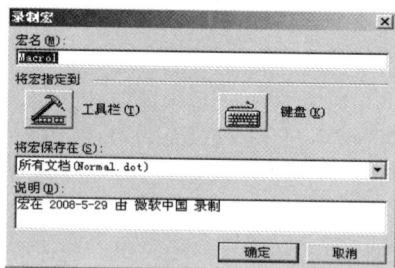

图 2-132　录制宏对话框

提示： 录制宏也可双击 Word 2003 状态栏中的【录制】按钮。

（2）在【宏名】文本框中输入宏的名称。在【将宏保存在】下拉列表中，选择要保存宏的位置，即模板或文档。

若选择 Normal 模板，以后所有文档都可以使用这个宏；选择 Word 文档，则以后只有这一文档使用该宏。在【说明】文本框中输入对该宏的说明和用户名称。

提示： 宏名称必须以字母开头，最多有 36 个字母或数字混合，中间不能有空格。

（3）如果想给当前宏指定一个快捷键，则单击【录制宏】对话框的【键盘】按钮，弹出如图 2-133 所示的对话框。

（4）在【请按新快捷键】文本框中输入要定义的快捷键，单击【指定】按钮。

（5）如果想把宏指定到工具栏，单击【录制宏】对话框的【工具栏】按钮，弹出【自定义】对话框。然后在【命令】选项卡中将宏拖动到要指定的工具栏或菜单中，如图 2-134 所示。

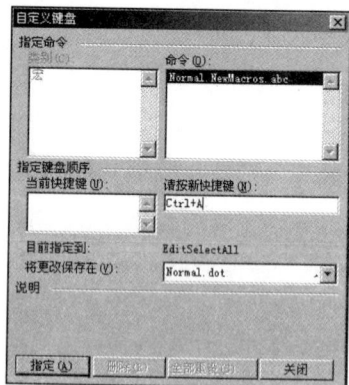

图 2-133　【自定义键盘】对话框

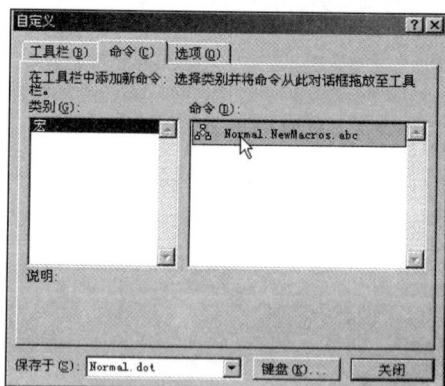

图 2-134　在工具栏中添加宏命令按钮

（6）单击【确定】按钮，开始录制宏，这时指针变成"磁带"形状，同时弹出【停止录制】工具栏。

（7）进行宏需要的各种操作后，停止录制宏。

提示：如果此时【停止录制】工具栏没有弹出，则选择【视图】|【工具栏】|【停止录制】命令，弹出【停止录制】工具栏。

2．宏的应用

（1）选择要应用宏的文本内容，选择【工具】|【宏】|【宏】命令，弹出如图 2-135 所示的【宏】对话框。

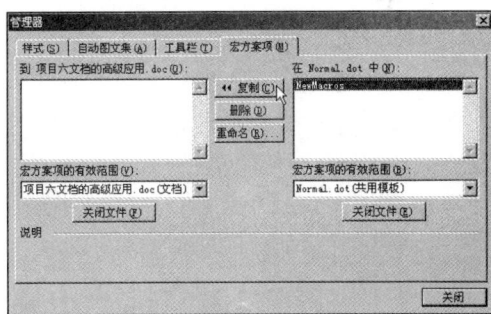

（2）从宏名列表框中选择要运行的宏，单击【运行】按钮运行该宏。

提示：如果要运行的宏没有显示在宏名列表框中，可从【宏的位置】下拉列表中，选择要运行的宏所在的文档或模板。

3．宏的管理

宏的管理，指对已有的宏进行复制、删除、重命名、改变内容等操作。

（1）选择【工具】|【宏】|【宏】命令，弹出【宏】对话框，如图 2-135 所示。

（2）单击【管理器】按钮，弹出【管理器】对话框，如图 2-136 所示。在左侧的列表框中显示出当前文档中使用的宏，在右侧的列表框中显示出了 Normal 文档模板中的宏。

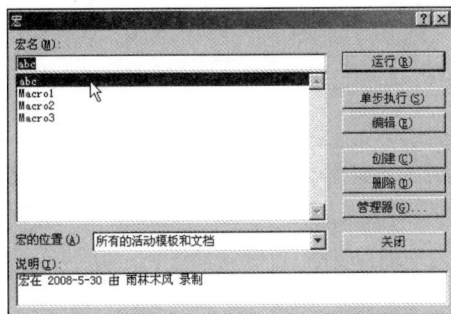

图 2-135　【宏】对话框　　　　　图 2-136　【管理器】对话框

（3）如果要复制其他模板中的宏，单击右侧列表框下方的【关闭文件】按钮，此时【关闭文件】按钮变为【打开文件】按钮。单击该按钮，弹出【打开】对话框，选择包含要复制的宏的模板，单击【打开】按钮并返回到【管理器】对话框中。

（4）从任一列表框中选定要复制的宏，然后单击【复制】按钮就可将该宏复制到另一侧的【宏方案项的有效范围】下拉列表的文档或模板中。

（5）如果要删除宏，从列表框中选择要删除的宏的名称，单击【删除】按钮。

（6）如果要重命名宏，从列表框中选定要重命名的宏的名称，单击【重命名】按钮。

✿ 任务实施

步骤一： 新建文档。

新建文档，文件名"森林经营方案.doc。

步骤二： 设置页面格式。

（1）选择【文件】|【页面设置】命令，弹出【页面设置】对话框。

（2）选择【纸张】选项卡，设置纸张为 A4。

（3）选择【页边距】选项卡，设置上边距为 3cm、下边距 2cm、左、右各 3 以 cm，如图 2-137 所示。

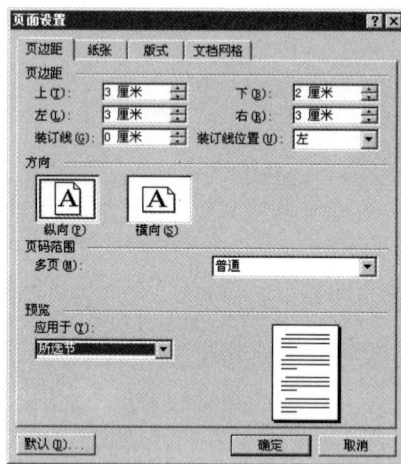

图 2-137　设置页边距

（4）选择【版式】选项卡，设置页眉距边界为 1.5cm、页脚 1cm。单击【确定】按钮完成页面设置操作。

步骤三： 复制文本内容。

将已经录入的"森林经营方案"文本内容复制并粘贴到本文档内。

步骤四： 分节和分页。

（1）将光标置于封面文本之后（2011 年 8 月之后）。选择【插入】|【分隔符】命令，弹出【分隔符】对话框。

（2）选中【分节符类型】选项组中的【下一页】单选按钮。单击【确定】按钮。

（3）按上面同样方法在各章之前插入分节符（下一页）。在前言、名单等页下方插入分页符。

步骤五： 设置文本格式。

1. 设置文本格式

（1）选中全文。选择【格式】|【字体】命令，弹出【字体】对话框，设置中文字体为

【宋体】，字号为【小四】，如图 2-138 所示，单击【确定】按钮关闭对话框。

（2）选择【格式】|【段落】命令，弹出【段落】对话框，设置段前、段后各 0.5 行，行距为固定值 20 磅；首行缩进 2 字符，如图 2-139 所示。

图 2-138　设置文本字体　　　　　图 2-139　设置文本段落

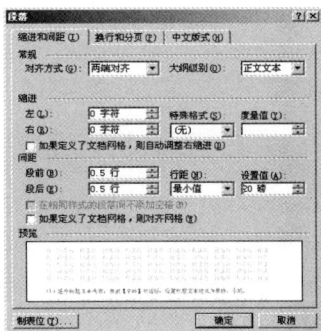

2. 设置封面格式

（1）选中标题文本内容，弹出【字体】对话框，设置标题文本格式为黑体、小初。

（2）选中副标题文本内容，设置标题文本格式为小一号、Time New Roman。

（3）选中制作单位及日期文本内容，设置文本格式为宋体、二号、Time New Roman。

（4）选中封面页全部内容，弹出【段落】对话框，设置行距为单倍行距。对齐方式为【居中】对齐。

3. 设置前言页格式

（1）选中"前言（标题）"文本。选择【格式】|【字体】命令，弹出【字体】对话框，设置前言标题字体格式为黑体、小三。

（2）选择【格式】|【段落】命令，弹出【段落】对话框，设置前言标题段落格式为段前、段后各 3 磅，行间距为 1.5 倍。

（3）选择【格式】|【字体】命令，弹出【字体】对话框，设置前言内容字体格式为仿宋、四号。

（4）选择【格式】|【段落】命令，弹出【段落】对话框，设置前言内容段落格式为行间距 24 磅，首行缩进 2 字符。

4. 设置人员名单格式

操作方法同上述，请参照执行操作。

5. 设置一级标题

（1）选中"第一章 基本情况"文本。选择【格式】|【样式和格式】命令，打开【样式和格式】任务窗格。选择【标题 1】样式。此时"第一章 基本情况"被设置为一级标题，

如图 2-140 所示。

（2）单击【样式和格式】窗格中【标题 1】下拉按钮，在弹出的下拉列表中选择【修改】选项，弹出【修改样式】对话框。单击【格式】按钮，在弹出的下拉列表中分别选择【字体】、【段落】选项，在弹出的相应的对话框中将一级标题样式修改为黑体、小三、加粗、居中；段前、段后各 3 磅，行间距为 1.5 倍，并勾选【自动更新】复选框，如图 2-141 所示。

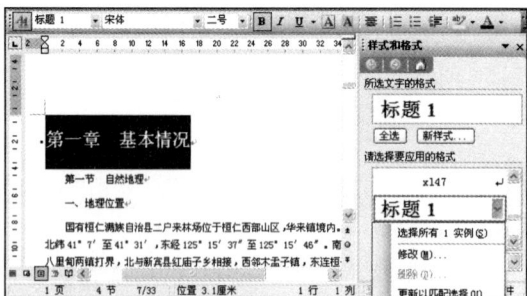

图 2-140　设置一级标题

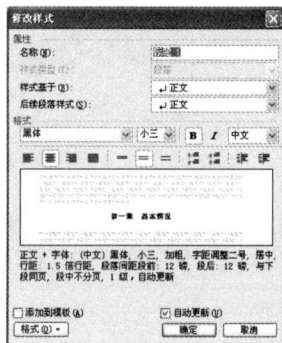

图 2-141　设置一级标题样式

（3）使用【格式刷】或【样式】将后面其他【章标题】内容做同样设置。

6. 设置二级标题

按上述一级标题设置操作方法，选中"第一节 自然地理"文本，设置为二级标题，修改二级标题样式为黑体、四号、加粗、段前、段后各 12 磅，1.5 倍行间距。并将此样式应用于其他节标题。

7. 设置三级标题

按上述一级标题设置操作方法，选中"一、地理位置"文本，设置为三级标题，修改三级标题样式为：黑体、四号、加粗、段前、段后各 6 磅，1.5 倍行间距。并将此样式应用于其他节标题。

步骤六：设置表格样式。

（1）选中"表 2-1　各类土地面积统计表"文本，设置字体格式为宋体、五号。

（2）选中表格，选择【表格】|【表格自动套用格式】命令。弹出【表格自动套用格式】对话框。

（3）在【表格样式】列表框中选择【简明型 1】，如图 2-142 所示。单击【确定】按钮。

（4）选择【表格】|【表格属性】命令，弹出【表格属性】对话框。选择【行】选项卡，设置行高为 0.8cm。

（5）重复上述操作步骤，完成其他表格格式设置。

步骤七：生成目录。

（1）将光标定位于人员名单内容之后，插入分页符。

（2）光标定位于新一页上第一行处。录入"目录"二字，并设置格式为黑体、小三，段前、段后各 3 磅，行间距为 1.5 倍。

（3）光标定位于下一行，选择【插入】|【引用】|【索引和目录】命令，弹出【索引和目录】对话框，选择【目录】选项卡。

（4）设置目录格式为来自模板，显示级别为 3 级，显示页码，选择制表符前导符为虚线，如图 2-143 所示。单击【确定】按钮完成自动生成目录操作。

图 2-142　设置表格样式　　　　　　　　图 2-143　设置目录格式

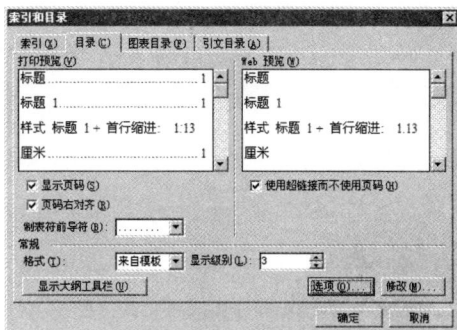

（5）选择目录部分文本内容。设置文本格式为宋体、小四号，行间距为 20 磅。西文字体为 Time New Roman。（可根据具体情况适当调节行距，使用目录内容在一页内）

步骤八：设置页眉。

（1）选择【视图】|【页眉和页脚】命令，弹出【页眉和页脚】工具栏。进入页眉编辑状态，将光标定位于第 2 节页眉处，单击【页眉和页脚】工具栏中的【链接到前一个】按钮，将此按钮置为无效（断开 1、2 节页眉的链接，即可设置各节不同的页眉）。【链接到前一个】按钮如图 2-144 所示。

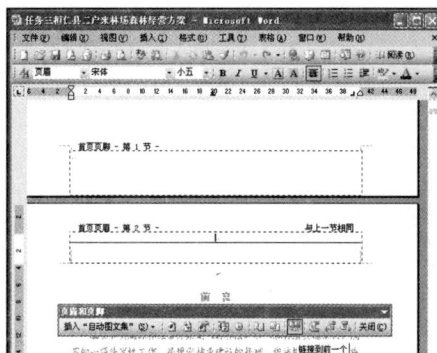

图 2-144　【链接到前一个】按钮

（2）在第 2 节页眉处录入页眉内容，内容为"前言"。设置文本格式为居中、宋体、五号。

（3）重复上述步骤，设置各章页眉。

（4）将光标定位于第一节页眉处，选择【格式】|【边框和底纹】命令，弹出【边框和

底纹】对话框。选择【边框】选项卡，选择【无】选项，单击【确定】按钮。（此时封面页眉处的边框线已经被取消）。

步骤九：设置页码。

（1）选择【视图】|【页眉和页脚】命令，弹出【页眉和页脚】工具栏，同时切换到页脚编辑状态，将光标定位于第二节内页码处单击【页眉和页脚】工具栏中的【链接到前一个】按钮，取消链接（取消第一节与第二节的链接）。

（2）单击【页眉和页脚】工具栏中的【插入页码】按钮，如图 2-145 所示。单击常用工具栏中的【居中】按钮。

图 2-145　【插入页码】按钮

（3）单击【页码格式】按钮，将本节页码格式设置为罗马数字大写格式。起始页码为 I。

（4）将光标定位于"第一章基本情况"所在节页码处。设置页码格式为阿拉伯数字，起始页码为 1。

（5）将光标定位于第一节内页码处，选中页码，删除页码（因为已经断开链接，所以第二节内的页码不会被删除）。单击【页眉和页脚】工具栏中的【关闭】按钮，完成页眉设置操作。

步骤十：设置文档保护。

（1）选择【工具】|【选项】命令，弹出【选项】对话框，选择【安全性】选项卡，输入修改文件时的密码（密码为自己的学号），如图 2-146 所示。确定后，系统提示再次确认密码，再次输入密码后，单击【确定】按钮，完成文档保护。

（2）选择【工具】|【保护文档】命令，打开【保护文档】任务窗格，勾选【仅允许在文档中进行此类编辑】复选框，在其下拉列表中选择【未作任何更改（只读）】选项，如图 2-147 所示。单击【是，启动强制保护】按钮，在弹出的【启动强制保护】对话框中输入密码。此保设置完成后，进入只读状态，无法进行编辑操作。

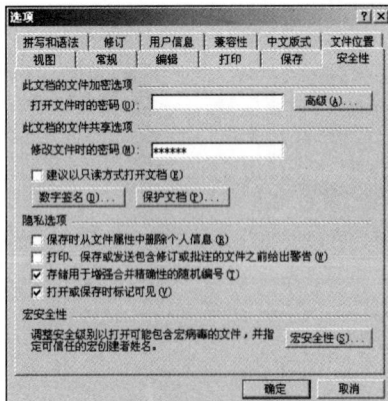

图 2-146　输入密码

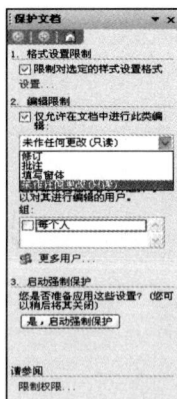

图 2-147　选择【未作任何更改（只读）】

❀ 任务总结

通过本项目的实施了解到，在长文档编辑中，使用样式而不是格式更利于文档编辑和后期修改，提高效率。而且使用样式设置文档标题后，在大纲视图下可看到文档清晰的层次结构，同时为设置题注和自动创建目录奠定基础。除上述功能外，长文档编辑中还可能用到如书签、交叉引用、索引功能等。熟练掌握这些长文档编辑技巧，在处理长文档时就可以达到事半功倍的效果。

❀ 操作拓展

1. 删除页眉中的直线

在 Word 文档中，插入页眉后如果删除页眉，会留下一根直线（图 2-148），如何删除？

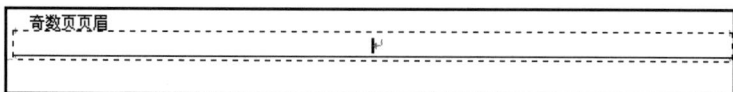

图 2-148　文档页眉中的直线

方法一：在页眉编辑状态下，选择【编辑】|【清除】|【格式】命令。

方法二：在页眉编辑状态下，在【格式】工具栏中的【样式】中选择【正文】选项。

方法三：在页眉编辑状态下，选中页眉行。选择【格式】|【边框和底纹】命令，将边框设置为无，应用于段落。

2. 文档字数统计

编辑文档中有时需要了解文档的像总字数、页数等各种统计信息，Word 2003 提供了自动统计字数功能，使用它们可以快速地查看文档的字数统计数据。其操作步骤如下：

选中要统计的文本内容或选择统计全文。选择【工具】|【字数统计】命令，弹出【字数统计】对话框，如图 2-149 所示。【字数统计】对话框中列出了页数、字数等统计信息。

提示： 如果单击【显示工具栏】按钮则会弹出【字数统计】工具栏，如图 2-150 所示。也可使用该工具栏随时查看文档的统计信息。

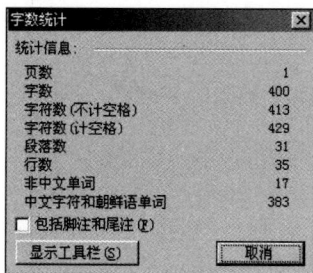

图 2-149　【字数统计】对话框

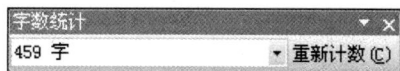

图 2-150　【字数统计】工具栏

3. 拼写和语法检查

文档输入和编辑很难保证输入文本的拼写、语法都完全正确。特别是长文档输入和编辑，更易出现拼写或语法错误，而校对长文档是很繁琐的事情。使用 Word 2003 提供的拼写和语法检查工具可以大大提高对文档进行校对的效率，其操作步骤如下：

（1）选择【工具】|【选项】，弹出【选项】对话框，选择【拼写和语法】选项卡，如图 2-151 所示。

（2）勾选【键入时检查拼写】和【键入时检查语法】复选框。同时取消勾选【隐藏文档中的拼写错误】和【隐藏文档中的语法错误】复选框。

提示：设置完成后，Word 2003 自动地将拼写错误用红色波浪线标示，将语法错误用绿色波浪线标示。

（3）光标定位于文档第一个提示错误处，选择【工具】|【拼写和语法】命令，弹出【拼写和语法：英语（美国）】对话框，如图 2-152 所示。

（4）对拼写错误可以选择【建议】列表框中的建议替换的单词，或直接在列出的错误上更改，然后单击【更改】按钮。也可以选择【忽略一次】或【忽略全部】按钮，忽略拼写和语法错误的单词，并继续进行检查。单击【确定】按钮，完成检查设置。

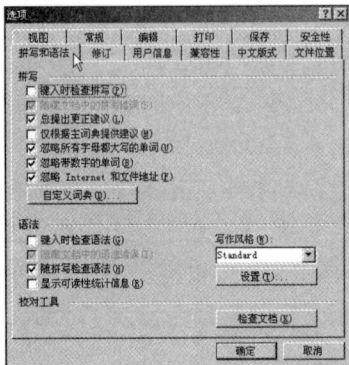

图 2-151　【拼写和语法】选项卡　　　　图 2-152　【拼写和语法：英语（美国）】对话框

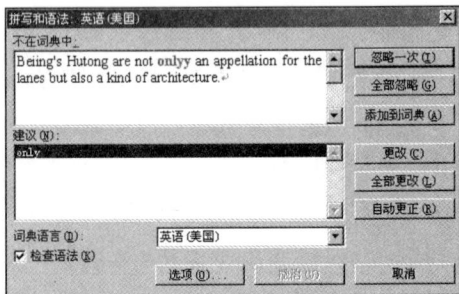

提示：单击【全部更改】按钮，则把文档中所有类似的错误全部更正；单击【全部忽略】按钮，则忽略文档中该单词所有出现的地方。

课业三　《林苑园林公司宣传手册》编辑制作

任务提出

林苑园林公司通过精心的经营和良好的服务态度招揽了很多客户，这其中老客户比较多。针对这一问题，为了提高林苑园林公司的知名度、扩大消费人群，让更多的人了解林苑园林公司的情况，请同学们为本中心设计一份图文并茂的《林苑园林公司宣传手册》。具体要求如下：

1. 页面设置

自定义纸张大小，高度为 18cm，宽度为 9cm；上边距、左边距为 0.5cm，下边距、右边距为 1.0cm；页脚为 1.5cm，

2. 内容

文字、图片内容可以参照样文，如图 2-153～图 2-155 所示，也可以自己搜集整理材料。

图 2-153　样文一

图 2-154　样文二

图 2-155　样文三

3. 格式

文档至少 8 页（包括封面与封底），每页上面都要有林苑园林公司的徽标，各页间内容不同，但风格要协调统一。

（1）封面：插入艺术字，内容为"林苑园林公司"，此页不显示页码。

（2）目录：使用插入目录技能完成。格式不作要求，适当即可，此页不显示页码。

（3）正文：可分为公司简介、实验林场、园林技术、植物景观设计、草坪建植和组培中心，页码起始数字为"1"，位于页脚居中，使用阿拉伯数字。

（4）封底：公司地址址、电话。

（5）前面 4 项中所列出的内容是必有的项目，设计者可根据实际情况增加内容（如文字、图片）。

4. 为正文每页加上不同的页眉

说明：本任务要求个人独立完成，小组同学可以互相研究讨论，最后上交作品不允许出现雷同。最终设置效果参照样文《林苑园林公司宣传手册》，如图 2-153 ~ 图 2-155 所示。

子任务四 制作林业会议通知

❀ 任务提出

每年年初，林业主管部门都会召开一次会议，安排一年的工作任务，要求各下属部门的领导或相关人员参加。会议之前要给各与会单位发送通知。通知的内容基本一致，只是称谓等不同，这种情况使用 Word 邮件合并功能最为合适。具体要求如下：

1. 主文档

（1）纸张大小为 A4；上边距为 3cm，下边距为 2cm，左、右边距为 3.5cm。

（2）"通知"文本格式为华文行楷、初号；其他文字格式为宋体、三号（西文字体为 Times New Roman）。

（3）文字内容与样文一致。

2. 数据源

数据源为 Excel 文档。文档内容不少于 5 行数据。

说明： 本任务要求个人独立完成，小组同学可以互相研究讨论，最后上交作品为电子稿。最终设置效果参照样文《会议通知》，如图 2-156 所示。

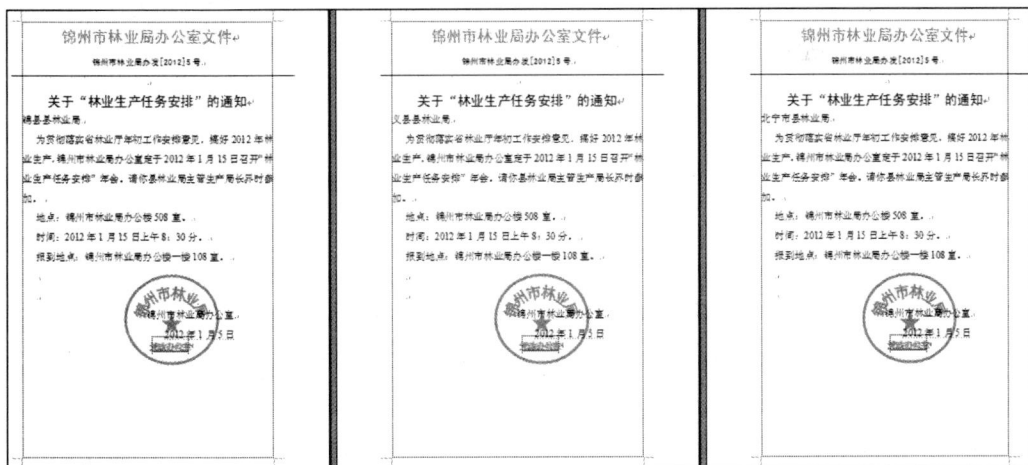

图 2-156 邮件合并样文

❀ 学习目标

知识目标	能力目标	素质目标	技能（知识）点
（1）掌握邮件合并的方法 （2）掌握数据源的类型和建立方法	（1）能够熟练进行邮件合并向导的操作 （2）能够熟练使用邮件合并工具栏	（1）培养认真观察、独立思考、自主学习的能力 （2）培养学生团队协作精神 （3）培养学生良好的世界观、审美观	设置主文档，选择数据源，插入合并域，插入 Word 域，打印输出

❀ 任务分析

一次会议的通知，是发给多个单位（或个人）的信件，这些信件格式相同，主体内容相似，但又有内容不同的标志部分，如果逐个编辑数量较多的这类文档，显然费时费力。而利用 Word 2003 提供的强大的邮件合并功能可轻松高效地完成这一工作。

❀ 实施准备

合并文档是由两个文件组成，一个主文件和一个数据源文件。主文件提供相同的文字和图形信息，数据源文件提供需要变化的信息。当主文件和数据源文件合并时，Word 能够用数据源文件中相应的信息代替主文件中的对应域，生成合并文档。

一、创建主文档

（1）选择【工具】|【信函与邮件】|【邮件合并】命令。打开【邮件合并】任务窗格，如图 2-157 所示。

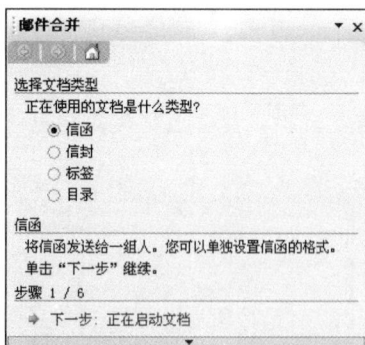

（2）在【邮件合并】任务窗格中，文档类型有【信函】、【信封】、【标签】和【目录】。选中【信函】单选按钮，则制作成内容类似的邮件正文。若选中【信封】或【标签】单选按钮，则制作成组邮件的带地址信封或标签；若选中【目录】单选按钮，则生成的是包含目录或地址打印列表的文档。下面以制作信函正文为例。

（3）单击【下一步：正在启动文档】超链接，【合并邮件】任务窗格切换成如图 2-158 所示的界面。在其中选中【使用当前文档】单选按钮，则从当前活动窗口中的文档开始创建信函。

图 2-157　【邮件合并】任务窗格

二、处理数据源

（1）在【邮件合并】任务窗格中单击【下一步：选取收件人】超链接，任务窗格切换成如图 2-159 所示的界面。

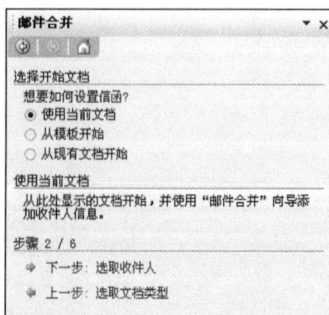

图 2-158　选择开始文档

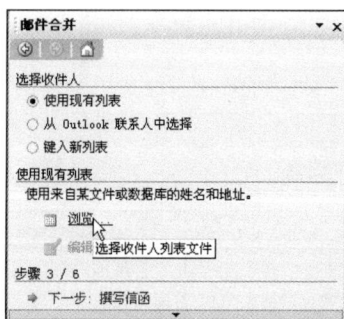

图 2-159　选择收件人

（2）单击【浏览】超链接，在弹出的【选取数据源】对话框中找到数据源后选中，单击【打开】按钮，在弹出的【选择表格】对话框中选择所需工作表，单击【确定】按钮，弹出如图 2-160 所示的【邮件合并收件人】对话框。

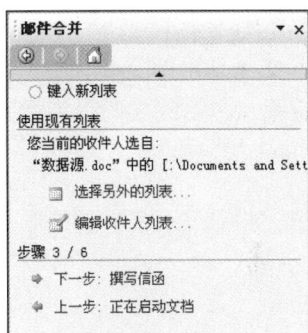

（3）在【邮件合并收件人】对话框中查找和编辑后，单击【确定】按钮。返回如图 2-161 所示的任务窗格界面。

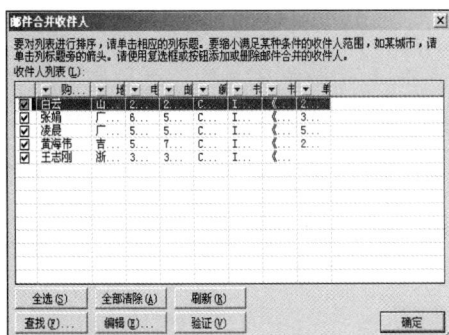

图 2-160　【邮件合并收件人】对话框　　　　　　　图 2-161　使用现有列表

三、插入合并域

（1）在【邮件合并】任务窗格中单击【下一步：撰写信函】超链接，任务窗格切换成如图 2-162 所示的界面。

（2）将光标定位于主文档中需插入合并域的位置。

（3）在【邮件合并】任务窗格中，单击【其他项目】超链接，弹出【插入合并域】对话框。

（4）选择正确的项目（数据库域），单击【插入】按钮，单击【关闭】按钮。

（5）重复前面的步骤，完成插入合并域操作。

（6）单击【下一步：预览信函】超链接。

（7）信函格式内容正确无误后，单击【下一步：完成合并】超链接，如图 2-163 所示。

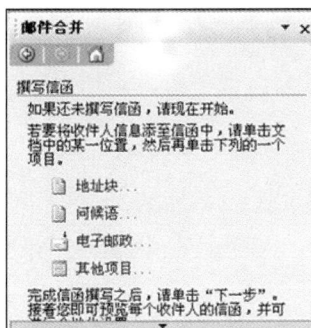

图 2-162　撰写信函　　　　　　　图 2-163　完成合并

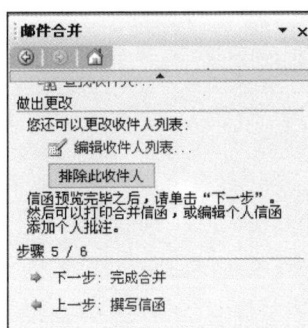

四、合并

单击【下一步：完成合并】超链接，完成邮件合并的所有操作。

任务实施

步骤一：编辑主文档内容。

（1）新建文档作为主文档，文件名为“会议通知”在其中输入会议通知的内容。

（2）设置主文档内容的格式，为【插入合并域】预留位置（称谓处预留 4 字符），如图 2-164 所示。

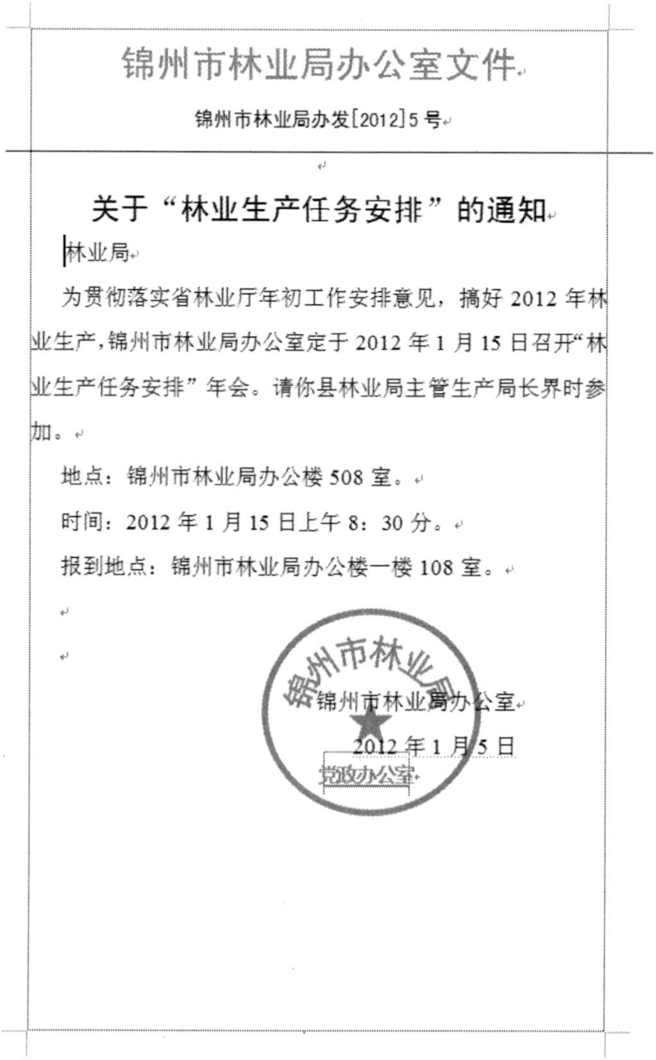

锦州市林业局办公室文件

锦州市林业局办发[2012]5 号

关于“林业生产任务安排”的通知

林业局

为贯彻落实省林业厅年初工作安排意见，搞好 2012 年林业生产，锦州市林业局办公室定于 2012 年 1 月 15 日召开“林业生产任务安排”年会。请你县林业局主管生产局长界时参加。

地点：锦州市林业局办公楼 508 室。

时间：2012 年 1 月 15 日上午 8：30 分。

报到地点：锦州市林业局办公楼一楼 108 室。

锦州市林业局办公室

2012 年 1 月 5 日

图 2-164　主文档

步骤二：新建数据源文件。

（1）新建一个 Word 文档或 Excel 文档，文件名为"数据源"。

（2）输入本市下属各县林业局，局长姓名等内容。

（3）保存文档。

步骤三：邮件合并。

（1）选择主文档。选择【工具】|【信函与邮件】|【邮件合并】命令，启动邮件合并向导。

（2）选择文档类型。选中【信函】单选按钮，如图 2-165 所示。单击【下一步：正在启动文档】超链接。

（3）选择开始文档。选中【使用当前文档】单选按钮，如图 2-166 所示。单击【下一步：选取收件人】超链接。

（4）选择收件人。在如图 2-167 所示的界面中单击【浏览】超链接，弹出【选取数据源】对话框，如图 2-168 所示。

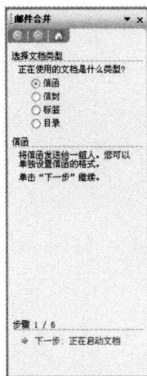

图 2-165　选择信函　　　　　图 2-166　使用当前文档　　　　　图 2-167　单击【浏览】超链接

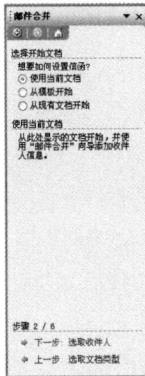

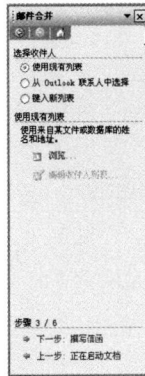

（5）查找数据源文件。选择数据源.xls。单击【打开】按钮，弹出【选择表格】对话框，如图 2-169 所示。

图 2-168　【选取数据源】对话框　　　　　图 2-169　【选择表格】对话框

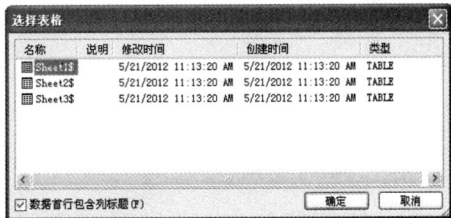

（6）选择 Sheet1$ 表格，如图 2-169 所示。单击【确定】按钮。

（7）在弹出的【邮件合并收件人】对话框中，单击【确定】按钮，如图 2-170 所示。

（8）单击【下一步：撰写信函】超链接，在主文档中，将标定位于要插入"域"的位置（如"县林业局"之前）。在【邮件合并】任务窗格中单击【其他项目】超链接，弹出【插入合并域】对话框，如图 2-171 所示。

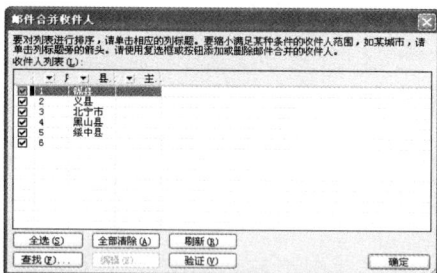

图 2-170　【邮件合并收件人】对话框

图 2-171　【插入合并域】对话框

（9）在【插入合并域】对话框中选择县名，单击【插入】按钮，关闭该对话框。

（10）在主文档合适的位置分别插入合并域后，返回任务窗格。单击【邮件合并】任务窗格中的【下一步：预览信函】超链接，如图 2-172 所示。预览信函时主文档如图 2-173 所示。

（11）单击【下一步：完成合并】超链接，【邮件合并】任务窗格切换成如图 2-174 所示的界面。

（12）在如图 2-174 所示的界面中单击【打印】超链接则直接打印输出合并结果；单击【编辑个人信函】超链接，则弹出【合并到新文档】对话框，如图 2-175 所示。

（13）单击【确定】按钮，则将合并结果保存到新文档中，合并后新文档如图 2-153 所示。

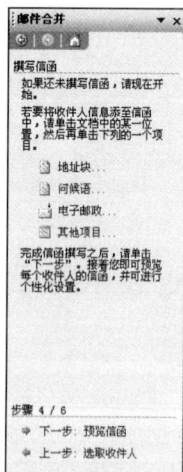

图 2-172　【下一步：预览信函】超链接

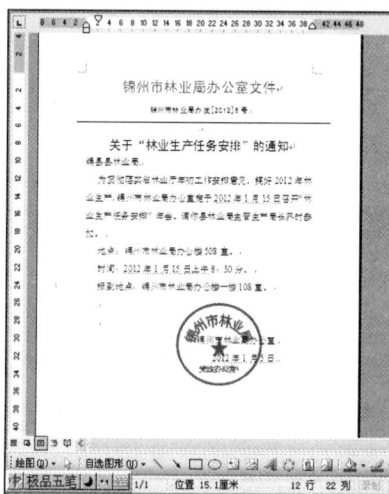

图 2-173　预览信函

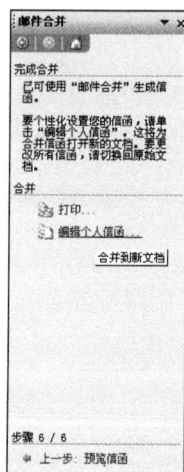

图 2-174　完成合并

（14）选择【文件】|【保存】菜单命令，将合并结果保存为："锦州市 2012 年年初生产工作会议通知.doc"，如图 2-175 所示。

任务总结

本项目实施中主要用到 Word 2003 的【邮件合并】这一自动化高级功能，这一功能是实现自动化办公的有效工

图 2-175　【合并到新文档】对话框

具，但是使用他们也是一般使用者的障碍之一。如果用户能够深入学习研究，不断总结规律，注重在平时使用它们，那么我们也会成为使用 Word 的高手。

操作拓展

1. 启用或禁用 Word 2003 文档中的宏

对 Word 文档最大的安全隐患就是宏病毒，为了防止宏病毒，Word 设立了安全级别的概念。设置方法：选择【工具】|【宏】|【安全性】|【安全级】命令，在弹出的【安全性】对话框中进行设置，安全级别共分为非常高、高、中、低 4 个档。高级别将只运行可靠来源的宏，其他宏一律取消；中级别在打开一个宏时，会弹出一条警告，让用户选择是否启用；低级别则不进行宏的保护。当选择高级别时，已安装的模板和加载项（包括向导）中的宏可能会被禁用。只有在选择【工具】|【选项】|【安全性】命令后，在弹出的【安全性】对话框中选择【可靠发行商】选项卡，然后勾选【信任所有安装的加载项和模板】复选框时，才能让安装的宏不被禁用。

2. 创建胸牌模板

胸牌的作用是为了使别人了解佩戴者的称谓和职务等，同时也是为了便于佩戴者开展相关工作。在一项活动中，可能由许多人佩戴同样样式的胸牌，而且胸牌可能长期使用。使用 Word 创建胸牌模板是一个最佳选择。下面以创建学生胸牌模板为例。其操作步骤如下：

（1）新建 Word 文档。选择【文件】|【页面设置】命令，在弹出【页面设置】对话框中选择【纸张】选项卡。

（2）在【纸张大小】下拉列表中选择【自定义大小】，设置宽度为 9cm，高度为 6cm，如图 2-176 所示，在【页边距】选项卡中设置页边距为 0.5cm。

（3）输入标题为"城效乡林业站"，字体格式为华文行楷、小二号字、居中、红色。

（4）输入内容。第一行，姓名；第二行，职务。字体均为华文行楷、小二号字、黑色。在姓名、班级和职务后添加下划线。

（5）插入图片，调整图片大小并把图片格式设为"衬于文字下方"，效果如图 2-177 所示。

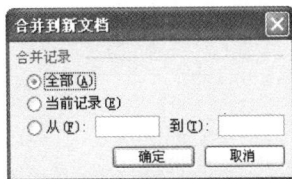

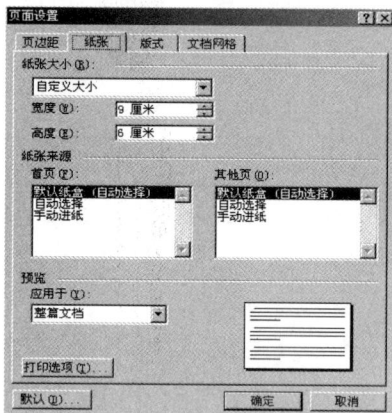

图 2-176　设置纸张大小

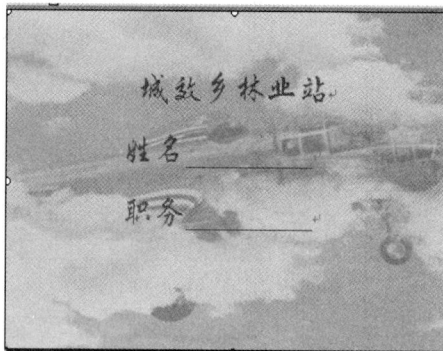

图 2-177　　胸牌模板

（6）选择【文件】|【另存为】命令，弹出【另存为】对话框，在【文件名】文本框中输入"职工胸牌.dot"；在【保存类型】文本框中选择"文档模板（*.dot）"如图 2-178 所示。单击【保存】按钮，则胸牌模板已经创建。

（7）选择【文件】|【新建】命令，打开【新建文档】任务窗格，单击【本机上的模板】超链接，弹出【模板】对话框，如图 2-179 所示。在模板的常用选项中即可看到职工胸牌模板。

图 2-178　【另存为】对话框

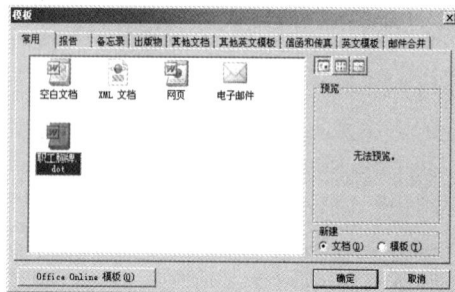

图 2-179　【模板】对话框

任务三　林木表格制作与数据管理

Excel 2003 是微软公司推出的中文 Office 2003 的主要套件之一，它是一款功能强大、技术先进、使用方便的电子表格软件。本任务较为全面地介绍了办公室常用电子表格文档的编辑与制作。通过学习将了解到工作簿的创建、打开、保存、关闭等基本操作；数据的录入、查找、替换，单元格、行、列内容的移动、复制、插入、删除、单元格合并等的编辑操作、工作表的格式化等。

❀ 能力目标

（1）能够利用 Excel 2003 进行工作表制作。

（2）能够利用 Excel 2003 进行数据的正确输入。

（3）能够进行单元格合并操作。

（4）能进行单元格格式设置。

（5）能够对工作表进行格式化操作。

（6）能够对表中某单元格插入批注。

（7）能够对工作表重命名。

（8）能够设置打印标题。

（9）能够对工作表数据进行简单的数据计算。

（10）能够根据表中数据建立图表。

（11）能根据表中数据进行工作表数据计算。

子任务一　公益林抚育间伐规划表制作

❀ 任务提出

工作表制作是林业员工工作的一个非常重要的内容。通过工作表的制作、数据的输入、单元格合并、单元格格式设置和数据表中数据的计算，可以使信息更清楚、更加直观地呈现在用户面前，使人一目了然。这样可以大大提高林业系统工作人员的工作效率，同时通过工作表的制作和表中的数据可以清晰地反映出 2011～2013 年公益林抚育间伐规划情况。其具体要求如下：

1. 页面设置

纸张大小为 A4，方向为纵向；上、下边距为 2.5cm，左、右边距为 0.5cm，页眉、页脚为 1.3cm。

2．内容

参照样文，如图 3-1 所示。

	A	B	C	D	E	F	G	H	I	J	K	L	M	N	O
1	\multicolumn{15}{c}{2011-2013年公益林抚育间伐规划一览表}
2														公顷，立方米，株，厘米
3	作业年度	作业方式	小地名	小班面积	小班蓄积	森林分类	优势树种	林龄	平均胸径	平均树高	每公顷株数	每公顷蓄积	作业面积	采伐强度	采伐蓄积
4															
5	合计			192.4	20156								182.4		2919
6		计		53.6	6056								53.6		942
7		小计		53.6	6056								53.6		942
8	2011	生态疏伐	虎沟	14.9	1934	公益林	柞树	63	16	13.9	1093	129.8	14.9	10.20%	197
9			滴石河	6.4	536	公益林	柞树	42	13.1	15.1	1042	83.8	6.4	10.00%	54
10			过岭道	7.2	768	公益林	柞树	55	16.3	15.5	806	106.6	7.2	30.00%	230
11			西沟	13.2	1717	公益林	柞树	53	20.7	17.6	559	130.1	13.2	11.60%	199
12			虎沟	5	450	公益林	柞树	60	22.9	13.7	1093	121.3	5	15.00%	67
13			西沟	6.9	651	公益林	柞树	51	23.3	14	403	94.4	6.9	30.00%	195
14		计		66.3	6546								56.3		912
15		小计		66.3	6546								56.3		912
16	2012	生态疏伐	赵干沟	13.1	927	公益林	椴树	47	17	16.6	481	70.8	13.1	16.00%	148
17			小黑卧子	20.6	2081	公益林	柞树	68	21.5	16.4	412	101.6	20.6	12.40%	258
18			南沟	10.1	820	公益林	椴树	56	13.2	12.5	1128	81.2	10.1	12.50%	102
19			西沟	6.9	651	公益林	柞树	51	23.3	14	403	94.4	6.9	30.00%	195
20			西北天	15.6	2067	公益林	色树	72	18.9	16.7	894	132.5	5.6	28.20%	209
21		计		72.5	7554								72.5		1065
22		小计		58.9	6340								58.9		804
23	2013	生态疏伐	南沟	24.4	2772	公益林	椴树	63	14.8	15.7	908	113.6	24.4	8.30%	230
24			南沟	22.6	2495	公益林	椴树	68	18	17.2	622	110.4	22.6	10.10%	252
25			虎沟	7.2	560	公益林	柞树	54	23	13.4	878	122	7.2	30.00%	168
26			大西沟	4.7	513	公益林	柞树	52	17.7	14.9	678	102.7	4.7	30.00%	154
27		小计		13.6	1214								13.6		261
28		疏株抚育	大西沟	4.2	412	公益林	本溪叶…	18	14.3	10.8	2633	98.2	4.2	22.00%	91
29			大西沟	6.5	504	公益林	本溪叶…	19	12.9	10.4	2280	77.5	6.5	20.00%	101
30			大西沟	2.9	298	公益林	本溪叶…	18	16.4	13.1	1749	102.7	2.9	23.00%	69

图 3-1　公益林抚育间伐规划表

3．单元格格式

（1）标题。标题字体为黑体，16 号字，红色底纹，白色字体。

（2）副标题。副标题字体为黑体，9 号字，蓝色底纹，白色字体。

（3）表头。表头字体为黑体，9 号字，绿色底纹，黑色字体。

（4）其他部分。其他部分字体为宋体，9 号字，黄色底纹，黑色字体，居中，数字保留小数点后一位，百分数保留小数点两位。

（5）合并表格中相应的单元格。

（6）设置行高。标题行高为 21cm，副标题行高为 21cm，其他行高为 15cm。

（7）设置列宽。表格列宽为 5cm。

4. 插入批注

为 Q21 单元格插入批注"年采伐面积最大"。

5. 重命名并复制工作表

将 Sheet1 工作表重命名为"2011～2013 年公益林抚育间伐规划一览表",并将此工作表复制并粘贴到 Sheet2 工作表中。

6. 设置打印标题

在"2011～2013 年公益林抚育间伐规划一览表"工作表中,第 21 行的上方插入分页线,设置表格标题为打印标题。

7. 计算

(1)计算出 2011 年、2012 年、2013 年每年公益林小班面积和小班蓄积以及三年小班面积和小班蓄积的合计值。

(2)计算出 2011 年、2012 年、2013 年每年公益林采伐蓄积以及三年总共采伐蓄积合计值(注:采伐蓄积=每公顷蓄积×作业面积×采伐强度)。

8. 创建三维堆积柱形图

在 Sheet3 表中,使用"2011～2013 年公益林抚育间伐规划一览表"表中 2012 年"小地名"和"采伐蓄积"两列中的数据创建一个三维堆积柱形图。

说明:本任务要求个人独立完成,小组同学可以互相研究讨论,最后上交作品不允许出现雷同。最终设置效果参照样文,如图 3-1 和图 3-2 所示。

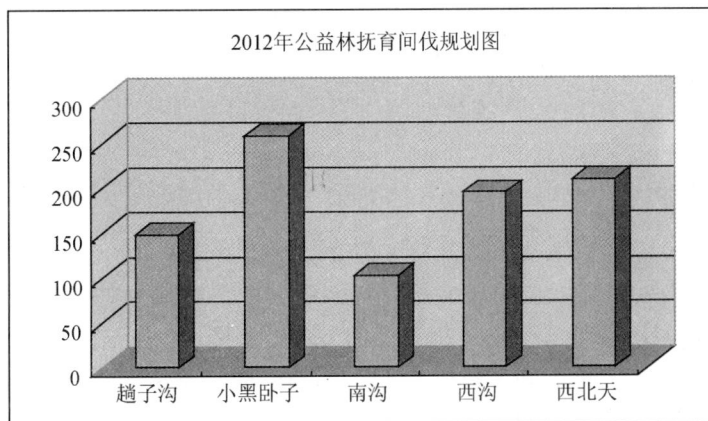

图 3-2 2012 年公益林抚育间伐规划图图表

❀ 学习目标

知识目标	能力目标	素质目标	技能（知识）点
（1）掌握 Excel 2003 工作表制作方法	（1）能够进行工作表、工作簿的基本操作	（1）培养学生认真观察、独立思考、自主学习的能力	Excel 的启动和退出，Excel 窗口组成，Excel 表格建立，Excel 工作簿新建、打开、保存，Excel 工作表的基本操作，Excel 单元格格式设置，Excel 行列格式设置，Excel 工作表格式设置，Excel 插入批注，Excel 设置打印标题，Excel 公式的使用方法与技巧，Excel 建立图表
（2）掌握工作表、工作簿、单元格的基本操作方法	（2）能够对工作表进行格式化操作	（2）培养学生团队协作精神	
（3）掌握基本公式的使用方法	（3）能够进行数据正确输入		
（4）掌握单元格合并方法	（4）能够进行单元格合并操作		
（5）掌握单元格格式设置方法	（5）能够进行单元格格式设置		
（6）掌握插入批注方法	（6）能够在单元格中插入批注		
（7）掌握打印标题方法	（7）能够设置打印标题		
（8）掌握利用公式法进行数据计算方法	（8）能够用公式法对数据进行计算		
（9）掌握图表建立方法	（9）能够建立图表		

❀ 任务分析

在制作"2011～2013 年公益林抚育间伐规划一览表"过程中，根据任务需要对表格中的数据进行输入、单元格合并、单元格格式设置、插入批注设置、打印标题设置以及对表中数据进行计算和建立图表。

❀ 实施准备

一、Excel 2003 功能简介

Excel 2003 是 Microsoft Office 的重要组件之一，是 Windows 环境下的电子表格软件，它可以用来制作电子表格、完成复杂的数据计算，同时还具有强大的图形、图表处理功能，可用于财务数据处理，科学分析计算，并能用图表显示数据之间的关系和对数据进行组织和管理。

二、Excel 2003 的启动和退出

启动 Excel 2003 的方法有多种，这里主要介绍常用的 4 种方法。

（1）单击【开始】按钮，在弹出的【开始】菜单中选择【程序】|【Microsoft Office】|【Microsoft Office Excel 2003】命令，启动 Excel 2003 应用程序，如图 3-3 所示。

（2）双击桌面上的 Excel 2003 快捷方式图标，如图 3-4 的所示。

（3）在【运行】对话框中的【打开】文本框中输入 Excel 2003 执行文件所在的位置，如图 3-5 所示。

（4）通过打开*.xls 文档启动 Excel 2003，如图 3-6 所示。

图 3-4　Excel 2003 快捷方式

图 3-5　【运行】对话框

图 3-6　*.xls 文档

图 3-3　【开始】菜单

　　退出 Excel 2003 的方法有多种，可以单击标题栏右侧的 ✕ 按钮；选择【文件】|【退出】命令；双击控制图标；按 Alt+F4 组合键。以上几种方式都可以退出 Excel 2003。

三、Excel 2003 的工作窗口

　　Excel 2003 工作窗口如图 3-7 所示。

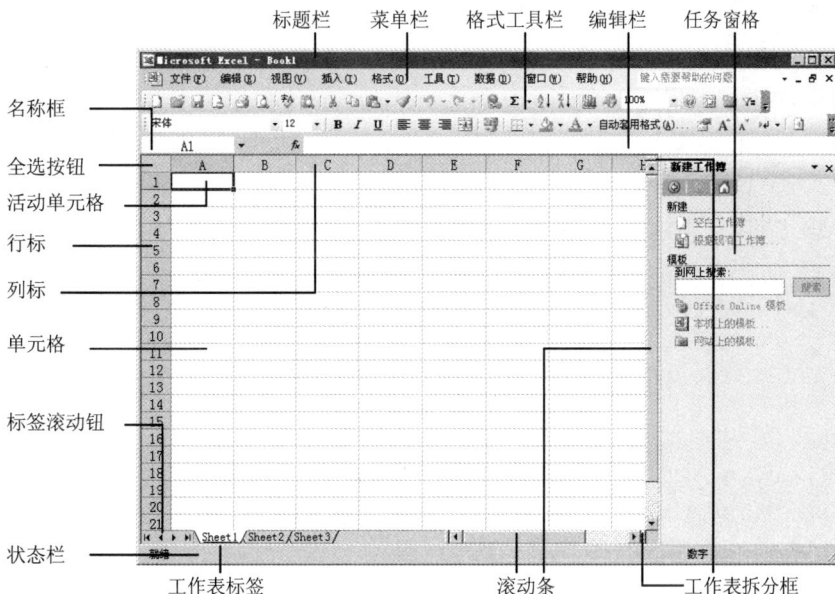

图 3-7　Excel 2003 的工作窗口

四、Excel 2003 的窗口组成

由图 3-7 可以看出，Excel 2003 的窗口主要由菜单栏、格式工具栏、编辑栏、电子表格区域、工作表标签、任务窗格和一些辅助信息区域组成。

1. 菜单栏

Excel 2003 的菜单由【文件】、【编辑】、【视图】、【插入】、【格式】、【工具】、【数据】及【窗口】等多个子菜单组成，每个子菜单都是一个下拉式菜单。其中【插入】、【格式】、【数据】是最常用的菜单。

2. 编辑栏

在一个单元格中输入数据时，输入的数据也会同时显示在编辑栏中，活动单元格的内容都会显示在编辑栏中。

3. 全选按钮

工作表行号和列标交叉处的按钮称为全选按钮，单击它可选中当前工作表中所有的单元格，再次单击则会取消选择。

4. 任务窗格

Excel 2003 提供了任务窗格，在其中可显示与当前操作相关的一些功能选项，便于操作。它会把最近曾经使用过的工作簿名称显示出来，方便查看或再次打开；在新建工作簿时，它显示一些可用于建立工作簿的模板，以便用户选择。

五、Excel 2003 的基本概念

1. 工作簿

利用 Excel 2003 创建的文件称为工作簿，工作簿由工作表组成，一个工作簿最多包括 255 个工作表。

2. 工作表

工作表就是人们所说的电子表格，与日常生活中的表格基本相同，由纵横交错的网格组成，横向为行，纵向为列，一个工作表最多有 65536 行 256 列，每个工作表的名称体现在工作表标签上，只有一个工作表是当前工作表。

3. 行号

工作表的 65536 个行分别用 1，2，3，…，65536 编号。

4. 列标

工作表的 256 列分别用大写字母 A，B，C，…，AB，…来标志，称为列标。

5. 单元格

工作表实际上就是一个二维表格，单元格是表格中的一个"格子"。单元格是由它所在的行、列所确定的坐标来标志和引用的，列号在前，行号在后。

单元格是输入数据、处理数据及显示数据的基本单位。

单元格中的内容可以是数字、文本或计算公式等。最多可包含 32000 个字符。

6. 活动单元格

在工作表中，会有一个或多个单元格由粗边框包围，由粗边框包围的单元格称为活动单元格，它代表当前正在输入可编辑数据的单元格，从键盘输入的数据会显示在该单元格中。

六、工作簿的新建、打开和保存

1. 新建工作簿

方法一：启动 Excel 2003 以后，系统将自动打开一个新的工作簿，名为 Book1，Excel 2003 在建立的第一个工作簿标题栏中显示 Book1，以后建立的工作簿序号依次递增，如 Book2、Book3 等。

方法二：单击常用工具栏中的【新建】按钮，系统会自动建立一个基于 Normal 模板的空白工作簿。

方法三：选择【文件】|【新建】命令，打开【新建工作簿】任务窗格，在【新建】选项组中单击【空白工作簿】超链接即可。

2. 打开工作簿

方法一：双击已经存在的工作簿。

方法二：选择【文件】|【打开】命令。

方法三：单击常用工具栏中的【打开】按钮 📂 。

使用方法二和方法三都将弹出【打开】对话框，如图 3-8 所示，在此对话框中，可以从文件列表中选择需要的文件，也可以在【文件名】文本框中输入所要打开的文件名，再单击【打开】按钮来打开文件。

3. 保存工作簿

一个工作簿建立后，在对它进行编辑的同时，要经常进行保存操作，以防数据的丢失。

方法一：单击常用工具栏中的【保存】按钮。

方法二：选择【文件】|【保存】命令。

如果要保存的工作簿是新建的，则会弹出【另存为】对话框，如图3-9所示，在此对话框中，用户可以为该文件命名，并选择要存放该文件的文件夹，如果要保存的工作簿已经存在于磁盘中，则系统不会弹出对话框，此工作簿将直接保存到原来的文件夹中，文件名不变。

图 3-8　【打开】对话框　　　　　　图 3-9　【另存为】对话框

七、工作表的基本操作

1．工作表的建立

选择【插入】|【工作表】命令，可以插入一个工作表。

右击工作表标签，在弹出的快捷菜单中选择【插入】命令，在弹出的【插入】对话框中选择【工作表】，单击【确定】按钮关闭该对话框，插入工作表。

2．工作表的复制

右击工作表标签，在弹出的快捷菜单中选择【移动或复制工作表】命令。

3．工作表的删除

右击工作表标签，在弹出的快捷菜单中选择【删除】命令。

4．数据输入

1）输入数值

数值的输入可采用普通计数法与科学计数法。例如，要输入"12345"时，可在单元格中直接输入"12345"，也可直接输入"1.2345E4"。输入正数时，正号"+"可省略，输入负数时，负号"-"不可省略，如输入"-56"时，可输入"-56"，也可输入（56），带"（）"的数为负数。输入数字时，Excel 2003自动将它在单元格内右对齐。

2）输入文本

文本包含汉字、英文、数字、空格以及其他合法的符号，文本不参与计算，每个单元格最多可容纳 32000 个字符，默认情况下，文本在单元格内左对齐。

3）输入日期和时间

在 Excel 2003 中，日期和时间均按数字处理，也可以在计算中当作值使用，系统内置的日期格式为 mm/dd/yy、dd-mm-yy、hh:mm（AM/PM），其中表示时间时在分钟与 AM/PM 之间应有空格，没有空格则被当作字符处理。

4）输入公式

输入公式时，先在单元格中输入一个等号"="，再输入公式内容。完成后单元格将把公式计算后的结果显示出来。

5）利用填充功能输入相同的数据

当输入的数据具有一定规律时，可以使用自动填充的方式。有规律的数据是指等差、等比、系统预定义以及用户自定义的序列。自动填充是根据初始值决定以后的填充项。在所选中的单元格或区域的右下角有一个黑点，称为填充柄。

数据填充有下面几种方法。

（1）选取单元格区域，在所选区域的任意一个单元格中输入数据，然后按 Ctrl+Enter 组合键，所选单元格均被填充为此时输入的数据。区域可以是非连续区域。

（2）当初值为纯字符或纯数字时，选中一个单元格，直接拖动填充柄覆盖所要填充的区域，即可填充相同的数据。

（3）当初值为字符与数字混合串时，填充按字符不变、数字递增方式进行。

（4）当初值为系统已经设置的序列时，按序列进行填充，超出范围时，自动循环填充。

5．单元格操作

在输入数据后，还需要对数据进行进一步的修改、删除、复制、移动、插入等操作。

1）选定单元格

（1）单个单元格的选取。单击要选中的单元格；选择【编辑】|【定位】命令，在【定位】对话框中引用的位置，输入要选取的单元格名称，然后单击【确定】按钮。

（2）连续单元格的选取。单击某个单元格后，按住左键拖动鼠标，将选取所扫描过的区域，所选择的区域内第一个单元格是活动单元格；单击一个单元格，然后按住 Shift 键，再单击另外一个单元格，则选中两个单元格之间的矩形区域；单击行号可选取整行；单击列号可选取整列；单击全选按钮可选取整修工作表。

（3）非连续单元格的选取。先选择一个区域，然后按住 Ctrl 键不放，再选择另一个区域。

2）插入单元格

选定需要插入单元格的区域，选择【插入】|【单元格】命令，在弹出的【插入】对话框中选择想要的单元格插入方式，单击【确定】按钮，如图 3-10 所示。

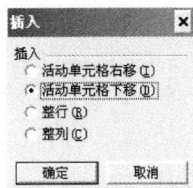

图 3-10　【插入】对话框

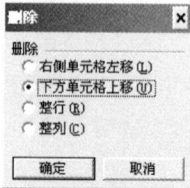

图 3-11　【删除】对话框

3）删除单元格

选定要删除的单元格，选择【编辑】|【删除】命令，在弹出的【删除】对话框中选择想要的单元格删除方式，单击【确定】按钮，如图 3-11 所示。

4）移动单元格数据

选定要移动数据的单元格，选择【编辑】|【剪切】命令，然后单击目标位置的首单元格，选择【编辑】|【粘贴】命令。

5）复制单元格数据

选定要移动数据的单元格，选择【编辑】|【复制】命令，然后单击目标位置的首单元格，选择【编辑】|【粘贴】命令。

6）选择性粘贴

先复制选定区域，然后指定粘贴区域，选择【编辑】|【选择性粘贴】命令，在弹出的【选择性粘贴】对话框中选择需要的选项即可，如图 3-12 所示。

7）清除单元格的内容

删除和清除是两个不同的概念，删除是从工作表中移去单元格，清除是指清除单元格中的具体内容、格式或批注等，而单元格本身依然存在。

清除的方法有下面几种。

方法一：选定单元格区域，选择【编辑】|【清除】|【内容】命令，如图 3-13 所示。

方法二：选定单元格区域，按 Delete 键。

方法三：右击选定单元格区域，在弹出的快捷菜单中选择【清除内容】命令。

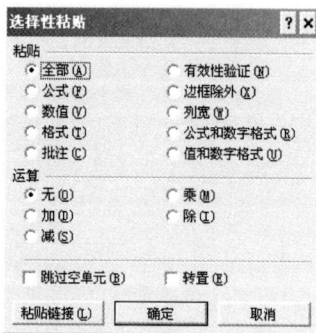

图 3-12　【选择性粘贴】对话框

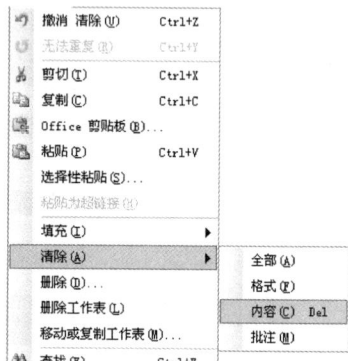

图 3-13　【清除】命令

8）单元格区域命名

在公式和函数的默认状态下，单元格的地址就是它的名称，如 A5、G16 等。每个单元格都有一个唯一的地址，用该单元格的所在位置的列标和行号组成。还可以为单元格定义名称。有如下两种方法。

方法一：选定单元格区域，单击名称框，在名称框中输入新名称，按 Enter 键结束。

　　方法二：选定单元格区域，选择【插入】|【名称】|【定义】命令，在弹出的【定义名称】对话框中输入新名称，单击【添加】按钮将名称添加到名称列表框中，单击【确定】按钮结束操作。单击该对话框中的【删除】按钮可将选中的名称删除。

　　单元格区域命名后，可以从名称框中单击名称，快速选取单元格。

　　6. 工作表的行、列编辑

　　1）插入行或列

　　选定单元格区域，插入单元格的行（列）数与选定单元格区域的行（列）数相等。选择【插入】|【行】或【列】命令，则会在选定区域的上方（左方）插入与选定单元格区域行或列数相等的空行或列。未选定单元格区域时，执行前面的操作可插入一行（列）。

　　2）删除行或列

　　选定要删除的行或列的，选择【编辑】|【删除】命令，即可删除选定的行或列。

八、公式的使用

　　公式是对数据进行分析与计算的等式，使用公式可以进行简单四则混合运算，Excel 2003 的公式与日常工作中的公式相似，由运算符、数值、字符串、变量和函数组成。

　　1. 公式运算符

　　公式运算符包括算术运算符、比较运算符、文本运算符和引用等。各种运算符及其计算的先后次序如表 3-1 所示。

表 3-1　Excel 2003 运算符及优先级

运算符	运算功能	优先级
（）	括号	1
−	负号	2
%	百分号	3
^	乘方	4
×或/	乘、除法	5
+或−	加、减法	6
&	文本连接	7
=、<、>、<=、>=、<>	等于、小于、大于、小于等于、大于等于、不等于	8

　　2. 公式的输入与引用

　　在单元格中使用公式计算的时候，必须输入"="作为开头，后面是具体计算公式及函数的数学表达式。

　　在公式中可以使用引用，引用就是在一个单元格的公式中用到了其他单元格中的内容。

引用是通过单元格的位置或单元格的名称来实现的，引用可分为相对引用和绝对引用。

相对引用也称相对地址，它是用列标和行号直接表示单元格，如 A3、D6 等都属于相对引用，如果某个单元格的公式被复制到另一个单元格时，原单元格内公式的地址在新单元格中要发生相应的变化。就需要用相对引用来实现。

例如，要计算图 3-14 所示的“2012 年农村造林绿化明细表”中每个区域绿化总苗数。分析可知，总苗数一列的值是前面 C、D、E 共 3 列数据之和。计算过程如下：

在 F3 单元格中输入计算总成绩的公式“=C3+D3+E3”。

输完该公式后按 Enter 键，F3 单元格中即显示出结果“1320”，如图 3-14 所示。

F3　fx =C3+D3+E3

	A	B	C	D	E	F
1	2012年农村造林绿化明细表					
2	序号	地区	水曲柳	柞树	色树	总树苗
3	1	大沟	400	500	420	1320
4	2	陈相	405	426	456	
5	3	八一	512	281	665	
6	4	王纲	241	454	456	
7	5	林盛	123	155	154	
8	6	桃仙	334	879	711	
9	7	佟沟	653	447	475	
10	8	红绫	456	144	147	
11						

H10　fx

	A	B	C	D	E	F
1	2012年农村造林绿化明细表					
2	序号	地区	水曲柳	柞树	色树	总树苗
3	1	大沟	400	500	420	1320
4	2	陈相	405	426	456	1287
5	3	八一	512	281	665	1458
6	4	王纲	241	454	456	1151
7	5	林盛	123	155	154	432
8	6	桃仙	334	879	711	1924
9	7	佟沟	653	447	475	1575
10	8	红绫	456	144	147	747

图 3-14　相对引用

再把指针指向 F3 单元格的右下角，当指针变成细加号时，按住填充柄向下填充公式就可以得到 F4：F10 单元格区域的值。

单击 F3 单元格，会发现编辑框内的公式是“=C3+D3+E3”下面单元格内的公式中行号依次加 1。

相对引用的优点在于复制公式时，能够根据被复制公式所发生的单元格位置的移动而自动更新公式中的单元格引用位置。使公式能够适应位置的变化，找到正确的单元格引用。

绝对引用就是在表示单元格的列标与行号前面加“$”符号的引用方式，它的特点是在操作过程中，公式中的单元格地址始终保持不变。相对引用与绝对引用可以混合使用。

例如，某树苗在沈阳市苏家屯区各郊区的销售价格相同，销售数量却不一样，现在根据各郊区的销售数据来计算销售额。操作方法如下：

在 D6 单元格中输入公式“=B6×B3”。其中，B3 单元格是单价，C6 单元格是数量，其计算结果“4000000”就是 A 区域树苗的销售总金额。复制公式并填充到 D7：D10 单元格区域中，即把其他效区的种植总金额计算出来，如图 3-15 所示。

观察 D7：D10 单元格区域中的公式，会发现，C6 单元格的值发生了变化（相对引用），而 B3 单元格的值没有变化（绝对引用）。

在公式中引用其他工作表中的单元格的标记方法是：工作表标签名!单元格引用

例如，在 Sheet1 工作表中引用 Sheet2 表中的 G6 单元格时，输入公式是“=Sheet2!G6”。

在公式中引用其他工作簿中的单元格的标记方法是：[工作簿名]工作表标签名!单元格

引用

例如，在 Book1.xls 工作簿的 Sheet1 工作表中引用 Book2.xls 工作簿的 Sheet2 表中的 G6 单元格时，输入公式是“=[Book2]Sheet2!G6”。

D7 fx

	A	B	C	D
1		2012年树苗绿化种植情况表		
2				
3		单价	200	
4				
5		地区名	种植数量	总金额
6		白清	20000	4000000
7		姚千	30000	
8		陈相	10000	
9		大沟	30000	
10		佟沟	40000	

D7 fx =C7*C3

	A	B	C	D
1		2012年树苗绿化种植情况表		
2				
3		单价	200	
4				
5		地区名	种植数量	总金额
6		白清	20000	4000000
7		姚千	30000	6000000
8		陈相	10000	2000000
9		大沟	30000	6000000
10		佟沟	40000	8000000

图 3-15　绝对引用和混合引用

九、图表

1. 图表创建

1）使用图表向导创建图表

例如，利用“农村造林绿化情况表”中数据（见图 3-16）建立三维簇状柱形图。操作步骤如下：

（1）数据的选定。选择图表中要包含的数据 A2：E9 单元格区域。

（2）选择【插入】|【图表】命令，在弹出的【图表向导-4 步骤之 1-图表类型】对话框中，选择【标准类型】选项卡，在【图表类型】列表框中选择【柱形图】，在【子图表类型】列表框中选择【三维簇状柱形图】，如图 3-17 所示。

E18 fx

	A	B	C	D	E
1	2010——2013年农村造林绿化情况表				
2	区域	2010年	2011年	2012年	2013年
3	白清	50000	34512	54210	21543
4	姚千	43120	43210	41250	54210
5	陈相	35210	43562	42135	51240
6	大沟	51240	54210	12400	42135
7	佟沟	57326	45120	43200	45012
8	红菱	13452	154266	45210	551122
9	苏屯堡	46321	465115	25214	554112

图 3-16　预算执行情况统计表

图 3-17　【图表向导-4 步骤之 1-图表类型】对话框

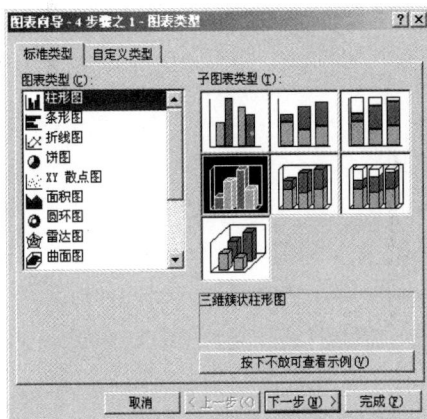

（3）单击【下一步】按钮，在【数据区域】选项卡中，选中【系列产生在】选择组中的【列】单选按钮，如图 3-18 所示。

（4）单击【下一步】按钮，在【标题】选项卡为图表输入【标题】，如图 3-19 所示。并在【坐标轴】、【网格线】、【图例】、【数据标志】选项卡中进行设置。

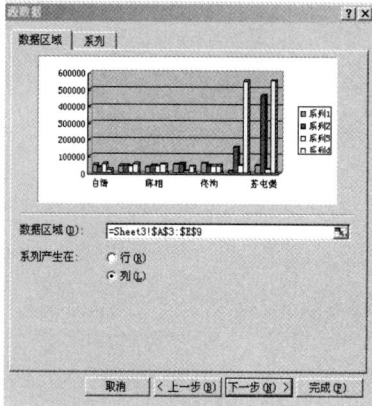

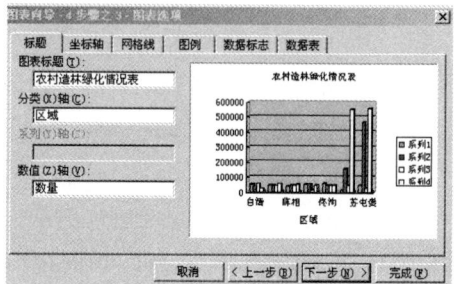

图 3-18 　【图表向导-4 步骤之 2-图表数据源】
对话框

图 3-19 　【图表向导-4 步骤之 3-图表选项】对话框

（5）单击【下一步】按钮，选中【作为其中的对象插入】单选按钮，并在右侧的下拉列表中选择要插入工作表的名称，如图 3-20 所示。

（6）单击【完成】按钮，创建的图表如图 3-21 所示。

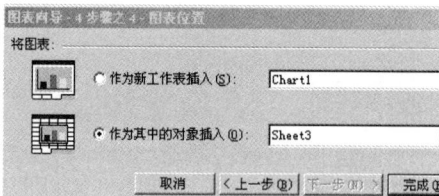

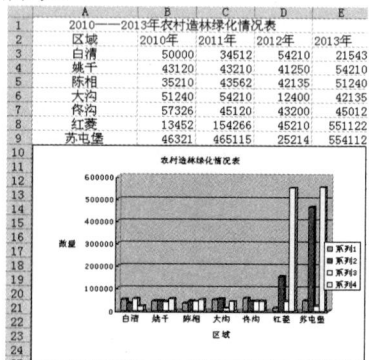

图 3-20 　【图表向导-4 步骤之 4-图表位置】
对话框

图 3-21 　【图表向导-4 步骤之 3-图表选项】
完成效果

2）使用图表工具栏创建图表

（1）选择数据区域，选择【视图】|【工具栏】|【图表】命令，弹出如图 3-22 所示的【图表】工具栏。

（2）单击【图表类型】下拉按钮，在弹出的下拉列表中选择需要的图表类型，即可创建出图表。

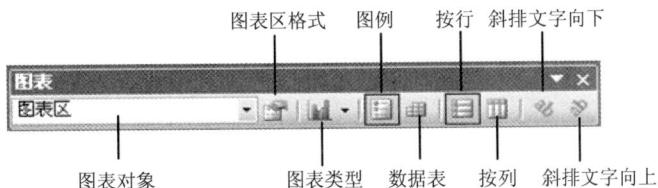

图 3-22　【图表】工具栏

2. 图表编辑与修饰

当选中图表对象后，该图表或图表对象就会被框起来，在边框线上显示 8 个小黑方块，是大小控制点。

选中图表或图表对象后，拖动图表即可移动；按住 Ctrl 键拖动即可复制图表；拖动大小控制点可以放大或缩小对象；按 Delete 键可以删除。也可以使用剪切、复制、粘贴命令进行操作。

任务：使用如图 3-23 所示表格中区域和 2010 年的数据，创建一个三维簇状柱形图，如图 3-24 所示，并修改和编辑。

2010——2013年农村造林绿化情况表			
区域	2010年	2011年	2012年	2013年
白清	50000	34512	54210	21543
姚千	43120	43210	41250	54210
陈相	35210	43562	42135	51240
大沟	51240	54210	12400	42135
佟沟	57326	45120	43200	45012
红菱	13452	154266	45210	551122
苏屯堡	46321	465115	25214	554112

图 3-23　工作表数据

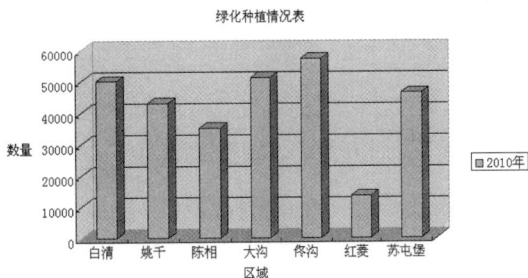

图 3-24　三维簇状柱形图

操作步骤如下：

（1）选择 B3：B7 单元格区域，启动图表向导，选择柱形图，三维簇状柱形图，按提示输入标题，生成图表。

（2）设置绘图区格式。右击绘图区的网格线，在弹出的快捷菜单中选择【清除】命令；右击背景墙，在弹出的快捷菜单中选择【清除】命令。

（3）设置分类轴格式。右击 X 轴，在弹出的快捷菜单中选择【坐标轴格式】命令。在弹出的【坐标轴格式】对话框中修改字体、字号等。

（4）设置数值轴格式。右击 Z 轴，在弹出的快捷菜单中选择【坐标轴格式】命令。在弹出的【坐标轴格式】对话框中修改字体、字号等。

（5）设置图例格式。右击图例，在弹出的快捷菜单中选择【图例格式】命令。在弹出的【图例格式】对话框中修改字体、字号等。

十、工作簿的共享与打印

1. 共享工作簿

共享工作簿是指创建一个可供多用户编辑的工作表，然后输入要提供的数据。

如果共享工作簿要包括合并单元格、条件格式、数据有效性、图表、图片、包含图形对象、超链接、方案、外边框、分类汇总、数据表、数据透视表、工作簿和工作表保护以及宏等功能，就要先将该功能添加到工作表中。在工作簿共享之后，不能更改这些功能。操作步骤如下：

（1）选择【工具】|【共享工作簿】命令，弹出【共享工作簿】对话框。

（2）在【编辑】选项卡中勾选【允许多用户同时编辑，同时允许工作簿合并】复选框，如图 3-25 所示。

（3）在【高级】选项卡中设置【修订】、【更新】等选项，如图 3-26 所示。

（4）单击【确定】按钮。弹出提示时，保存工作簿。

（5）选择【文件】|【另存为】命令，然后将工作簿保存在其他用户可以访问到的网络位置上。使用共享网络文件夹，不要使用 Web 服务器。

说明： 能够访问网络共享资源的所有用户都可以访问共享工作簿，除非使用【保护工作表】命令（选择【工具】|【保护】命令）限制访问。

用户若要编辑共享工作簿，必须使用 Microsoft Excel 97 或更高版本（Microsoft、Windows），或者 Excel 98 或更高版本（MaBintosh）。

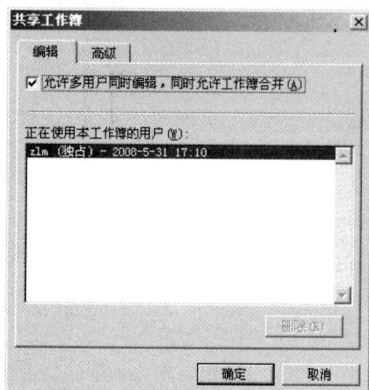

图 3-25 【编辑】选项卡

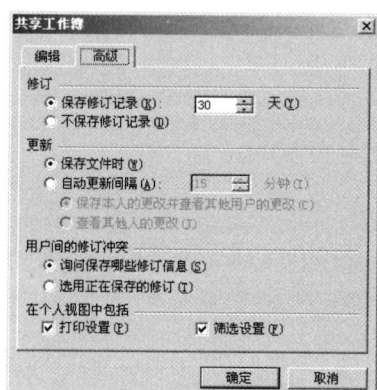

图 3-26 【高级】选项卡

2. 工作表的页面设置与打印

Excel 2003 文档建立好之后，有时需要把电子表格的内容打印输出，在打印文档之前，要进行页面设置，并确信打印机已经正确连接。然后单击常用工具栏中的【打印】按钮，如果用户不太确信打印机的属性已经设置好，则需要重新设置一下打印机。

页面设置的操作步骤如下：

（1）选择【文件】|【页面设置】命令，弹出【页面设置】对话框，如图 3-27 所示。

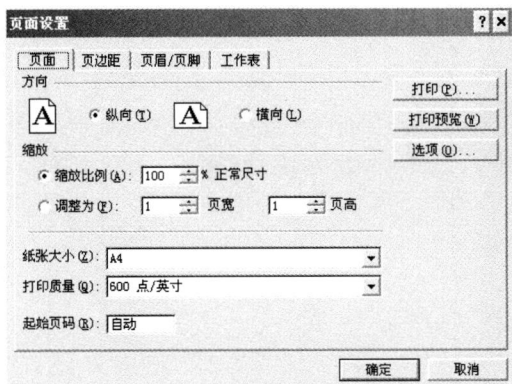

图 3-27　【页面设置】对话框

（2）在【页面】、【页边距】、【页眉/页脚】选项卡中完成页面设置。选择【文件】|【打印】命令，弹出【打印内容】对话框，在该对话框中可以设置打印机的各个选项，如图 3-28 所示。

如果一个表格中内容太多时，系统会自动的分页打印，这时会出现，除第一页之外的页面中没有标题和表头的情况。看起来很不美观，影响对表格中数据的理解和认识。这种情况可以设置打印标题来解决这个问题。设置打印标题操作步骤如下：

（1）在表格中的适当位置插入分页符。选择【文件】|【页面设置】命令，弹出【页面设置】对话框。

（2）选择【工作表】选项卡，如图 3-29 所示。设置顶端标题行或左端标题列后单击【确定】按钮。

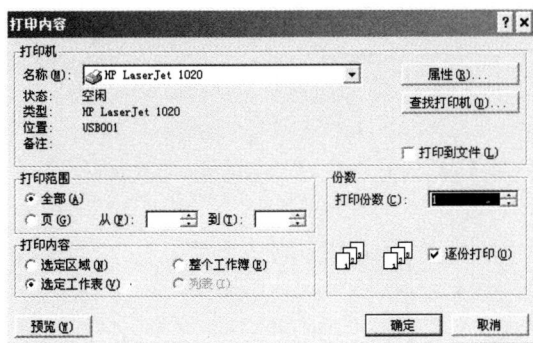

图 3-28　【打印内容】对话框

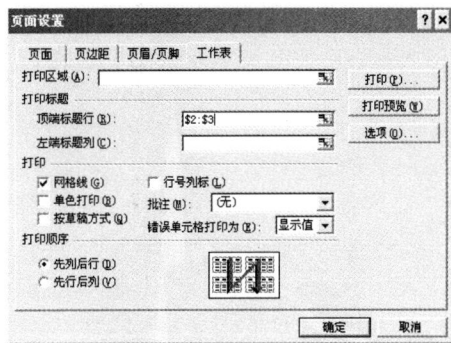

图 3-29　【工作表】选项卡

✿ 任务实施

步骤一：新建文档。

新建文档，文件名为"2011-2013 年公益林抚育间伐规划一览表"。

步骤二：设置页面格式。

（1）选择【文件】|【页面设置】命令，弹出【页面设置】对话框，在【页面】选项卡中设置方向为纵向，缩放比例为 100%，纸张大小为 A4，如图 3-30 所示。

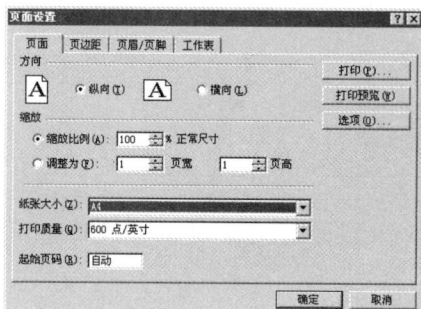

图 3-30　设置页面格式

（2）选择【页边距】选项卡，设置上边距为 2.5cm，下边距为 2.5cm，左边距为 0.5cm，右边距为 0.5cm，页眉和页脚为 1.3cm。单击【确定】按钮完成页面设置操作。

步骤三：输入文本。

将光标定位于表格单元格中，按照样文（见图 3-1）输入文本。

步骤四：设置单元格格式及文本格式。

1. 设置标题格式

（1）选择 A1：Q1 单元格区域，单击【格式】工具栏中的【合并及居中】按钮，再单击【居中】按钮，将标题文字居中。

（2）选择标题文字，在【格式】工具栏中设置字体为黑体、16 号字，字体颜色为白色，A1：Q1 单元格区域填充颜色为红色。

2. 设置副标题格式

（1）选择 A2：Q2 单元格区域，选择【格式】工具栏中的【合并及居中】按钮，再单击【居中】按钮，将副标题文字居中。

（2）选择副标题文字，在【格式】工具栏中，设置字体为黑体、9 号字，字体颜色为白色，A2：Q2 单元格区域填充颜色为蓝色。

3. 设置表头格式

（1）选择 A3：A4 单元格区域，选择【格式】工具栏中的【合并及居中】按钮，将单元格合并。

（2）选择 B3：B4 单元格区域，将其合并居中，选择 H3：H4 单元格区域，将其合并居中。

（3）表头中其他单元格按照样文输入文字，并将表头单元格底纹填充为绿色，文字设置为黑体、9 号字。

步骤五： 设置表格内容其他部分。

（1）选择 A5：B5 单元格区域，选择【格式】工具栏中的【合并及居中】按钮，将单元格合并。

（2）选择 A6：A13 单元格区域，选择【格式】工具栏中的【合并及居中】按钮，将单元格合并。

（3）选择 B8：B13 单元格区域，选择【格式】工具栏中的【合并及居中】按钮，将单元格合并。

（4）选择 A14：A20 单元格区域，将单元格合并居中；选择 B16：B20 单元格区域，将单元格合并居中。

（5）选择 A21：A30 单元格区域，将单元格合并居中；选择 B23：B26 单元格区域，将单元格合并居中；选择 B28：B30 单元格区域，将单元格合并居中。

（6）选择 A5：O30 单元格区域，将单元格底纹填充为黄色，字体为宋体、9 号字，字体颜色为黑色。

步骤六： 设置表格中数值格式。

（1）按住 Ctrl 键，选择 "小班面积"、"平均胸径"、"平均树高"、"每公顷蓄积"、"作业面积" 5 列数据，选择【格式】|【单元格】命令，在弹出的【单元格格式】对话框中的【数字】选项卡的【分类】列表框中选择【数值】，在【小数位数】数值框中输入 "1"，即小数点后保留一位小数，如图 3-31 所示，单击【确定】按钮完成设置。

（2）选择 "采伐强度" 一列数据，在【单元格格式】对话框的【数字】选项卡的【分类】列表框中选择【百分比】，在【小数位数】数值框中输入 "2"，即百分数后保留两位小数，如图 3-32 所示，单击【确定】按钮完成设置。

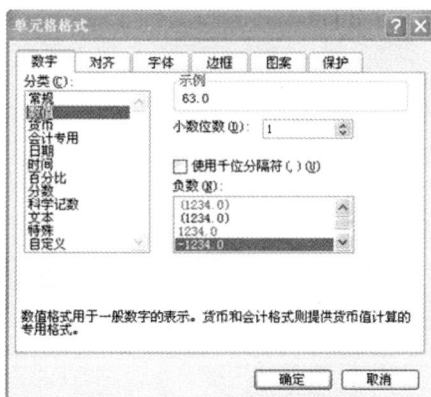

图 3-31 数值格式设置对话框　　　　图 3-32 百分数格式设置对话框

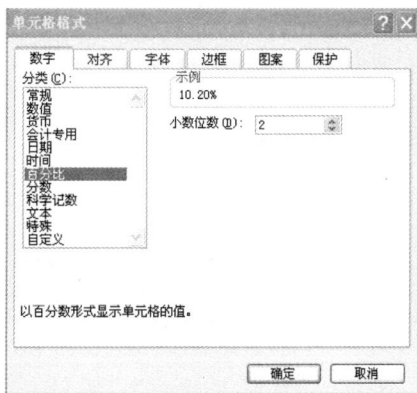

步骤七：设置行高、列宽。

（1）选择标题一行，右击，在弹出的快捷菜单中，选择【行高】命令，在弹出的【行高】对话框中输入 21，如图 3-33 所示。单击【确定】按钮完成设置。

（2）同理，副标题同样设置为行高为 21，其他行高为 15。

（3）选择 A 列～O 列单元格区域，右击，在弹出的快捷菜单中选择【列宽】命令，在弹出的【列宽】对话框中输入 5，如图 3-34 所示。单击【确定】按钮完成设置。

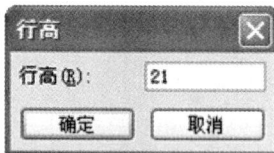

图 3-33　行高设置对话框　　　　　　　图 3-34　列宽设置对话框

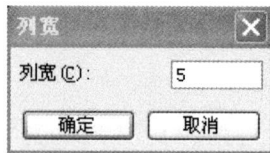

步骤八：重命名并复制工作表。

（1）在 Sheet1 工作表中，选择 A1：O30 单元格区域，右击，在弹出的快捷菜单中选择【复制】命令，单击 Sheet2 工作表，选择 A1 单元格，右击，在弹出的快捷菜单中选择【粘贴】命令，将工作表粘贴到 Sheet2 工作表中。

（2）单击 Sheet1 工作表，右击，在弹出的快捷菜单中选择【重命名】命令，重命名为"2011-2013 年公益林抚育间伐规划一览表"。

步骤九：设置打印标题。

（1）选择"2011-2013 年公益林抚育间伐规划一览表"工作表，单击第 21 行，选择【插入】|【分页符】命令插入一个分页符。

（2）选择【文件】|【页面设置】命令，在弹出的【页面设置】对话框中，选择【工作表】选项卡，在【打印区域】选项组中，选择 A1：O30 单元格区域，在【顶端标题行】编辑框中选择第 1、2 行标题行，如图 3-35 所示。单击【确定】按钮完成设置。

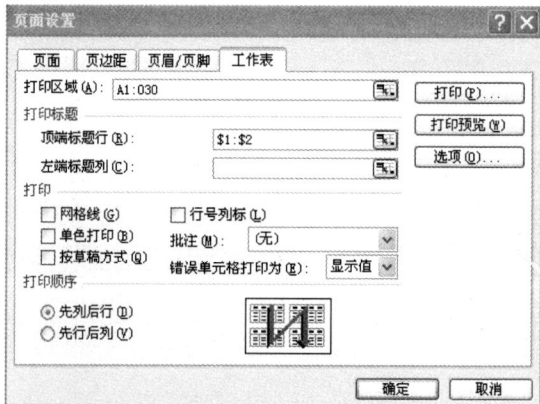

图 3-35　设置打印标题对话框

步骤十：计算小班面积和小班蓄积值。

计算出 2011 年、2012 年、2013 年每年公益林小班面积和小班蓄积以及三年小班面积和小班蓄积的合计值。

（1）2011 年小班面积。选择 D7 单元格，单击编辑栏，在编辑栏中输入公式"=D8+D9+D10+D11+D12+D13"，按 Enter 键，得出 2011 年生态疏伐小班面积。

（2）2012 年小班面积。选择 D15 单元格，单击编辑栏，在编辑栏中输入公式"=D16+D17+D18+D19+D20"，按 Enter 键，得出 2012 年生态疏伐小班面积。

（3）2013 年小班面积。选择 D22 单元格，单击编辑栏，在编辑栏中输入公式"=D23+D24+D25+D26"，按 Enter 键，得出 2013 年生态疏伐小班面积。

（4）2013 年定株抚育小班面积。选择 D27 单元格，单击编辑栏，在编辑栏中输入公式"=D28+D29+D30"，按 Enter 键，得出 2013 年定株抚育小班面积。

（5）2013 年小班面积合计。选择 D21 单元格，单击编辑栏，在编辑栏中输入公式"=D22+D27"，按 Enter 键，得出 2013 年小班面积合计值。

（6）2011 年、2012 年、2013 年三年总共小班面积合计值。选择 D5 单元格，单击编辑栏，在编辑栏中输入公式"=D6+D14+D21"，按 Enter 键，得出三年总共小班面积合计值。

（7）2011 年小班蓄积。选择 E7 单元格，单击编辑栏，在编辑栏中输入公式"=E8+E9+E10+E11+E12+E13"，按 Enter 键，得出 2011 年生态疏伐小班蓄积。

（8）2012 年小班蓄积。选择 E15 单元格，单击编辑栏，在编辑栏中输入公式"=E16+E17+E18+E19+E20"，按 Enter 键，得出 2012 年生态疏伐小班蓄积。

（9）2013 年小班蓄积。选择 E22 单元格，单击编辑栏，在编辑栏中输入公式"=E23+E24+E25+E26"，按 Enter 键，得出 2013 年生态疏伐小班蓄积。

（10）2013 年定株抚育小班蓄积。选择 E27 单元格，单击编辑栏，在编辑栏中输入公式"=E28+E29+E30"，按 Enter 键，得出 2013 年定株抚育小班蓄积。

（11）2013 年小班蓄积合计。选择 E21 单元格，单击编辑栏，在编辑栏中输入公式"=E22+E27"，按 Enter 键，得出 2013 年小班蓄积合计值。

（12）2011 年、2012 年、2013 年三年总共小班蓄积合计值。选择 E5 单元格，单击编辑栏，在编辑栏中输入公式"=E6+E14+E21"，按 Enter 键，得出三年总共小班蓄积合计值。

步骤十一：计算采伐蓄积值。

计算出 2011 年、2012 年、2013 年每年公益林采伐蓄积值以及三年一共采伐蓄积合计值。（注：采伐蓄积=每公顷蓄积×作业面积×采伐强度）

（1）2011 年采伐蓄积。选择 O8 单元格，单击编辑栏，在编辑栏中输入公式"=L8×M8×N8"，按 Enter 键，得出 2011 年虎沟采伐蓄积。将指针指向 O8 单元格右下角，指针变成黑色加号，按住左键，向下拖动到 O13 单元格，得出 2011 年各地采伐蓄积值。单击 O7 单元格，在编辑栏中输入公式"=O8+O9+O10+O11+O12+O13"，按 Enter 键，得出 2011 年采伐蓄积合计值。

（2）2012 年采伐蓄积。选择 O16 单元格，单击编辑栏，在编辑栏中输入公式"=L16×M16×N16"，按 Enter 键，得出 2012 年赵子沟采伐蓄积。将指针指向 O16 单元格右下角，指针变成黑色加号，按住左键，向下拖动到 O20 单元格，得出 2012 年各地采伐蓄积值。单击 O15 单元格，在编辑栏中输入公式"=O16+O17+O18+O19+O20"，按 Enter 键，得出 2012 年采伐蓄积合计值。

（3）2013 年采伐蓄积。选择 O23 单元格，单击编辑栏，在编辑栏中输入公式"=L23×M23×N23"，按 Enter 键，得出 2013 年南沟采伐蓄积。将指针指向 O23 单元格右下角，指针变成黑色加号，按住左键，向下拖动到 O26 单元格。单击 O22 单元格，在编辑栏中输入公式"=O23+O24+O25+O26"，按 Enter 键。选择 O28 单元格，单击编辑栏，在编辑栏中输入公式"=L28×M28×N28"，按 Enter 键，将指针指向 O28 单元格右下角，指针变成黑色加号，按住左键，向下拖动到 O30 单元格。单击 O27 单元格，在编辑栏中输入公式"=O28+O29+O30"，按 Enter 键。最后，单击 O21 单元格，在编辑栏中输入公式"=O22+O27"，按 Enter 键，得出 2013 年采伐蓄积合计值。

（4）2011 年、2012 年、2013 年三年总共采伐蓄积合计值。选择 O5 单元格，在编辑栏中输入公式"=O6+O14+O21"，按 Enter 键，得出三年总共采伐蓄积合计值。

（5）选择 O5：O30 单元格区域，选择【格式】|【单元格】命令，在弹出的【单元格格式】对话框中的【数字】选项卡中，选择【数值】，在【小数位数】数值框中输入"0"，使该列数据保留整数。

步骤十二：制作图表。

（1）在 Sheet3 表格中，单击 A1 单元格，选择【插入】|【图表】命令，在弹出的【图表向导-步骤 1-图表类型】对话框的【图表类型】列表框中选择【柱形图】，在【子图表类型】列表框中选择【三维堆积柱形图】，如图 3-36 所示，单击【下一步】按钮。

（2）在弹出的【源数据】对话框中选中【列】单选按钮，单击【数据区域】右侧按钮，选择 2012 年生态疏伐"小地名"一列和 2012 年"采伐蓄积"一列数据，再次单击该按钮，返回到【源数据】对话框，如图 3-37 所示。

图 3-36　设置柱形图子图表类型　　　　图 3-37　设置数据区域

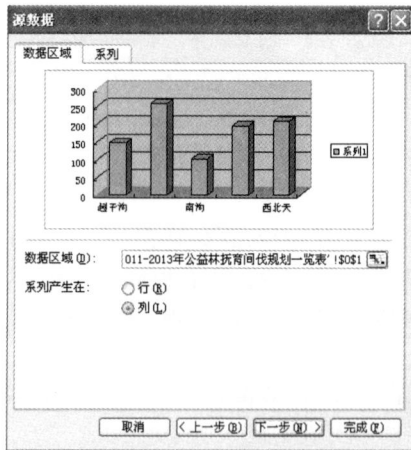

（3）单击【下一步】按钮，在弹出的【图表向导-4 步骤之 3-图表选项】对话框中，选择【标题】选项卡，在【图表标题】文本框中输入"2012 年公益林抚育间伐规划图"，如图 3-38 所示。

（4）单击【下一步】按钮，单击【完成】按钮。图表创建完成，效果如图 3-39 所示。

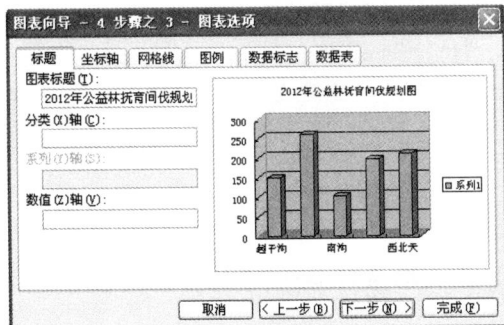

图 3-38 创建图表向导

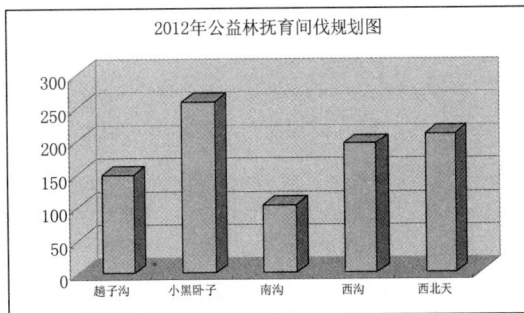

图 3-39 2012 年公益林抚育间伐规划图图表

❖ 任务总结

公式是 Excel 2003 中最常用的计算工具，与人们日常所用的数据计算很相似。函数是 Excel 2003 区别于其他电子表格的本质所在，它覆盖面大，是非常有用的一个计算工具。而数组公式的掌握更有利于提高计算的速度。对工作表进行格式化，不仅能够美化工作表，而且还可以使工作表的数据的含义更加清晰，把表中数据所能代表的信息表示得更清楚，所以要熟练掌握格式化工作表的方法和技巧，要在实际操作中逐步提高自己的应用水平。

❖ 操作拓展

在 Excel 2003 中，不同的数据可按不同的条件设置其显示格式。在"2011-2013 年公益林抚育间伐规划一览表"中，如何实现在 2011 年"采伐蓄积"数值中，为"采伐蓄积"小于 100 添加粉色底纹，"采伐蓄积"介于 100 和 200 之间的数值添加绿色底纹，"采伐蓄积"大于 200 的数值添加蓝色底纹。

其操作步骤如下：

（1）选择 2011 年"采伐蓄积"列数据（O8：O13 单元格区域）。

（2）选择【格式】|【条件格式】命令，在弹出的【条件格式】对话框中添加条件 1、条件 2、条件 3，并分别通过【格式】按钮设置数据显示的格式（包括字体、图案等）格式。单击【确定】按钮，完成条件格式的设置，如图 3-40 和图 3-41 所示。

图 3-40　设置条件格式

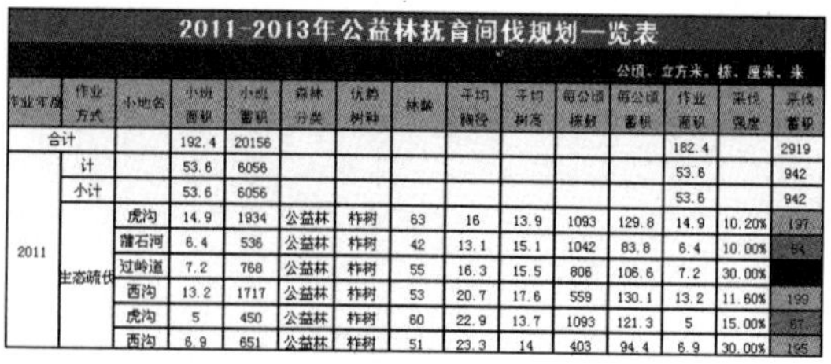

图 3-41　条件格式设置后效果

子任务二　公益林生态疏伐表计算

❈ 任务提出

Excel 2003 作为电子表格处理软件，还具有数据管理的功能，能进行数据的排序、筛选、分类汇总等数据库操作。数据透视表具有强大的数据分析和数据重组能力，对工作表数据重组、报表制作以及信息分析等提供强大的支持。"公益林生态疏伐表"已经建立完成，请林业系统员工对"公益生态疏伐表"进行数据管理和计算，具体要求如下：

（1）在"公益林生态疏伐表"Sheet1 表中用函数方法计算出林龄平均值、林龄最大值、林龄最小值。

（2）在"公益林生态疏伐表"Sheet2 表中，以"采伐蓄积"为关键字，进行降序排序。

（3）在"公益林生态疏伐表"Sheet3 表中，筛选出"平均胸径"大于20，"平均树高"大于15 的记录。

（4）在"公益林生态疏伐表"Sheet4 表中，以"小地名"为分类字段，将"采伐蓄积"进行"求和"分类汇总。

（5）使用"公益林生态疏伐表"Sheet5 表中的数据，以"小地名"为行字段，以"平均树高"为平均值项，从 Sheet6 工作表的 A1 单元格起建立数据透视图（及数据透视表）。

（6）对"公益林生态疏伐表"Sheet1 表中计算后的数据及表中的全部数据进行保护。

说明：本任务要求个人独立完成，小组同学可以互相研究讨论，最后上交作品不允许出现雷同。最终设置效果参照样文《公益林生态疏伐表（样表）》。（见光盘）

❀ 学习目标

知识目标	能力目标	素质目标	技能（知识）点
（1）掌握 Excel 2003 中使用函数计算的方法 （2）了解 Excel 2003 的排序规则 （3）掌握排序操作方法 （4）熟练数据表中数据筛选的方法 （5）掌握数据的分类汇总方法 （6）熟练掌握数据透视表的建立与修改方法 （7）掌握图表的建立和使用方法 （8）掌握数据表保护的方法	（1）能够熟练利用函数功能进行数据计算 （2）能够熟练进行数据排序、筛选 （3）能够熟练进行数据的分类汇总 （4）能够熟练建立数据透视图（数据透视表） （5）能够对数据表中数据进行保护	（1）培养认真观察、独立思考、自主学习的能力 （2）培养学生团队协作精神 （3）培养学生良好的世界观、审美观	数据排序，函数计算，排序，筛选，分类汇总，数据透视图（数据透视表），数据表保护

❀ 任务分析

对"公益林生态疏伐表"数据管理的操作，主要是对表中数据进行一些基本函数计算，例如，求最大值、最小值、平均值、求和、按照采访蓄积进行数据排序、筛选、按照小地名分类汇总以及制作数据透视图（数据透视表）等一些操作。林业系统员工如果能够熟练的掌握 Excel 2003 中数据管理功能，对于林木表格中数据管理将起到事半功倍的良好效果。

❀ 实施准备

一、函数的使用

Excel 2003 具有强大的数据计算功能，熟练掌握公式和函数的使用方法与技巧，可极大地提高工作效率。函数是一些预定义的公式，它们使用一些称为参数的特定数值按特定的顺序或结构进行计算。

1. 函数分类

Excel 2003 提供了大量的内置函数，涉及许多工作领域，如财务、日期与时间、数学与三角函数、统计、查找与引用、数据库、文本、逻辑、信息等。此外，用户还可以利用 VBA 编写自定义函数，以完成特定的需要。

2. 函数的插入

如果知道函数名及函数的参数，可以在公式表达式中直接输入函数，如求 A1、A2、A3、A4 单元格数据的总和，结果保存在 A5 单元格中，就可以直接在 A5 单元格中输入"=SUM(A1:A4)"，输入完成后 Enter 键即可。通常用户不可能记住所有函数的名称、参数和用法，所要使用函数向导是非常方便有效的方法。其操作步骤如下：

（1）选择【插入】|【函数】命令，在弹出的【插入函数】对话框中选择函数类别、函数，如图 3-42 所示。

（2）单击【确定】按钮，弹出【函数参数】对话框，正确选择函数参数，如图 3-43 所示。单击【确定】按钮即完成函数的操作。

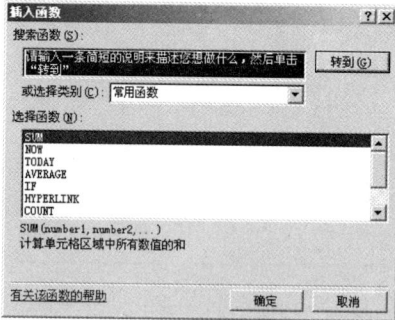

图 3-42　选择函数

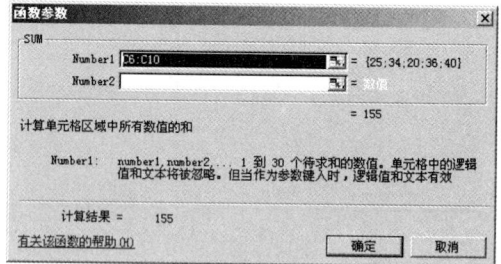

图 3-43　选择函数参数

3. 常用函数使用

常用函数是日常工作中使用频率较高的函数，如 SUM 函数、AVERAGE 函数、COUNT 函数、MAX 函数、MIN 函数、IF 函数等。

1）SUM 函数

功能：计算多个参数的和值。

语法：SUM（a1，a2，…）。

a1，a2，…为 1～30 个求和值的参数。

2）AVERAGE 函数

功能：计算多个参数的平均值。

语法：AVERAG（a1，a2，…）。

a1，a2，…为 1～30 个求平均值的参数。

3）COUNT 函数

功能：计算指定区域中的数字参数和包含数字数据的单元格的个数。

语法：COUNT（a1，a2，…）。

a1，a2，…为 1～30 个各种类型的参数，但只有数值类型的参数才被计算。

4）MAX 函数

功能：返回一级数值中的最大值。

语法：MAX（a1，a2，…）。

a1，a2，…为 1～30 个求最大值的参数。

5）MIN 函数

功能：返回一级数值中的最小值。

语法：MIN（a1，a2，…）。

a1，a2，…为 1～30 个求最小值的参数。

6）IF 函数

功能：判断一个条件是否满足，如果满足返回一个值，如果不满足则返回另一个值。

语法：IF（逻辑表达式,值 1,值 2）。

逻辑表达式的结果是一个逻辑类型的数据，值 1、值 2 可以是表达式、字符串、常数等。

二、数组公式的使用

前面介绍的公式都是只执行一个简单计算且返回一个运算结果的情况，如果需要同时对一组或两组以上的数据进行计算，计算的结果可能是一个，也可能是多个，这种情况只有数组公式才能处理。

数组公式可以对两组或两组以上的数据同时进行计算。在数组公式中使用的数据称为数组参数，数组参数可以是一个数据区域，也可以是数组常量。

1. 数组公式的创建

使用数组公式进行批量数据的处理，操作步骤：先选中保存计算结果的单元格或单元格区域，在其中输入公式内容，按 Ctrl+Shift+Enter 组合键完成批量数据处理。

	树苗名	数量	单价	金额
5				
6	水曲柳	200	200	40000
7	色树	300	150	45000
8	白桦	150	350	52500
9	紫椴	202	250	50500
10	柞树	400	254	101600

图 3-44 数组公式的使用

例如，某地区树苗种植情况，已知各种树苗的数量和单价，如图 3-44 所示，计算各种树苗的种植额。

操作步骤：选中 E6：E10 单元格区域，输入公式"=B6：B10×D6：D10"，按 Ctrl+Shift+Enter 组合键即可完成金额的计算，如图 3-44 所示。

2. 数组公式的使用规则

输入数组公式时，先选择保存结果的单元格区域，如果是多个计算结果，必须选择一个与计算结果大小和形状都相同的单元格区域。

数组公式输入完成后，按 Ctrl+Shift+Enter 组合键，这时在公式编辑栏中可以看见公式的两边加上了花括号，表明该公式是一个数组公式。这是系统自动加上去的。

数组公式所涉及的区域中，不能编辑、清除或移动、插入、删除单个单元格，只能把整个区域同时进行清除、移动、复制操作。

编辑数组时需要选择整个数组并激活编辑栏，然后在编辑栏中修改可删除数组公式，操作完成后，按 Ctrl+Shift+Enter 组合键。

三、数据排序

排序是对数据进行重新组织安排的一种方式，可以按字母、数字、日期等关键字进行排序。排序有升序和降序两种方式。

以升序为例，Excel 中的次序如下：数字→字母→逻辑值→错误值→空格。

同类数据的排序规划如下：

（1）数字按从最小的负数到最大的正数进行排序。

（2）字母按照英文字典的先后顺序排序。

（3）逻辑值中 FALSE 排在 TRUE 之前。

（4）汉字根据汉语拼音的字典顺序进行排列。

例如，使用公益林生态疏伐表中的数据，如图 3-45 所示。以林龄为关键字，以递增方式排序。林龄相同的再按作业面积排序。操作步骤如下：

（1）单击数据区域的任一单元格（不规范的表格要选择一个规范的区域）。选择【数据】|【排序】命令，弹出【排序】对话框。

（2）设置【主要关键字】、【次要关键字】、【我的数据区域】选项组，如图 3-46 所示。

（3）单击【确定】按钮完成排序操作。排序后效果如图 3-47 所示。

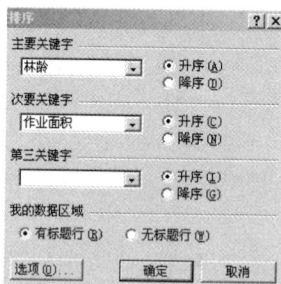

图 3-45　数据源表　　　　图 3-46　设置排序条件　　　　图 3-47　排序后的表格

四、数据筛选

有时需要从工作表的数据中找出满足一定条件的几行或几列数据显示出来，这就要用到 Excel 数据筛选功能。数据筛选是将不满足条件的记录暂时隐藏起来，只显示满足条件的记录（数据并没有丢失），数据的筛选可以通过两种方式进行，即自动筛选和高级筛选。

1．自动筛选

自动筛选提供了快速查找工作表数据的功能，只需通过简单的操作就能筛选出需要的数据。

其操作步骤如下：

（1）单击表中的任一单元格（非空白单元格），选择【数据】|【筛选】|【自动筛选】命令，在数据表的每个列标题右侧都会添加一个下拉按钮，如图 3-48 所示。

（2）单击需要筛选的列的下拉按钮，将显示出可用的筛选条件，从中选择需要的条件。各项列表的意义解释如下：

图 3-48　自动筛选

"前 10 个"：表示只显示工作表中满足指定条件的前 10 个数据行。

"自定义"：表示由用户定义筛选条件。

"服务部"、"销售部"等：选择其中一个部门名称时只显示该部门的人员信息，隐藏其他部门人员的信息。

"全部"：将工作表恢复到筛选前的状态，显示所有的数据。

说明：

（1）打印时将隐藏标题行上的下拉按钮。

（2）Excel 的筛选只是把原数据表中不符合条件的数据行暂时隐藏起来，并不修改原表中的数据，要把筛选后的数据恢复原样，只需再次选择【数据】|【自动筛选】命令，这时该菜单命令前面的"√"就没有了。数据表就恢复为原数据表。

2. 高级筛选

高级筛选允许设定更复杂的条件筛选记录，使用高级筛选时，必须先建立一个条件区域。在条件区域中指定筛选的数据要满足的条件，条件区域的首行包含的字段必须与数据库中的字段保持一致，在条件区域中不一定要包含数据库中的所有字段，但条件区域中的字段必须是数据库中的字段。

例如，在如图 3-50 所示的公益林生态疏伐表中，要筛选出林龄高于 50，采伐强度高于 25% 的记录。操作步骤如下：

（1）选择数据清单以外的单元格，输入如图 3-49 所示的条件。

（2）选择数据清单内的任意单元格，选择【数据】|【筛选】|【高级筛选】命令，弹出【高级筛选】对话框，分别设置【列表区域】和【条件区域】，结果如图 3-50 所示。单击【确定】按钮，即可完成需要的高级筛选操作，结果如图 3-51 所示。

图 3-49　数据区域和条件区域

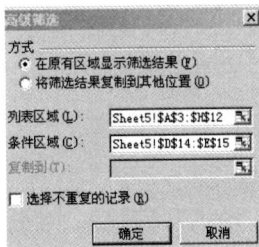

图 3-50　设置筛选条件

图 3-51　高级筛选后的工作表

说明： 要恢复高级筛选的数据，只需选择【数据】|【筛选】|【全部显示】命令，数据表就恢复为筛选前的原数据表。

五、数据分类汇总

如果一个工作表中的数据行太多，就很难从中看清某些信息，分类汇总能够对工作表数据按不同的类别进行汇总统计（求总和、平均值、最大值、最小值、统计个数等）。分类汇总采用分级显示的方式显示工作表数据，它可以收缩或展开工作表的数据行，创建各种汇总报告。分类汇总可分为一级分类汇总和多级分类汇总。

创建分类汇总的数据清单要满足下面的几项要求：

（1）要进行分类汇总的数据表的各列必须有列标题。

（2）要进行分类汇总的数据已经按汇总关键字进行排序。

1. 创建一级的分类汇总

例如，利用如图 3-52 所示的"公益林抚育间伐规划"表中的数据，以"小地名"为分类字段，将公益林抚育间伐规划表进行"求和"分类汇总。

操作步骤如下：

（1）以小地名为关键字对数据进行排序，如图 3-53 所示。

图 3-52　数据源表

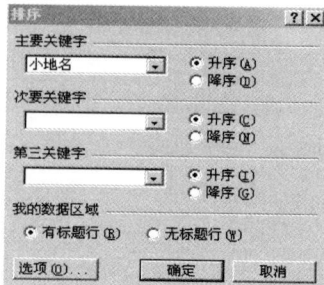

图 3-53　排序小地名

（2）选择【数据】|【分类汇总】命令，弹出【分类汇总】对话框，设置【分类字段】、【汇总方式】、【汇总项】选项，如图 3-54 所示。单击【确定】按钮，分类汇总的结果如图 3-55 所示。

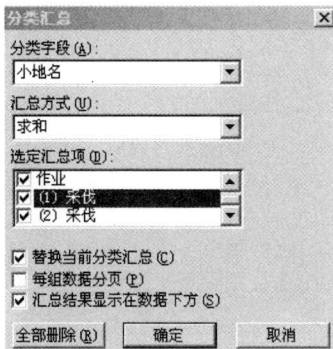

图 3-54　设置分类汇总选项

2011-2012年公益林抚育间伐规划一览表

公顷、立方米、株、厘米、米

作业年度	小地名	小级面积	小径蓄积	优势树种	平均树高	作业面积	采伐强度	采伐蓄积
	汇总	0	0		0	0	0	
	过岭道	7.2	768	柞树	15.5	7.2	30.00%	230
	过岭道	10.1	820	糠椴	12.5	10.1	12.50%	102
	过岭道 汇总	17.3	1588	0	28	17.3	42.50%	332
2011年度	虎沟	14.9	1934	柞树	13.9	14.9	10.20%	197
	虎沟	5	450	柞树	13.7	5	15.00%	67
	虎沟	13.1	927	糠椴	16.6	13.1	16.00%	148
	虎沟	15.6	2067	色叶树	16.7	15.6	28.20%	209
	虎沟 汇总	48.6	5378	0	60.9	38.6	69.40%	621
	蒲石河	6.4	536	柞树	15.1	6.4	10.00%	54
2012年度	蒲石河	20.6	2081	柞树	16.4	20.6	12.40%	258
	蒲石河 汇总	27	2617	0	31.5	27	22.40%	312
	西沟	13.2	1717	柞树	17.6	13.2	11.60%	199
	西沟	6.9	651	柞树	14	6.9	30.00%	195
	西沟	6.9	651	柞树	14	6.9	30.00%	195
	西沟 汇总	27	3019	0	45.6	27	71.60%	589
	总计	119.9	12602	0	166	109.9	205.90%	1854

图 3-55　分类汇总后的结果

2．多级分类汇总

多级分类汇总是指在原有普通的分类汇总的基础上再对其他的字段进行分类汇总。

例如，利用如图 3-56 所示"公益林生态疏伐表"中的数据以"林龄"和"作业面积"分别为分类汇总字段，以"采伐蓄积"为汇总项，进行平均值的嵌套分类汇总。操作步骤如下：

（1）单击数据区任一单元格，以林龄为主关键字，以作业面积为次要关键字排序。排序结果如图 3-57 所示。

公益林生态疏伐表

单位：公顷、立方米

小地名	优势树种	林龄	每公顷株数	每公顷蓄积	作业面积	采伐强度	采伐蓄积
西沟	花曲柳	55	473	69.2	2.2	30.00%	46
西北天	色树	72	894	132.5	5.6	28.20%	209
趟子沟	胡桃楸	37	749	74.8	2.8	30.00%	63
趟子沟	糠椴	45	517	104.8	5.4	28.00%	158
虎沟	白桦	54	878	122	7.2	30.00%	168
大西沟	紫椴	52	678	102.7	4.7	30.00%	154
西沟	水曲柳	51	403	94.4	6.9	30.00%	195
趟子沟	糠椴	58	424	102.3	9.3	25.00%	237
大西沟	柞树	57	876	133.1	14.5	25.00%	482

图 3-56　数据源表

公益林生态疏伐表

单位：公顷、立方米

小地名	优势树种	林龄	每公顷株数	每公顷蓄积	作业面积	采伐强度	采伐蓄积
西北天	色树	72	894	132.5	5.6	28.20%	209
趟子沟	柞树	58	424	102.3	9.3	25.00%	237
大西沟	柞树	57	876	133.1	14.5	25.00%	482
西沟	花曲柳	55	473	69.2	2.2	30.00%	46
虎沟	白桦	54	878	122	7.2	30.00%	168
大西沟	紫椴	52	678	102.7	4.7	30.00%	154
西沟	水曲柳	51	403	94.4	6.9	30.00%	195
趟子沟	糠椴	45	517	104.8	5.4	28.00%	158
趟子沟	胡桃楸	37	749	74.8	2.8	30.00%	63

图 3-57　排序结果

（2）选择【数据】|【分类汇总】命令，在弹出的【分类汇总】对话框中，设置【分类字段】为【林龄】、【汇总方式】为【平均值】、【选定汇总项】为【采伐蓄积】；勾选【替换当前分类汇总】、【汇总结果显示在数据下方】两个复选框。单击【确定】按钮，结果如图 3-58 所示。

（3）再次选择【数据】|【分类汇总】命令，在弹出的【分类汇总】对话框中，设置【分类字段】为【作业面积】、【汇总方式】为【平均值】、【选定汇总项】为【采伐蓄积】；取消勾选【替换当前分类汇总】复选框，勾选【汇总结果显示在数据下方】复选框。单击【确定】按钮，结果如图 3-59 所示。

3．清除汇总

要清除分类汇总，操作步骤：单击分类汇总数据清单中的任意单元格，选择【数据】|【分类汇总】命令，在弹出的【分类汇总】对话框中单击【全部删除】按钮。单击【确定】

按钮，即可删除现有的全部分类汇总信息。

公益林生态疏伐表

单位：公顷、立方米

小地名	优势树种	林龄	每公顷株数	每公顷蓄积	作业面积	采伐强度	采伐蓄积
西北天	色树	72	894	132.5	5.6	28.20%	209
		72 平均值					209
趟子沟	柞树	58	424	102.3	9.3	25.00%	237
		58 平均值					237
大西沟	柞树	57	876	133.1	14.5	25.00%	482
		57 平均值					482
西沟	花曲柳	55	473	69.2	2.2	30.00%	46
		55 平均值					46
虎沟	白桦	54	878	122	7.2	30.00%	168
		54 平均值					168
大西沟	紫椴	52	678	102.7	4.7	30.00%	154
		52 平均值					154
西沟	水曲柳	51	403	94.4	6.9	30.00%	195
		51 平均值					195
趟子沟	糖椴	45	517	104.8	5.4	28.00%	158
		45 平均值					158
趟子沟	胡桃楸	37	749	74.8	2.8	30.00%	63
		37 平均值					63
		总计平均值					190.2222222

图 3-58　一级分类汇总结果

公益林生态疏伐表

单位：公顷、立方米

小地名	优势树种	林龄	每公顷株数	每公顷蓄积	作业面积	采伐强度	采伐蓄积
西北天	色树	72	894	132.5	5.6	28.20%	209
		72 平均值					209
					5.6 平均值		209
趟子沟	柞树	58	424	102.3	9.3	25.00%	237
		58 平均值					237
					9.3 平均值		237
大西沟	柞树	57	876	133.1	14.5	25.00%	482
		57 平均值					482
					14.5 平均值		482
西沟	花曲柳	55	473	69.2	2.2	30.00%	46
		55 平均值					46
					2.2 平均值		46
虎沟	白桦	54	878	122	7.2	30.00%	168
		54 平均值					168
					7.2 平均值		168
大西沟	紫椴	52	678	102.7	4.7	30.00%	154
		52 平均值					154
					4.7 平均值		154
西沟	水曲柳	51	403	94.4	6.9	30.00%	195
		51 平均值					195
					6.9 平均值		195
趟子沟	糖椴	45	517	104.8	5.4	28.00%	158
		45 平均值					158
					5.4 平均值		158
趟子沟	胡桃楸	37	749	74.8	2.8	30.00%	63
		37 平均值					63
					2.8 平均值		63
		总计平均值					190.2222222

图 3-59　二级分类汇总结果

六、数据透视表

数据透视表是对工作表数据的重新组合，它通过组合、计数、分类汇总、排序等方式从大量数据中提取总结性的信息，用以制作各种分析报表和统计报表。它可以转换行和列以查看数据源的不同汇总结果，可以显示不同页面以筛选数据。还可以根据需要显示不同区域中的明细数据，使数据表达的信息更清楚。

在建立数据透视表之前，先通过图 3-60 所示的数据透视表来了解几个经常使用的术语。

（1）坐标轴：数据透视表的维数、如行、列和页。

（2）数据源：一个有列标题的工作表，从该数据表中可以导出数据透视表。

（3）字段：源数据表中的每列的标题称为一个字段名，字段名描述了对应列数据的特性，在数据透视表中，可以通过拖动字段名来修改、设置数据透视表。

（4）项：源数据表中字段的成员，它是某列中的内容。

（5）概要函数：数据透视表使用的函数，可以是 SUM、COUNT、AVERAGE 等。

（6）透视：通过重新定位一个或多个字段来重新排列数据透视表。

	A	B	C	D	E	F	G	H	I	J	K
1	小地名	(全部) ▼									
2											
3	平均值项:采伐蓄积	作业面积 ▼									
4	林龄 ▼	2.2	2.8	4.7	5.4	5.6	6.9	7.2	9.3	14.5	总计
5	37		63								63
6	45				158						158
7	51						195				195
8	52			154							154
9	54							168			168
10	55	46									46
11	57									482	482
12	58								237		237
13	72					209					209
14	总计	46	63	154	158	209	195	168	237	482	190.2222222

图 3-60　数据透视表简介

下面以一个实例来说明建立数据透视表的过程。

例如，以"公益林生态疏伐"表为数据源，以"小地名"为页，以"林龄"为行字段，以"作业面积"为列字段，以"采伐蓄积"为均值项，建立数据透视表。操作步骤如下：

（1）选择【数据】|【数据透视表和数据透视图】命令，弹出【数据透视表和数据透视图向导--3 步骤之 1】对话框，设置数据来源、报表类型，如图 3-61 所示。

（2）单击【下一步】按钮，设置选定区域（数据源），如图 3-62 所示。

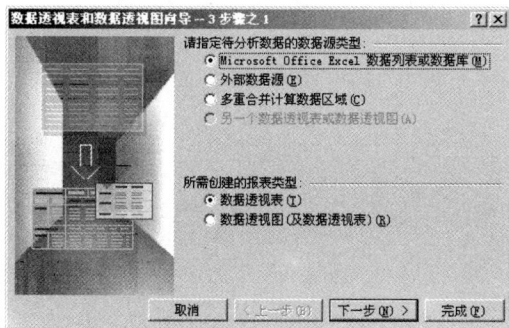

图 3-61　【数据透视表和数据透视图
　　　向导--3 步骤之 1】对话框

图 3-62　【数据透视表和数据透视图
　　　向导--3 步骤之 2】对话框

（3）单击【下一步】按钮，如图 3-63 所示。单击【布局】按钮，弹出【布局】对话框，如图 3-64 所示。

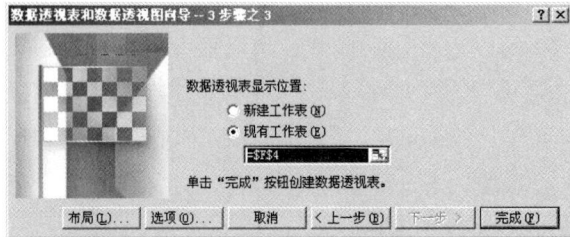

图 3-63 【数据透视表和数据透视图向导--3 步骤之 3】对话框

这个步骤是建立数据透视表的重要部分，此对话框的设置，决定最后的数据透视表是什么样子的。

拖放到【行】中的字体中的每个数据项占透视表的一行。本题中的行字段为年份。

拖放到【列】中的字体中的每个数据项占透视表的一列。本题中的列字段为工资/指数。

拖放到【页】中的字体中的每个数据项占透视表的一页。本题中的列字段为经济单位。

其中，行和列相当于 X 轴和 Y 轴，由它们确定一个二维表格，页相当于 Z 轴，Excel 将把透视表分为若干页，每页只显示一个经济单位的"工资/指数"。页选项不是必需的。

（4）单击【选项】按钮，弹出【数据透视表选项】对话框，如图 3-65 所示。

利用【数据透视表选项】对话框，可以对数据透视表的格式、页面布局等项目进行设置，以改变数据透视表的显示的数据。

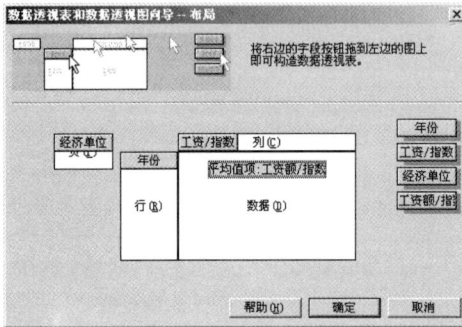

图 3-64 【布局】对话框

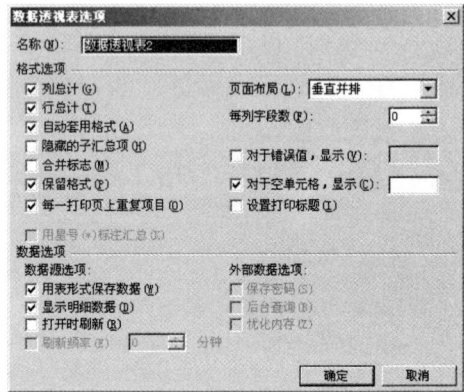

图 3-65 【数据透视表选项】对话框

七、工作表、工作簿的保护

选择【工具】|【保护】|【保护工作表】命令，在弹出的【保护工作表】对话框中设置选项和密码，如图 3-66 所示，然后单击【确定】按钮。

选择【工具】|【保护】|【保护工作簿】命令，在弹出的【保护工作簿】对话框中设置选项和密码，如图 3-67 所示，然后单击【确定】按钮。

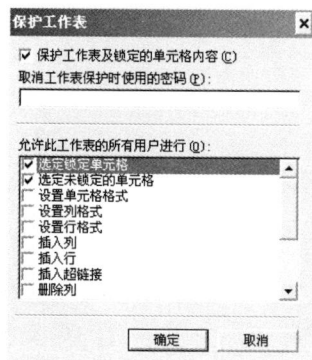

图 3-66 保护工作表对话框

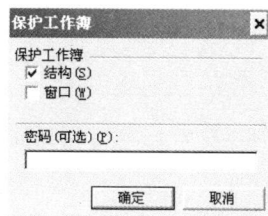

图 3-67 保护工作簿对话框

⚙ 任务实施

步骤一：计算林龄平均值。

打开"公益林生态疏伐表"，选择 Sheet1 工作表，单击 B13 单元格，选择【插入】|【函数】命令，在弹出的【插入函数】对话框中选择【AVERAGE】求平均值函数命令，单击【确定】按钮。在弹出的【函数参数】对话框中的【Number1】文本框中，输入"E4：E12"，单击【确定】按钮计算出林龄平均值。

步骤二：计算林龄最大值。

在 Sheet1 工作表中，单击 B14 单元格，选择【插入】|【函数】命令，在弹出的【插入函数】对话框中选择【MAX】求最大值函数命令，单击【确定】按钮。在弹出的【函数参数】对话框中的【Number1】文本框中输入"E4：E12"，单击【确定】按钮计算出林龄最大值。

步骤三：计算林龄最小值。

在 Sheet1 工作表中，单击 B14 单元格，选择【插入】|【函数】命令，在弹出的【插入函数】对话框中选择 MIN 求最小值函数命令，单击【确定】按钮。在弹出的【函数参数】对话框中的【Number1】文本框中输入"E4：E12"，单击【确定】按钮计算出林龄最小值。

步骤四：以"采伐蓄积"为关键字，降序数据排序。

在 Sheet2 工作表中，选择 A3：L12 单元格区域，选择【数据】|【排序】命令，在弹出的【排序】对话框中的【主要关键字】下拉列表中选择【采伐蓄积】选项，选中【降序】单选按钮，如图 3-68 所示。单击【确定】按钮，完成数据排序。

步骤五：数据筛选。

（1）在 Sheet3 工作表中，选择 A3：L12 单元格区域，选择【数据】|【筛选】|【自动筛选】命令。单击"平均胸径"一列下拉按钮，在弹出的下拉列表中选择【自定义】选项，在弹出的【自定义自动筛选方式】对话框中的【平均胸径】下拉列表中选择【大于】选项，在右侧数值项中输入"20"，如图 3-69 所示。单击【确定】按钮完成筛选。

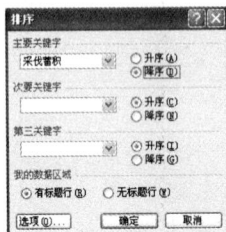

图 3-68 【排序】对话框

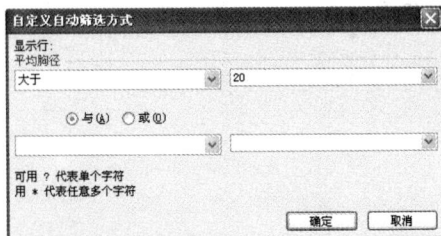

图 3-69 数据筛选

（2）单击"平均树高"一列下拉按钮，在弹出的下拉列表中选择【自定义】选项，在弹出的【自定义自动筛选方式】对话框中的【平均树高】下拉列表中选择【大于】选项，在右侧数值项中输入"15"，单击【确定】按钮。

步骤六：分类汇总（先排序，后汇总）。

（1）在 Sheet4 工作表中，选择 A3：H12 单元格区域，选择【数据】|【排序】命令，在弹出的【排序】对话框中，在【主关键字】下拉列表中选择【小地名】选项，选中【升序】或者【降序】单选按钮，将数据进行排序。

（2）选择【数据】|【分类汇总】命令，在弹出的【分类汇总】对话框的【分类字段】下拉列表中选择【小地名】，在【汇总方式】下拉列表中选择【求和】选项，在【选定汇总项】中勾选【采伐蓄积】复选框，单击【确定】按钮，如图 3-70 所示。

步骤七：建立数据透视表（数据透视图）。

（1）在 Sheet6 工作表中，选择 A1 单元格，选择【数据】|【数据透视表和数据透视图】命令，在弹出的【数据透视表和数据透视图向导--3 步骤之 1】对话框中，选中【数据透视图（及数据透视表）】单选按钮，单击【下一步】按钮，单击【选定区域】右侧按钮，选择 Sheet5 工作表，选择 A3：L12 单元格区域，再次右侧按钮，单击【下一步】按钮，单击【布局】按钮。

（2）在弹出的【数据透视表和数据透视图向导--布局】对话框中将【小地名】按钮拖动到【行】，将【平均树高】按钮拖动到【数据】，双击【求和项：平均树高】按钮，在弹出的【数据透视表字段】对话框中的列表框中选择【平均值】选项，单击【确定】按钮，如图 3-71 所示，单击【确定】按钮，单击【完成】按钮完成操作。

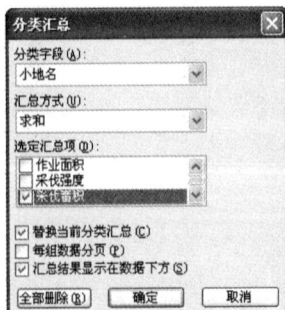

图 3-70 设置分类汇总条件

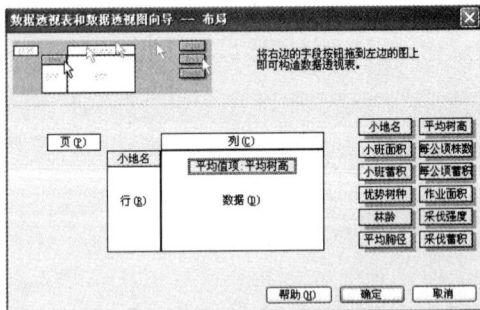

图 3-71 布局图向导

（3）完成的数据透视图，如图 3-72 所示。完成的数据透视表如图 3-73 所示。

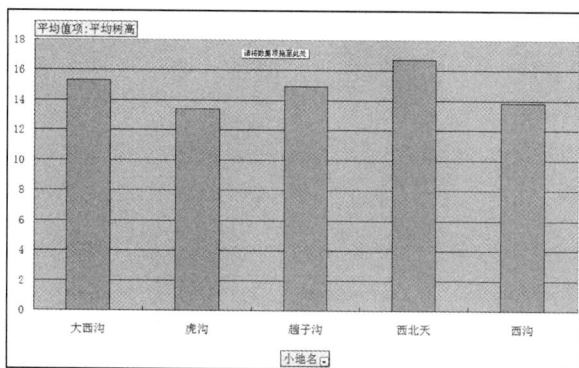

图 3-72 数据透视图效果

图 3-73 数据透视表效果

步骤八：保护工作表。

（1）在 Sheet1 工作表中，选择 A3：L15 单元格区域，选择【工具】|【保护】|【保护工作表】命令，弹出的【保护工作表】对话框，如图 3-74 所示。

（2）在弹出对话框中输入取消工作表保护时使用的密码，单击【确定】按钮。

（3）弹出【确认密码】对话框，如图 3-75 所示。要求重新输入密码，再次输入刚才输入的密码，单击【确定】按钮。完成工作表密码保护操作。

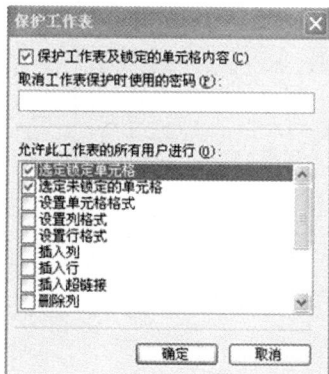

图 3-74 【保护工作】表对话框

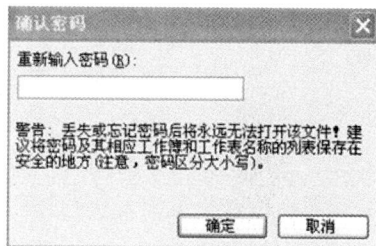

图 3-75 【确认密码】对话框

❀ 任务总结

Excel 中数据的函数计算、数据排序、筛选、分类汇总等数据操作使数据的管理变得简单、容易。数据透视表是对工作表数据的重新组合，它通过组合、计数、分类汇总、排序等方式从大量数据中提取总结性的信息，使数据表达的信息更清楚、更加直观，能够生动地反映数据变化趋势和对比关系，使人一目了然，大大提高了林业系统员工的工作效率。

❀ 操作拓展

如何在《公益林生态疏伐表》（原表）Sheet1 表格中，利用宏命令，设置"采伐蓄积"数值最大的单元格底纹为"红色"？

录制宏操作步骤如下：

（1）打开《公益林生态疏伐表》（原表）sheet1 表，选定 L12 单元格。

（2）选择【工具】|【宏】|【录制新宏】命令，弹出【录制新宏】对话框，设置【宏名】、【快捷键】、【保存在】选项。单击【确定】按钮开始录制宏。（注意：此时的一切操作都将被录制在内），按要求设置 L12 单元格底纹为"红色"。

（3）选择【工具】|【宏】|【停止录制】命令。完成宏的录制。

应用宏操作步骤如下：

（1）在《公益林生态疏伐表》（原表）Sheet1 表中，选定 L12 单元格。

（2）选择【工具】|【宏】|【宏】命令，弹出【宏】对话框。正确选择位置和宏名。单击【执行】按钮。可以看到 L12 单元格被设置成为"红色"底纹。

课业　林苑园林公司工资管理表编辑与制作

任 务 提 出

林苑园林公司成立以来，经营状况良好，这是与员工们的辛勤劳动分不开的。随着企业员工数量的增加，企业工资管理工作也变得越来越复杂，而工资管理是林苑园林公司管理的一个重要内容。通过公司的工资表，用户可以根据员工当月的出勤情况，请假等因素很方便地对员工的当月工资进行计算，同时工资表还可以很清楚地反映出员工工资各个组成部分，方便公司对员工进行工资管理。其具体要求如下：

（1）计算出每位员工当月出勤天数。

（2）计算出每位员工当月病假扣款。

（3）计算出每位员工当月事假扣款。

（4）计算出加班员工当月加班费。

（5）计算出每位员工当月实发工资。

（6）计算出平均工资。

（7）计算出最高工资。

（8）计算出最低工资。

（9）设置单元格格式。

说明：本任务要求个人独立完成，小组同学可以互相研究讨论，最后上交作品不允许出现雷同。最终设置效果参照如图 3-76 所示样文"林苑园林公司工资管理表"。

	A	B	C	D	E	F	G	H	I	J	K	L	M
1	林苑园林公司月份职工工资表												
2		年份	2012	月份	1						本月满勤天数		20
3	职工号	姓名	病假天数	事假天数	加班天数	本月出勤天数	底薪	全勤绩效工资	病假扣款	事假扣款	加班费	实发工资	签字
4	001	李刚			1	21	1200	1200	0	0	70	¥ 2,470.0(	¥2,470.00
5	002	李玉		2		18	800	900	0	110	0	¥ 1,590.00	
6	003	陈文文			1	21	800	900	0	0	55	¥ 1,755.00	
7	004	常玉新				20	700	800	0	0	0	¥ 1,500.00	
8	005	王方菲				20	900	1000	0	0	0	¥ 1,900.00	
9	006	王晓晓	1		4	23	800	800	40	0	200	¥ 1,760.00	
10	007	张楠				20	700	700	0	0	0	¥ 1,400.00	
11	008	王雪		2		18	900	1000	0	120	0	¥ 1,780.00	
12	009	李阳阳				20	700	800	0	0	0	¥ 1,500.00	
13	010	李雪	2			18	500	600	60	0	0	¥ 1,040.00	
14		合计	3	4	6	199	8000	8700	100	230	325	¥ 16,695.00	
15													
16		职工人数		10									
17		平均工资	¥			1,669.50				制表时间:	2011-2-5		
18		最高工资	¥			2,470.00				制表人:	李玉		
19		最低工资	¥			1,040.00							

图 3-76　“林苑园林公司工资管理表”样文

1. 页面设置

（1）表格标题为黑体，20，加粗。

（2）表格表头为金色底纹，字体加粗

（3）表格内容为淡黄色底纹；“合计”行为浅绿色底纹

（4）表格外边框为蓝色双实线，内边框为黑色单实线；“职工号”行下边框线为玫瑰红色点划线。

2. 相关规定

（1）底薪、全勤绩效工资是依据职工本身情况由公司与职工协定。

（2）病假扣款为每天扣除全勤绩效工资与当月满勤天数的比值。

（3）事假扣款为 2 天以内（2 天）每天扣除全勤绩效工资与当月满勤天数的比值再加 10 元，2 天以上每天扣除全勤绩效工资与当月满勤天数的比值再加 15 元。

（4）加班费为每天增发全勤绩效工资与当月满勤天数的比值再加 10 元。

3. 计算方法、公式

（1）出勤天数=满勤天数−病假天数−事假+加班天数。

（2）病假扣款=病假天数×全勤绩效工资÷满勤天数。

（3）事假不超过 2 天，事假扣款=事假天数×（全勤绩效工资÷满勤天数+10）；事假超过 2 天，事假扣款=事假天数×（全勤绩效工资÷满勤天数+15）。

（4）加班费=加班天数×（全勤绩效工资÷满勤天数+10）。

（5）实发工资=底薪+全勤绩效工资+加班费−病假扣款−事假扣款+加班费。

子任务三　林业工程预算表的设计与计算

任务提出

林业工程预算是建筑工程招标中的重要依据。设计科学、易于自己和他人使用的预算表是林业工程人员应该掌握的一门技能。其具体要求如下：

1. 工作表个性化设置

纸张大小为 A4；上、下边距各 2.5cm，左、右边距 1.9cm；页眉、页脚各 1.3cm。

2. 预算表公式编制

（1）在工程预算表中使用嵌套函数导入定额库数据。
（2）在工程预算表中使用自定义公式计算费用合计。
（3）在工程预算表中对预算表中数据和预算表进行保护。

说明：本任务要求个人独立完成，小组同学可以互相研究讨论，最后上交作品为电子稿。最终设置效果参照图 3-77 某地区“青山林业工程”预算表（原表）和图 3-78 某地区“青山林业工程”预算表（样表）。

学习目标

知识目标	能力目标	素质目标	技能（知识）点
（1）理解函数的语法规则 （2）了解嵌套函数的作用 （3）掌握自定义公式的应用方法 （4）掌握数据和工作表保护方法	（1）能够对工程预算表进行格式化操作 （2）能够对工程预算表进行个性化修饰 （3）能够使用自定义公式计算数据 （4）能够使用 IF 函数作条件判断 （5）能够使用 IF、VLOOKUP 函数导入定额库数据 （6）能够对工程预算表进行数据和表的保护	培养独立思考、学生发现问题，分析问题和解决问题能力	函数语法规则，嵌套函数的作用，IF 函数条件判断，IF、VLOOKUP 函数导入定额库数据，工程预算表数据和表的保护

某地区“青山林业工程”预算表

工程设备

序号	定额编号	定额名称	单位	单价（元）			数量	合价（元）			
				人工费	材料费	机械费		人工费	材料费	机械费	合计
1											
2											
3											
4											
5											
6											
7											
8											
9											
		总　计									

图 3-77　工程预算表（原表）

某地区"青山林业工程"预 算 表

工程设备												
序号	定额编号	定额名称	单位	单 价（元）			数量	合 价（元）				
				人工费	材料费	机械费		人工费	材料费	机械费	合 计	
1	1011	单排外木脚手架15m内	10m2	16.8	115.1	9.8	2	33.6	230.2	19.6	283.4	
2	1022	双排外钢管脚手架 15m内	10m2	24.4	67.4	11.3	4	97.4	269.5	45.2	412.2	
3												
4												
5												
6												
7												
8			在这里输入定额编号，但必须是"定额库"有的项目。					在这里输入需求数量					
9												
		总 计						131.0	499.7	64.8	695.6	

图 3-78　工程预算表

❀ 任务分析

要想制作好一个漂亮的林业工程预算表，林业工程人员就必须要会对表格进行修饰操作，如果要想对表中数据的计算要求方便、操作简单，就必须会用到 IF、VLOOKUP 函数操作，如果要对表中重要数据进行保密，就必须要掌握工作数据保护的方法。

❀ 实施准备

一、设置工作表格式

1. 单元格格式

Excel 中的单元格可以设置各种格式，如数字的类型、文本的对齐方式、字体、边框、图案和保护。设置单元格格式的操作步骤如下：

（1）选定要进行格式设置的单元格区域。

（2）选择【格式】|【单元格】命令，弹出【单元格格式】对话框，如图 3-79 所示。

（3）选中"数字"、"对齐"等不同的选项卡，进行格式设置。设置单元格格式后，单击【确定】按钮。

2. 单元格数字类型

在【数字】选项卡中，包含常规、数值、货币、会计专用等多种类型。用户可根据不同的需要进行不同的设置。

3. 文本对齐与控制

在【对齐】选项卡中，包含水平对齐、垂直对齐、文本控制等选项。其中最常用的有

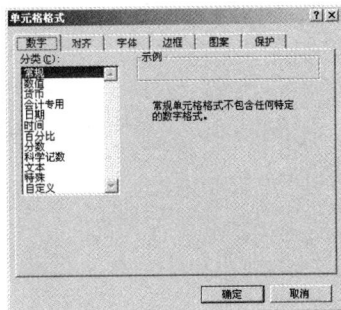

图 3-79　【单元格格式】对话框

合并居中、跨列居中、自动换行、合并单元格等操作。

例如，在制作表格时，经常需要一个标题来描述表格的内容，这就可以用跨列居中或合并居中来处理标题，使表格更美观。其操作步骤如下：

（1）选择要跨列居中的单元格区域，选择【格式】|【单元格】命令。

（2）在弹出的【单元格格式】对话框中选择【对齐】选项卡，在【水平对齐】下拉列表中选择【跨列居中】，单击【确定】按钮。

（3）选择要合并居中的单元格区域后，单击【格式】工具栏中的【合并及居中】按钮，即可实现合并居中。

4. 文本字体设置

选择单元格区域，选择【格式】|【单元格】命令。在【字体】选项卡中可对选中的单元格区域进行字体、字形、字号、下划线、颜色和特殊效果的设置。

5. 单元格边框

添加边框线是制作电子表格中不可缺少的操作，边框线可以使工作表更加美观，区分工作表数据的范围，使工作表更加清晰明了。设置边框线的操作步骤如下：

（1）选择要添加边框的单元格区域，选择【格式】|【单元格】命令。

（2）在弹出的【单元格格式】对话框中选择【边框】选项卡，根据不同的需要设置边框选项，如图 3-80 所示。

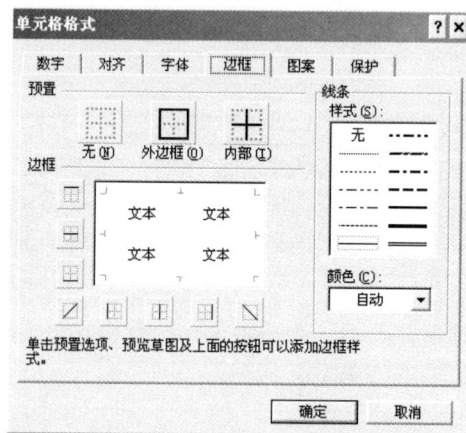

图 3-80　【边框】选项卡

6. 单元格底纹图案

给单元格添加底纹图案可以增强单元格的视觉效果，突出需要强调的数据，用户可以在【单元格格式】对话框中选择【图案】选项卡，为选定的单元格区域设置底纹和图案。

7. 单元格保护

选择要保护的单元格区域，选择【格式】|【单元格】命令，在【保护】选项卡中勾选【锁定】和【隐藏】复选框。只有在保护工作表时，【锁定】和【隐藏】功能才有效。

二、设置行列格式

1. 设置行高

在 Excel 中，调整行高可以通过菜单命令和移动鼠标两种方法来实现。

方法一：通过【格式】菜单命令调整行高。

选定调整行高的区域。选择【格式】|【行】|【行高】命令，在弹出的【行高】对话框中输入要设定的高度。单击【确定】按钮完成行高的调整，如图 3-81 所示。

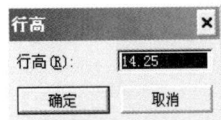

方法二：通过移动鼠标调整行高。

将指针指向行号的下方边界，当指针变成带上下箭头的"＋"字形时，按住左键拖动，调到适宜的高度时，释放左键。

图 3-81 【行高】对话框

选择【格式】|【行】|【最合适的行高】命令，系统可根据内容自动设置行高。

2. 设置列宽

方法一：通过【格式】菜单命令调整列宽。

选定调整行高的区域。选择【格式】|【列】|【列宽】命令，在弹出的【列宽】对话框中输入要设定的宽度。单击【确定】按钮完成列宽的调整，如图 3-82 所示。

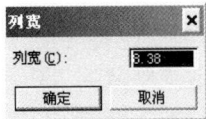

方法二：通过移动鼠标调整列宽。

将指针指向列标的右侧边界，当指针变成带左右箭头的"＋"字形时，按住左键拖动，调到适宜的宽度时，释放左键。

图 3-82 【列宽】对话框

选择【格式】|【行】|【最合适的列宽】命令，系统可根据内容自动设置列宽。

选择【格式】|【行】|【标准列宽】命令，可设置列宽为 8.38。

3. 行列隐藏

选择要隐藏的行或列，选择【格式】|【行】或【列】|【隐藏】命令，即可隐藏所选定的行或列。要取消隐藏时，先选中隐藏的行或列区域，选择【格式】|【行】或【列】|【取消隐藏】命令就可以显示出隐藏的行或列。

三、设置工作表格式

1. 工作表命名

为工作表重命名的方法有菜单命令操作和移动鼠标操作两种。

方法一：选定工作表，选择【格式】|【工作表】|【重命名】命令，激活工作表表名，输入新的工作表名即可；也可右击需命名工作表标签，在弹出的快捷菜单中选择【重命名】后命令完成。

方法二：双击工作表标签，工作表标签将呈反白显示，输入新的工作表名后按 Enter 键确定。

2. 设置工作表背景

选择【格式】|【工作表】|【背景】命令，弹出【工作表背景】对话框，输入地址和文件名，然后单击【确定】按钮，即可完成工作表的背景设置，如图 3-83 所示。

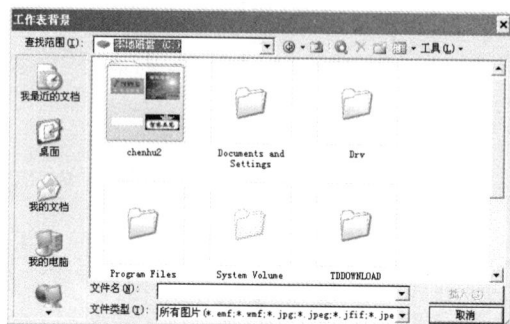

图 3-83　【工作表背景】对话框

3. 隐藏工作表

选择【格式】|【工作表】|【隐藏】命令，即可完成工作表的隐藏设置。选择【格式】|【工作表】|【取消隐藏】命令，在弹出的【取消隐藏】对话框中勾选要取消隐藏的工作表，单击【确定】按钮即可取消完成工作表的隐藏设置。

四、设置自动套用格式与条件格式

1. 自动套用格式

虽然对工作表进行一系列格式化操作能够突出表格信息，但是操作起来有些费时，对于一些比较常见的表格格式，可以使用 Excel 2003 的【自动套用格式】功能。它是利用系统已经预先定义好的表格格式，这些格式中组合了数字、对齐等属性，只要根据提示单击按钮，就能完成工作表的格式化，从而简化工作表格式化的操作过程。其操作步骤如下：

（1）选定要套用格式的区域。

（2）选择【格式】|【自动套用格式】命令，弹出【自动套用格式】对话框，如图 3-84 所示。

（3）选定合适的样式后单击【确定】按钮，即完成对格式的套用。

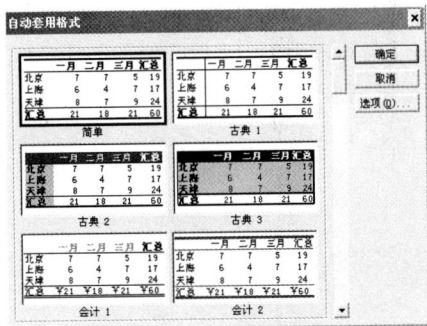

图 3-84　【自动套用格式】对话框

2. 条件格式

在 Excel 中，不同的数据可按不同的条件设置其显示格式。

例如，在图 3-85 所示的 2012 年农村造林绿化明细表中，为苗木数量在 40000 以上的单元格填充黄色底纹，为苗木数量在 20000 以下的单元格填充绿色底纹。

其操作步骤如下：

（1）选择数据区域，选择【格式】|【条件格式】命令。

（2）在弹出的【条件格式】对话框中设置条件 1，通过【格式】按钮设置数据显示的格式（包括字体、图案等）格式，如图 3-86 所示。

（3）添加条件 2 并设置格式，单击【确定】按钮完成条件格式的设置。

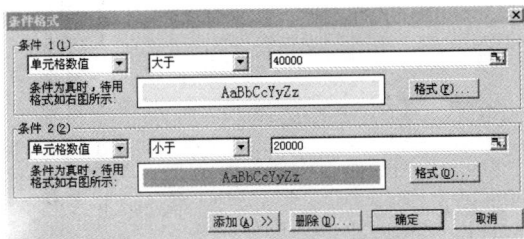

图 3-85　造林绿化明细表　　　图 3-86　【条件格式】对话框

例如：建立名为"公益林生态疏伐表"的工作簿，根据图 3-85 所示样文中的数据，在 Sheet1 中制作要求的公益林生态疏伐表并进行格式化处理。

格式要求如下：

（1）标题为楷体，20 号，跨列居中，红色字体，蓝色底纹，行高 26cm。

（2）副标题为宋体，12 号，跨列居中，黑色字体，浅蓝色底纹，行高 17cm。

（3）表头行为仿宋，12 号，居中，黄色底纹，行高 15cm。

（4）小地名列为隶书，12 号，居中，浅黄色底纹。

（5）优势树种列为宋体，12 号，居中，浅黄色底纹。

（6）所有数字为 Times New Roman，12 号，居中，浅黄色底纹。

（7）序号列宽为 9cm，小地名列宽为 10cm，优势树种列宽为 5cm，林龄各列列宽为 7.5cm。

（8）将此工作表的内容及格式复制到 Sheet2 中。

（9）将此工作重命名为"生态疏伐表"，并保护工作表，密码为"123"。

❀ 任务实施

一、制作个性化"林业工程预算表"

步骤一：新建文档，文件名为"林业工程预算表（初表）.xls"。

（1）打开"工程预算表（初表）"，插入 Sheet3 工作表，重命名为"项目明细表"，选择【文件】|【页面设置】命令，在弹出的【页面设置】对话框中的【页面】选项卡中，选择纸张大小为 A4，在【页边距】选项卡中设置上边距为 2.5cm；下边距为 2.5cm；左、右各 1.9cm，页眉和页脚为 1.3cm，单击【确定】按钮。

（2）选择 B1：M1 单元格区域，单击【格式】工具栏中的【合并及居中】按钮，将单元格合并，并输入文字"建筑安装工程预算表"。

（3）选择 B2：B3 单元格区域，单击【格式】工具栏中的【合并及居中】按钮，将单元格合并，并输入文字"工程设备"。

步骤二：添加边框。

（1）选择 B3：M16 单元格区域，选择【格式】|【单元格】命令，在弹出的【单元格格式】对话框中，选择【边框】选项卡，单击【外边框】和【内部】按钮，如图 3-87 所示给选中单元格添加内部、外部边框。

（2）选择 B3：M16 单元格区域，单击【绘图】工具栏中的【阴影样式】按钮，为所选单元格添加【阴影样式 2】，如图 3-88 所示。

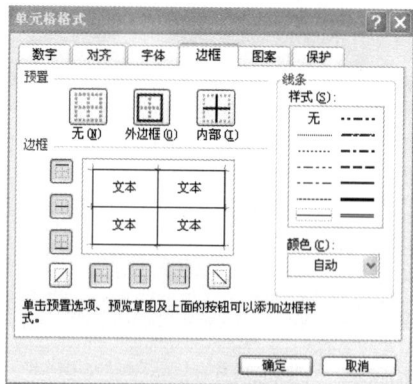

图 3-87　【单元格格式】对话框

图 3-88　添加阴影样式

步骤三：为边框添加效果。

（1）再次选择 B3：M16 单元格区域，单击【绘图】工具栏中的【三维效果样式】按钮，为所选单元格添加【三维样式 1】效果，如图 3-89 所示。

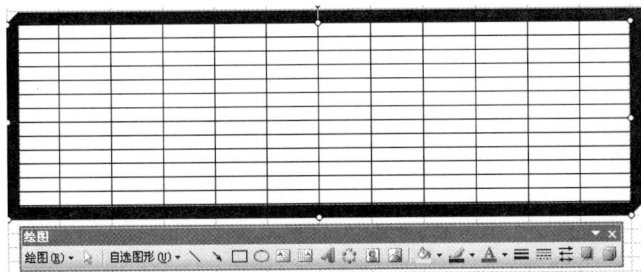

图 3-89 添加三维样式

（2）右击选中表格，在弹出的快捷菜单中选择【设置自选图形格式】，在弹出的【设置自选图形格式】对话框中，【线条】选项组的【颜色】下拉列表中选择【青色】，如图 3-90 所示。

图 3-90 设置边框颜色

步骤四：将单元格合并。

选择 B3：B4 单元格区域，单击【格式】工具栏中的【合并及居中】按钮，将单元格合并，同理合并 B3：B4 单元格区域，D3：D4 单元格区域，E3：E4 单元格区域，I3：I4 单元格区域，F3：H3 单元格区域，J3：M3 单元格区域。

步骤五：添加单元格底纹。

（1）选择 B3：M4 单元格区域，选择【格式】|【单元格】命令，在弹出的【单元格格式】对话框中选择【图案】选项卡，在【单元格底纹】选项组中，选择【青色】，如图 3-91 所示，单击【确定】按钮为单元格添加完底纹。

（2）同理，选择 B5：B16 单元格区域，I5：I16 单元格区域，选择【格式】|【单元格】命令，选择【图案】选项卡，在【单元格底纹】选项组中，选择【黄色】，单击【确定】按

钮为单元格添加完底纹。同理为其余单元格添加底纹，效果如图 3-92 所示。

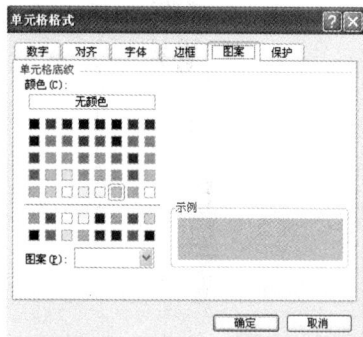

图 3-91　单元格底纹设置　　　　　　　图 3-92　单元格添加底纹

步骤六：设置行高、列宽。

（1）设置行高。选择第一行，右击，在弹出的快捷菜单中选择【行高】命令，在弹出的【行高】对话框中输入"22.5"，单击【确定】按钮。选择第二行至第十六行，右击，在弹出的快捷菜单中选择【行高】命令，在弹出的【行高】对话框中输入"19.5"，单击【确定】按钮。

（2）设置列宽。

同理，选择第一列，右击，在弹出的快捷菜单中选择【列宽】命令，在弹出的【列宽】对话框中输入"5.88"，单击【确定】按钮。

同理设置 B 列至 M 列宽度，列宽分别为，B 列 8.63，D 列 25.13，E 列至 M 列列宽 6.88。

（3）最后按样表添加文字，至此"青山林业工程"预算表设计制作完成，如图 3-93 所示。

图 3-93　"青山林业工程"预算表制作效果

二、预算表公式编制

步骤一：计算合计费用。

（1）在 J5 单元格内输入公式"=IF(I5="", "", I5×F5)"。

提示："I5×F5"为计算公式，"I5=""，"""确保无数据时该单元格为空。

（2）在表内 J 列向下填充公式。

（3）按同样方法编制材料费、机械费计算公式并填充对应列。

（4）在 M5 单元格内输入公式"=IF(K5=""，""，SUM(J5:L5))"。

（5）在表内 M 列向下填充公式。

（6）在 J16 单元格内输入公式"=SUM(J5:J13)"。

（7）填充该公式至 K16、L16 和 M16 单元格。

步骤二：导入定额库数据。

（1）在 D5 单元格内输入公式"=IF($B5=""，""，VLOOKUP($B5，定额库!$A2:$F15，2，0))"。

提示：B5 为定额编号单元格，A2:F15 为查询数据区，"2"为查询数据在数据区的列数。

（2）在表内 D 列向下填充公式。

（3）按同样方法编制单位（E5）、人工费（F5）、材料费（G5）和机械费（H5）计算公式并填充对应列。

步骤三：保护数据表。

（1）单击全选按钮，选择【格式】|【单元格】命令，在弹出的【单元格格式】对话框中选择【保护】选项卡。

（2）取消勾选【锁定】和【隐藏】复选框后，单击【确定】按钮，如图 3-94 所示。

（3）选择预算表内除黄色底纹外区域，选择【格式】|【单元格】|【保护】选择卡，勾选【锁定】和【隐藏】复选框后单击【确定】按钮。

（4）选择【工具】|【保护】|【保护工作表】命令，在弹出的【保护工作表】中设置密码后，单击【确定】按钮如图 3-95 所示。

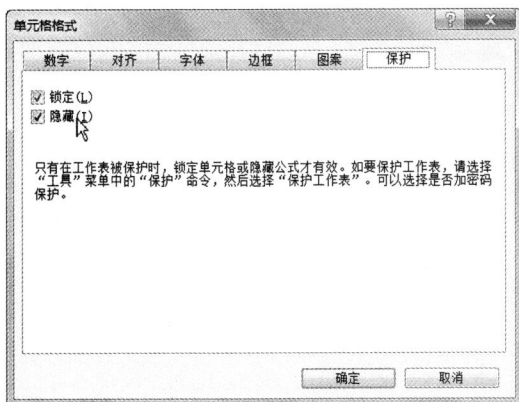

图 3-94　单元格保护　　　　图 3-95　保护工作表

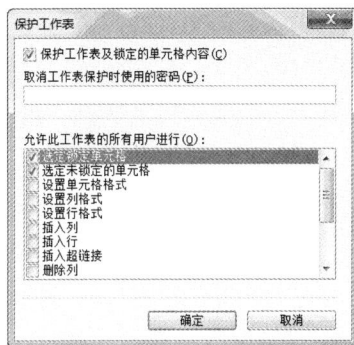

❀ 任务总结

通过本任务的制作，了解到工作表制作和个性化修饰的方法以及工作表高级函数的计算和工作表的保护。掌握工作表操作的这些技巧，对于林业工程技术人员来说具有事半功倍的效果。

❀ 操作拓展

在建筑工程预算表中，如何解除工作表的数据保护功能？

其操作步骤如下：

（1）选择【工具】|【保护】|【撤销工作表保护】命令，弹出【撤销工作表保护】对话框，如图 3-96 所示。

图 3-96　【撤销工作表保护】对话框

（2）在对话框中输入设置工作表保护时候的密码，单击【确定】按钮。完成撤销工作表数据保护功能。

任务四　林业图片素材基本处理

随着计算机技术和数字信息技术的飞速发展,在工作中经常用到一些图片素材,有效处理大量的图像素材,将大大提高多媒体课件的效果。本任务结合林业系统的特点,较为全面地介绍了图像处理与合成的基本知识,通过学习能够了解常用图片的格式及处理手段和方法,熟练完成常用图片的编辑与制作,为更快更好地适应办公文员工作打下良好的基础。

❀ **能力目标**

（1）能够处理基本图形的能力。
（2）能够修复图像的能力。
（3）能够对图像进行调色和校色
（4）能够对多个图像进行拼接

子任务一　林业图片的修复与选取

❀ **任务提出**

林苑园林公司通过精心的经营和良好的服务态度招揽了更多客户设计一份图文并茂的《林苑园林公司宣传手册》。在设计制作过程中需要用到很多图像素材,为了得到更好的效果图,需要将一些图片进行加工处理。具体要求如下:

要求:

（1）使用仿制图章、修复画笔工具和修补工具对图像进行修复处理。
（2）使用消失点对透视图进行修复图像。
（3）使用选区工具选取图像。

❀ **学习目标**

知识目标	能力目标	素质目标	技能（知识）点
（1）掌握 photoshop 的启动与退出方法 （2）掌握 photoshop 操作界面与文件基本操作 （3）掌握图像模式与格式 （4）掌握工具箱中常用工具 （5）掌握选区的创建与编辑 （6）掌握色彩调整地方法	（1）能够处理基本图形的能力 （2）能够修复图像的能力 （3）能够对图像进行调色和校色	（1）养成自主学习能力,对知识技能的总结能力 （2）培养学生的团队意识 （3）培养积极探索和不断进取的意识 （4）培养自我认识能力和观察能力	photoshop 窗口组成,图像模式、图像格式、文件基本操作、放大镜、移动工具、自由变换、选区、魔棒工具、修改选区、羽化

❀ 任务分析

图片通常通过数码相机或网上下载的素材需要处理，通过魔棒、多边形套索等工具选取需要的素材。图像的修复需要利用修复画笔和、仿制图章工具和消失点工具修补工具。

❀ 实施准备

一、Photoshop 简介

Adobe 公司推出的 Photoshop 软件功能强大、实用性强，因此一直是平面设计工作者的首选。为了适应广大用户的需要，Adobe 公司又推出了最新 Photoshop 版本。新版本不但保持了以前版本的图像处理方面的超强功能，而且对图形、图像绘制、图像浏览、网络应用及文本编辑等方面的支持也更强大，使平面设计工作更加方便、快捷。

学习一个软件，首先要对它有一个大体的认识。为了便于学习，在开始正式的学习前，先对 Photoshop 的界面进行简单的介绍。

1. 启动和退出 Photoshop

正确安装 Photoshop 后，单击 Windows 系统中的开始按钮，在弹出的【开始】菜单中选择【程序】/【Adobe Photoshop】命令，即可启动 Photoshop。

启动 Photoshop 后，其界面如图 4-1 所示。

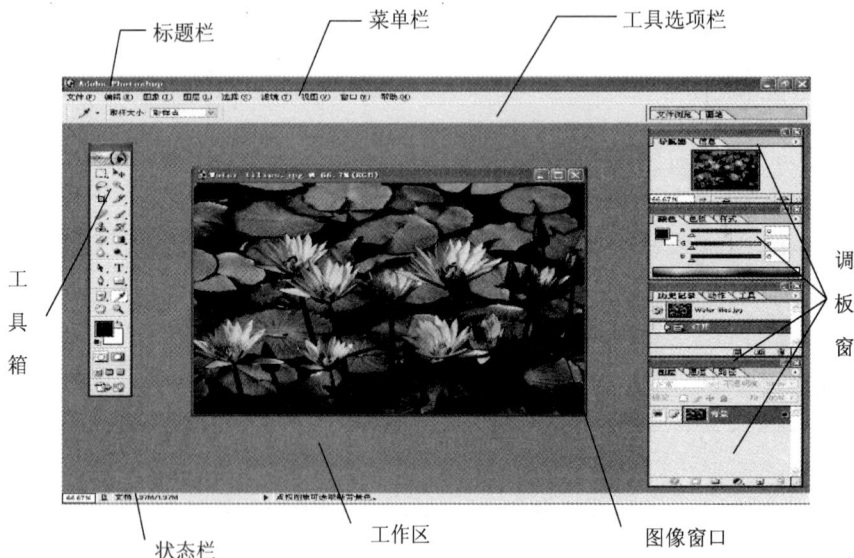

图 4-1　Photoshop 工作界面

如果要退出 Photoshop 应用程序，则可按以下几种方式进行操作：

（1）选择【文件】/【退出】命令。

（2）按下 Ctrl＋Q 键或 Alt＋F4 键。

（3）单击窗口右上角的【关闭】按钮。

2．Photoshop 界面简介

Photoshop 中文版界面按功能可分为 8 部分：标题栏、菜单栏、工具箱、工具选项栏、调板窗、图像窗口、工作区和状态栏。

1）标题栏

标题栏位于界面最上方，其左侧显示 Photoshop 系统的图标及名称，右侧有 3 个按钮，可以控制界面的显示状态和关闭界面。这 3 个按钮从左至右分别为【最小化】按钮、【恢复／最大化】按钮和【关闭】按钮，它们的作用和一般的 Windows 窗口中的相应按钮一样，这里不再赘述。

2）菜单栏

菜单栏位于标题栏的下方，其中包含 Photoshop 软件的各类图像处理命令。这些菜单命令可分为两类：一类显示为黑色，表示此命令在当前可立即执行；另一类显示为灰色，表示此命令在当前不能立即执行，只能在满足一定条件之后才可执行。菜单命令是否可执行是由当前图像的各项属性决定的，如当前图像的颜色模式为 CMYK 颜色时，【滤镜】菜单中就有多项命令不能执行。而当前图像的颜色模式为 RGB 颜色时，【滤镜】菜单中的所有命令就能执行。

3）工具箱

工具箱的默认位置时界面左侧。工具箱包含了各种 Photoshop 的图像处理工具，将鼠标指针移动至这些工具上会显示相应的工具名称。使用这些工具可以对图像进行选择、绘制、取样、编辑、移动、注释和查看等操作，可以在图像中添加文字和图形，还可以更改前景色和背景色，转到 Adobe Online 等操作，设置不同的编辑模式以及在 Photoshop 和 ImageReady 之间跳转。

4）工具选项栏

工具选项栏位于菜单栏的下方，其内容与工具箱中按钮的选择相关联，显示工具箱中当前所选择按钮的参数和选项位置。

在工具选项栏最右侧有一个矩形的灰色区域，我们称这部分区域为调板井。在处理较大的图像时可以将常用的调板窗拖拽至调板井存放，以取得更大的工作空间。在默认状态下，调板井中有【文件浏览器】和【画笔】调板。要注意的是，调板井只有在显示器的显示分辨率设置在 1024×768 以上时才会显示。如果显示器的显示分辨率设置在 800×600，调板井将被隐藏。

5）调板窗

调板窗的默认位置时界面右侧。调板窗主要用于存放 Photoshop 提供的功能调板。Photoshop 软件共提供了 15 种调板，利用这些调板可以对图层、通道、工具、色彩、操作等进行设置和控制。调板可以利用菜单中的【窗口】命令进行显示和隐藏。

6）图像窗口

图像窗口中显示了打开的图像。

7）工作区

Photoshop 中大片的灰色区域是工作区。工具箱、调板窗、图像窗口等都在工作区内。

8）状态栏

状态栏位于 Photoshop 界面最下方，其中显示当前图像的状态及操作和提示信息。实际上状态栏也是比较有用的一部分。但很多用户往往忽略了它。下面就对状态栏的功能进行具体介绍。状态栏最左侧显示的是当前图像的百分比，可以通过直接修改这个数值改变图像的显示比例。

二、相关的概念

下面讲述在使用 Photoshop 软件时经常遇到的一些基本概念，对这些基本概念的了解和掌握有助于对 Photoshop 软件的学习。

1. 位图和矢量图

根据存储方式的不同，电脑图形或图像可分为两大类，即位图和矢量图。在制作和编辑图像时，对位图和矢量图的不同性质有所了解是非常必要的。下面我们就来详细讲解。

1）位图

图像又叫栅格图像，它是由很多色块（像素）组成的图像，当将位图图像放大一定的倍数后，可以较明显地看到一个个方形色块。位图比较适合制作细腻、轻柔缥缈的特殊效果，一般 Photoshop 软件制作的图像都是位图图像。如图 4-2 所示。

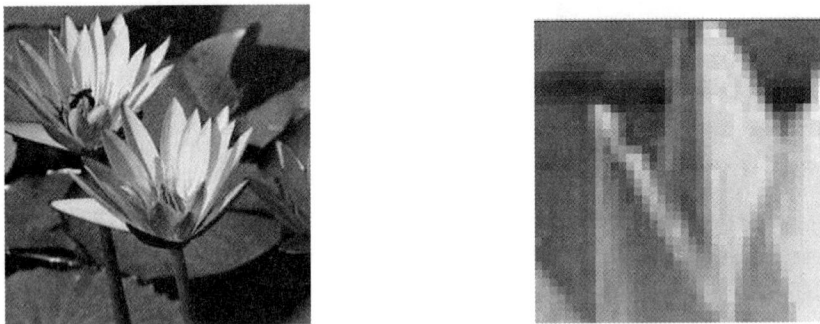

图 4-2　原图与放大后的位图图像对比效果

位图特点：组成位图图像的色块叫做像素，它是构成位图图像的最小单位。上面介绍了位图是由很多个色块组成的，那么位图中的每一个色块就是一个像素，且每一个像素只能显示一种颜色。对于位图图像来说，组成图像的色块越少，图像就会越模糊，但如果组成图像的色块较多，则存储文件时所需要的存储空间就比较大。

2）矢量图

又称为向量图形，是由线条和色块组成的图像。当对矢量图进行缩放时，无论放大多少倍，图形仍能保持原来的清晰度，且色彩不失真。矢量图特点：图形的大小与图形的复杂程度有关，与图形的大小无关，所以说简单的图形所占用的存储空间较小，复杂的图形所占用的存储空间较大。

2. 像素、分辨率与图像尺寸

像素和分辨率是 Photoshop 软件最常用的两个概念，它们的设置决定了文件的大小及图像的质量。

1）像素

像素（Pixels）是构成图像的最小单位。前面我们已经讲过位图是由很多个色块组成的，那么位图中的每一个色块就是一个像素，且每一个像素只显示一种颜色。

2）分辨率

分辨率（Resolution）是用于描述图像文件信息的术语，表述为单位长度内的点、像素或墨点的数量，通常用"像素/英寸"和"像素/厘米"表示。

分辨率的高低直接影响图像的效果，使用太低的分辨率会导致图像粗糙，在排版打印时图片会变得非常模糊，而使用较高的分辨率则会增加文件的大小，并降低图像的打印速度。

提示：修改图像的分辨率可以改变图像的精细程度。对以较低分辨率扫描或创建的图像，在 Photoshop 中提高图像的分辨率只能提高图像中的像素数量，却不能提高图像的品质。

在 Photoshop 软件系统中创建文件时，默认的【分辨率】值为 72 像素/英寸，这是满足普通显示器显示图像的分辨率。在广告设计中，不同用途的广告对分辨率的要求也不同，例如，印刷彩色图像时分辨率一般为 300 像，设计报纸广告时分辨率一般为 120 像素/英寸，发布于网络上的图像分辨率一般为 72 像素/英寸或 92 像素/英寸，大型灯箱喷绘图像一般不低于 30 像素/英寸。以上数值可以根据实际情况灵活运用。

3）图像尺寸

图像文件的大小以千字节（KB）和兆字节（MB）为单位，它们之间的大小换算为 1024 KB＝1 MB。

图像文件的大小是由文件的尺寸（宽度、高度）和分辨率决定的。图像文件的高度、宽度和分辨率值越大，图像文件也就越大。在 Photoshop 软件中，图像文件大小的设定如图 4-3 所示。

当图像的宽度、高度及分辨率无法符合设计要求时，可以通过改变宽度、高度及分辨率的分配来重新设置图像的大小。当图像文件大小是定值时，其宽度、高度与分辨率成反比设置。

印刷输出的图像分辨率一般为 300 像素/英寸。在实际工作中，设计人员经常会遇到文件尺寸较大，但分辨率太低的情况，此时我们可以根据图像文件大小时定值时，其宽度、高度与分辨率成反比设置的性质，来重新设置图像的分辨率。将宽度、高度变小，分辨率提高这样就不会影响图像的印刷质量。

图 4-3　位图图像的大小设定

提示：在改变位图图像的大小时应该注意，当图像由大变小，其印刷质量不会降低，但当图像由小变大时，其印刷品质将会下降。

三、常用文件格式

在电脑平面设计软件系统中，文件的存储格式有很多品种，本节我们主要讲解常用的几种格式。

1. PSD 格式

PSD 格式是 Photoshop 软件的专用格式。它能保存图像数据的每一个细节，包括图像的图层、通道等信息，确保各层之间相互独立，便于以后进行修改。PSD 格式还可以保存为 RGB 或 CMYK 等色彩模式的文件，但唯一的缺点是保存的文件比较大。

2. BMP 格式

BMP 格式是微软公司软件的专用格式，也是 Adobe Photoshop 软件最常用的位图格式之一，支持 RGB、索引颜色、灰度和位图颜色模式的图像，但不支持 Alpha 通道。

3. TIFF 格式

TIFF 格式是为 Macintosh 开发的最重用的图像文件格式。它即能用于 MAC，用能用于 PC，是一种灵活的位图图像格式。TIFF 在 Photoshop 中支持 24 个通道，是除了 Photoshop 自身格式外唯一能存储多个通道的文件格式。

4. EPS 格式

EPS 格式是一种跨平台的通用格式，可以说几乎所有的图形图像和页面排版软件都支持该文件格式。它可以保存路径信息，并在各软件之间进行互相转换。另外，这种格式在保存时可选用 JPEG 编码方式压缩，不过这种压缩会破坏图像的外观质量。

5. JPEG 格式

JPEG 格式是比较常用的图像格式，支持真彩色、CMYK、RGB 和灰度颜色，但不支持 Alpha。JPEG 格式可用于 Windows 和 MAC 平台，是所有压缩格式中最卓越的。虽然它是一种有损失的压缩格式，但在文件压缩前，可以在弹出的对话框中设置压缩的大小，这样就可以有效地控制压缩时损失的数据量。JPEG 格式也是目前网络可以支持的图像文件格式之一。

6. GIF 格式

GIF 格式是由 CompuServe 公司制定的，能存储背景透明化的图像形式，但只能处理 256 种色彩，常用于网络传输，其传输速度要比传输其他格式的文件快很多，并且可以将多张图像存成一个文件形成动画效果。

7. AI 格式

AI 格式是一种矢量格式，在 Illustrator 中经常用到。在 Photoshop 软件中可以将保存了路径的图像文件输出为 AI 格式，然后在 Illustrator 和 CorelDRAW 软件中直接打开它并进行修改处理。

8. PNG 格式

PNG 是 Adobe 公司针对网络图像开发的文件格式。这种格式可以使用无损压缩方式压缩图像文件，并利用 Alpha 通道制作透明背景，是功能非常强大的网络文件格式，但较早版本的 Web 浏览器可能不支持。

四、常用的色彩模式

色彩模式是指同一属性下的不同颜色的集合。它使用户在使用各种颜色进行显示、印刷、打印时，不必重新调配颜色而直接进行转换和应用。电脑软件系统为用户提供的色彩模式主要有 RGB 颜色、CMYK 颜色、Lab 颜色模式和 Bitmap（位图）模式、Grayscale（灰度）模式、Index（索引）模式等。每一种颜色都有自己的使用范围和优缺点，并且各模式之间可以根据处理图像的需要进行模式转换。

（1）RGB（光色模式）：该模式下图像由红（R）、绿（G）、篮（B）3 种颜色构成，大多数显示器均采用此种色彩模式。

（2）CMYK（4 色印刷模式）：该模式下图像是由青（C）、洋红（M）、黄（Y）、黑（K）4 种颜色构成，主要用于颜色印刷。在制作印刷用文件时，最好保存成 TIFF 格式或 EPS 格式，这些都是印刷厂支持的文件格式。

（3）Lab（标准色模式）：该模式是 Photoshop 的标准色彩模式，也是由 RGB 模式转换为 CMYK 模式之间的中间模式。它的特点是在使用不同的显示器或打印设备时所显示的颜色都是相同的。

（4）Grayscale（灰度模式）：在该模式下图像由具有 256 级灰度的黑白颜色构成。一幅灰度图像在转变成 CMYK 模式后可以增加色彩。如果将 CMYK 模式的彩色图像转变为灰度模式，则颜色不能恢复。

（5）Bitmap（位图模式）：该模式下图像由黑白两色组成，图形不能使用编辑工具，只有灰度模式才能转变成 Bitmap 模式。

（6）Index（索引模式）：该模式又叫图像映射色彩模式，这种模式的像素只有 8 位，即图像只有 256 种颜色。

五、文件的操作

图像文件的操作主要包括新建、保存、关闭、打开和置入，这些功能是用户在处理图像时最为频繁使用的。

1. 新建图像

启动 Photoshop 后，Photoshop 桌面上是没有任何图像的。如果要在一个新图像中进行创作，则需要先建立一个新图像。其操作如下：

（1）单击【文件】/【新建】命令或者按下 Ctrl＋N 组合键。

（2）出现【新建】对话框，如图 4-4 所示。在【新建】对话框中做以下各项设置。

技巧：按住 Ctrl 键后，用鼠标双击 Photoshop 桌面也可打开【新建】对话框。

① 名称：用于输入新文件的名称。如不输入，则以默认名为"未标题-1"为名。如连续新建多个，则文件名按顺序未"未标题-2"、"未标题-3"依次类推。

② 宽度和高度：用于设定图像的宽度和高度，用户可在其文本框中输入具体数值，但要注意在设定前需要确定文件尺寸的单位，即在其右侧列表框中选择用户习惯使用的单位，单位有像素、英寸、厘米、毫米、点、派卡和列。

③ 分辨率：用于设定图像的分辨率。在设定分辨率时，用户也需要设定分辨率的单位，有两种选择，分别是像素/英寸和像素/厘米，通常使用的单位为像素/英寸。

④ 模式：用于设定图像的色彩模式。在设定色彩模式时，有四种选择，分别是 RGB 颜色、CMYK 颜色、Lab 颜色模式和 Bitmap（位图）模式、Grayscale（灰度）模式。一般常用 RGB 颜色模式。

⑤ 背景内容：该列表框用于设定新图像的背景层颜色，从中可以选择白色、背景色、透明三种方式。当选择背景色选项时，新文件的颜色与工具箱中背景色颜色框中的颜色相同。

⑥ 预置尺寸：此列表框可以选择一个图像预设尺寸大小、分辨率等，如选择 A4，此时在宽度、高度列表框中将显示预设的尺寸。

（3）设定新文件的各项参数后，单击【好】按钮或按下 Enter 键，就可以建立一个新文件。此时将出现如图 4-5 所示的图像窗口，其文件名（未标题-1）、显示比例（50%）、颜色模式（RGB）显示在图像窗口中。建立文件后，用户可以在新图像中绘制图形、输入文字，去实现所想得到的效果。

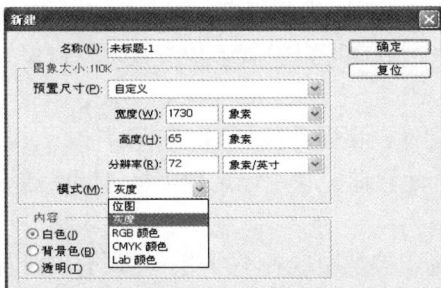

图 4-4 新建对话框

图 4-5 新建的空白图像窗口

2. 保存图像

当我们完成对图像的一系列编辑操作后，就需要对自己的劳动成果进行保存了，保存图像文件有许多方法，一般来说最常见有以下 3 种。

1）保存一幅新图像

要保存一幅新图像，操作方法如下：

（1）选择【文件】/【存储】或者按下 Ctrl＋S 键。

（2）打开如图 4-6 所示的【存储为】对话框。注意如果当前图像已经保存过，那么按下 Ctrl＋S 键或选择【文件】/【存储】命令，不会打开【存储为】对话框，而直接保存文件。

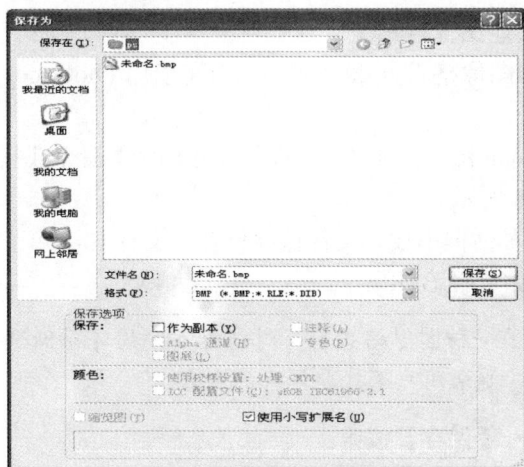

图 4-6 存储为对话框

（3）打开【保存在】下拉列表框，选择存放文件的位置。

（4）在【文件名】下拉列表框中输入新文件夹的名称。

（5）单击【格式】下拉列表框的下三角按钮打开下拉列表，从中选择图像文件格式。Photoshop 的默认格式的扩展名为.PSD。

（6）完成上述设置后，单击【保存】按钮就可完成新图像的保存。

在【存储为】对话框的【存储选项】选项组中，用户可以设置多项参数，用以保护相关内容，具体如下。

①【作为副本】：存储文件副本，同时使当前文件在桌面保持打开。

②【Alpha 通道】：将 Alpha 通道信息与图像一起存储。禁用该选项可将 Alpha 通道从存储的图像中删除。

③【图层】：保留图像中的所有图层。如果该选项被禁用或者不可用，则所有的可视图层将拼合或合并（这取决于所选格式）。

④【注释】：将图像中的注释内容与图像一起保存。

⑤【专色】：将专色通道信息与图像一起保存。禁用该选项可将专色从保存的图像中删除。

⑥【颜色】：在此选项组中可以选择是否保存颜色概貌的内容。

⑦【缩览图】：选中此复选框可以保存文件的缩览图，即用此选项保存的图像文件，能够在【打开】对话框中预览显示图像的缩览图。

⑧【使用小写扩展名】：此复选框可以设置当前保存的文件扩展名是否小写。选中表示为小写，不选中则表示为大写。

注意：如果图像中含有图层，且要保存这些层的内容，以便日后修改编辑，则只能使用 Photoshop 自身的格式（即 PSD 格式）或 TIF 格式（此格式也可以保留图层）保存。

2）将文件保存为其他图像格式

Photoshop 所支持的图像格式有 20 多种，所有可以用 Photoshop 转换图像文件，操作方法如下：

（1）打开要转换格式的图像，选择【文件】/【存储为】命令或按下 Ctrl+S 键，打开【存储为】对话框，如图 4-6 所示。

（2）在【存储为】对话框中设置文件保存位置、文件名，并在【格式】下拉列表框中选择一种图像格式，例如选择 BMP。

注意：当用户选择了一种图像格式后，对话框下方的【存储选项】选项组中的选项内容均会发生相应的变化，要求用户选择要保存的内容。

（3）设置完毕，单击【保存】按钮。

（4）此时显示如图 4-7 所示的对话框，在其中设置相关选项，单击【好】按钮，就可以把图像保存为其他格式的图像。

3. 关闭图像

若要关闭图像，有以下几种方法：

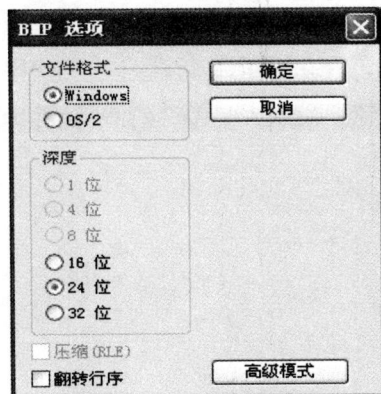

图 4-7　BMP 选项对话框

（1）双击图像窗口标题栏左侧的【控制窗口】 ▣ 。

（2）单击图像窗口标题栏右侧的【关闭】按钮 ✕ 。

（3）选择【文件】/【关闭】命令。

（4）按下 Ctrl＋W 或 Ctrl＋F4。

以上方法都可关闭当前活动的图像窗口。如果用户打开了多个图像窗口，并想将它们全部关闭，可以选择【窗口】/【文档】/【全部关闭】命令或按下 Alt+Ctrl＋W 键。

4. 打开图像

要对旧图像进行编辑，必须先打开它。打开图像有以下几种方法。

1）常规打开方法

用常规打开图像的操作如下：

（1）选择【文件】/【打开】命令或按 Ctrl＋O 键，打开【打开】对话框，如图 4-8 所示。

提示：双击 Photoshop 桌面也可以打开如图 4-8 所示的对话框。

（2）打开【查找范围】下拉列表框，查找图像文件所存放的位置，即所在驱动器或文件夹。在【文件类型】下拉列表框中选定要打开的图像文件格式，若选择【所有格式】选项，则全部文件都会显示在对话框中。

（3）选中要打开的图像文件，单击【打开】按钮就可以打开图像。

2）打开指定格式的图像

打开指定格式的图像的操作方法如下：

（1）选择【文件】/【打开为】命令打开【打开为】对话框，此对话框与图 4-8 基本相同。

提示：如果按下 Alt 键再双击 Photoshop 桌面也可以打开【打开为】对话框。

（2）在【打开为】对话框中的【文件类型】下拉列表中选择指定格式的图像。

（3）接着在【打开为】对话框的文件列表中选择要打开的文件。

（4）单击【打开】按钮即可打开文件。

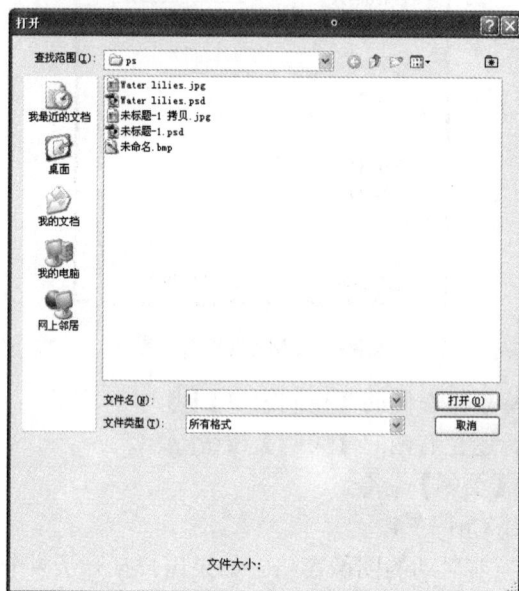

图 4-8 打开对话框

3）打开最近使用过的图像

当用户在 Photoshop 中保存文件并打开文件后，在【文件】/【最近打开文件】子菜单中就会显示出以前编辑过的图像文件，所以，利用【文件】/【最近打开文件】子菜单中的文件列表就可以快速打开最近使用过的文件。

六、【选择区域】和【移动】工具

1. 【选择区域】工具

在 Photoshop 软件中，【选择区域】工具的主要功能是在文件中创建各种类型的选择区域，并控制所有的操作范围。在文件中含有选择区域时，Photoshop 所有的操作都在选择区域内进行，选择区域以外的部分不受任何影响。

1）选框工具

选框工具主要包括 和 两种工具，它们的属性栏相同，如图 4-9 所示。

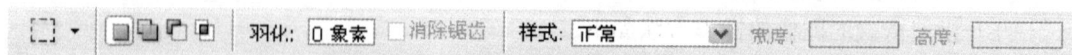

图 4-9 【矩形选框】工具属性栏

（新选区）按钮：单击此按钮，当文件中已有选择区域时，在画面中再次创建选择区域，新创建的选择区域将会代替原有的选择区域。

（添加到选区）按钮：单击此按钮，当文件中已有选择区域时，在文件中再次创建选择区域，新建的选择区域将与原选择区域合并为新的选择区域或者多个选择区域被同时保存在文件中，其操作过程如图 4-10 和图 4-11 所示。

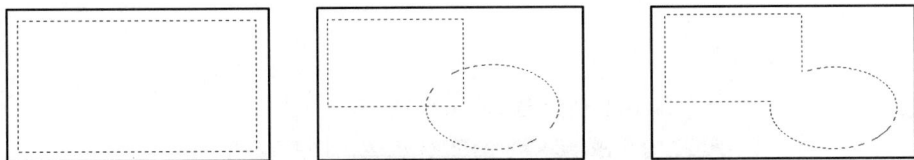

图 4-10　相交时选择区域的添加示意图

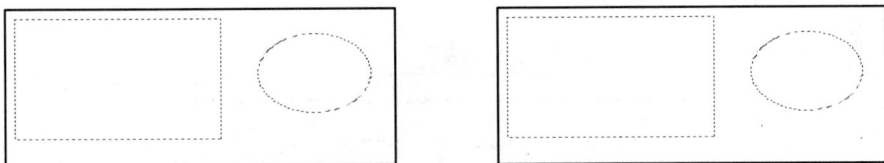

图 4-11　不相交时选择区域的添加示意图

（从选区中减去）按钮：单击此按钮，文件中具有选择区域时，在文件中再次创建选择区域，如果创建的选择区域有相交的部分，将从原选择区域中减去相交的部分，剩余的选择区域作为新的选区，其操作过程如图 4-12 所示。

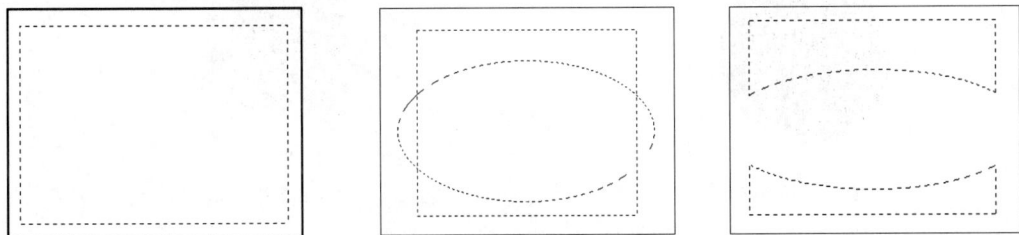

图 4-12　减选择区域的添加示意图

（与选区交叉）按钮：单击此按钮，文件中具有选择区域时，在文件中再次创建选择区域，如果新创建的选择区域与原来的选择区域有相交的部分，将会把相交的部分作为新的选择区域，其操作过程如图 4-13 所示。

如果再次绘制的选择区域与原区域没有相交的部分，将会出现如图 4-14 所示的对话框，警告未选择任何像素。

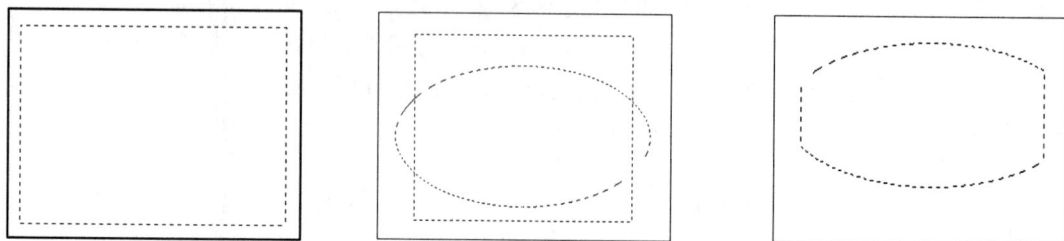

图 4-13　交叉选择区域绘制过程示意图

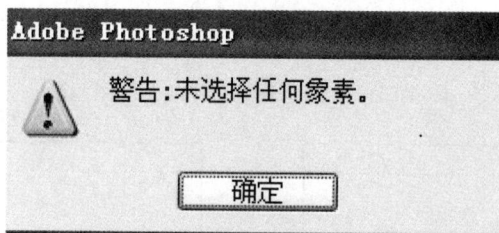

图 4-14　Photoshop 软件警告对话框

【羽化】选项：使选择区域边缘产生一种具有过渡消失的虚化性质，羽化值越大，虚化程度越大，取值范围为 0～250 像素。

在属性栏中设置不同的羽化值时，创建选择区域后填充颜色所产生的效果也各不相同，羽化填充后的图形效果如图 4-15 所示。

【羽化】值为 0

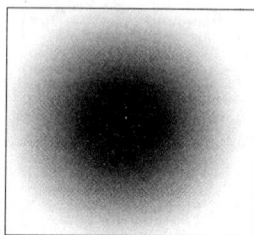

【羽化】值为 30

图 4-15　设置不同【羽化】值时填充后的对比效果

在设置【羽化】值，有时会弹出如图 4-16 所示的提示框，提示用户将选择区域创建得大一点或将【羽化】值设置得小一点。

提示： 在进行选择区域羽化值设置时，所要得到的羽化效果与文件大小很大关系，所以文件尺寸与分辨率如果很大，其设置的【羽化】值也要大；文件尺寸与分辨率较小，其设置的【羽化】值相对也要小。

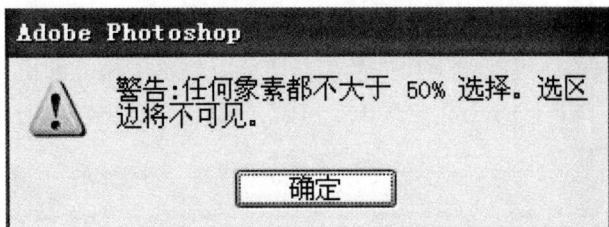

Adobe Photoshop

⚠ 警告:任何象素都不大于 50% 选择。选区边将不可见。

确定

图 4-16　Photoshop 软件提示框

【消除锯齿】选项：由于 Photoshop 软件的位图图像是由像素点组成的，而像素点都是方的，所以在编辑修改圆形边缘或弧形边缘时，将会有锯齿现象。当在属性栏中勾选此选项后，可以通过淡化边缘来产生与背景颜色之间的过渡，从而得到边缘比较平滑的图像。

【样式】选项：此选项用来控制选择区域的基本形状。在右侧的下拉窗口中包括【正常】、【约束长宽比】和【固定大小】3 个选项。选择【正常】时，可以在画面中创建任意大小和比例的选择区域。选择【约束长宽比】时，可以在【样式】选项后的【宽度】和【高度】选项中设定值来约束所绘制选区的宽度和高度比。选择【固定大小】时，可以在【样式】选项后的【宽度】和【高度】窗口中设定将要创建选区的宽度和高度值，单位像素。

2)【套索】工具

【套索】工具包括 ◉（套索）工具、◉（多边形套索）工具和 ◉（磁性套索）工具。选择 ◉ 工具时的属性栏如图 4-17 所示。

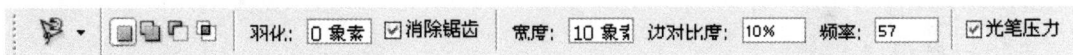

图 4-17　【磁性套索】工具属性栏

【宽度】选项：决定在使用 ◉ 工具时的探测宽度。数值越大，探测宽度越大，取值范围为 1～40。磁性套索工具只探测从鼠标图标开始、指定距离以内的边缘。

【边对比度】选项：此选项数值的大小决定套索对图形中边缘的灵敏度。数值越大，只对对比度较强的边缘进行探测套索。数值越小，只对对比度低的边缘进行探测套索，取值范围为 1%～100%。

【频率】选项：用来控制套索连接点的连接速率。数值越大，选取外框固定越快，取值范围为 1～100。

【钢笔压力】选项：用来设置绘图板的笔刷压力。只有安装了绘图板和驱动程序才可用。当勾选此选项后，光笔压力的增加会使套索的宽度变细。

提示：如果我们要选择的图像边界是直线和曲线的多次结合构成，在选择过程中，我们可以利用键盘中 Alt 键实现 ◉（套索）工具和 ◉（多边形套索）工具间的转换。按住键盘中的 Alt 键，拖拽鼠标时，切换为 ◉ 工具。将两种工具进行综合运用，会使我们的工作更加轻松、方便。

3）【魔棒】工具

（魔棒）工具主要以图像中相近的颜色来建立选择区域，即可选取与鼠标落点颜色相近的区域，适用于选取图像中大色块单色区域，属性栏如图 4-18 所示。

图 4-18　【魔棒】工具的属性栏

【容差】选项：此选项数值的大小决定了选择区域的精度，数值越大，选择精度越小。数值越小，选择精度越大。取值范围 0～255。

【连续的】选项：勾选此选项后，只能在图像中选择与鼠标落点处相近且相连的部分。不勾选此选项，则可以在图像中选择所有与鼠标落点处像素相近的部分，在使用时要根据自己的需要进行设定。

【用于所有图层】选项：当画面中由多个图层时，勾选此选项在画面中将选择所有可见层中的颜色相近的部分。不勾选此选项，只能选择当前可见工作层中颜色相近的部分，无法选取其他图层中的相近颜色。

提示：需要注意的是，勾选【用于所有图层】选项，相当于把图层文件的所有图层看作是一个图层，系统认为下面层中被遮挡无法看到的部分是不存在的，所以添加选择区域时，只选择可见层部分。

2. 【移动】工具

使用 （移动）工具可以对图像或选取的内容进行移动、变换、排列、分布和复制等操作，其属性栏如图 4-19 所示。

图 4-19　【移动】工具的属性栏

【自动选择图层】选项：勾选此选项可以选择移动图像文件中鼠标光标所在位置第一个可见像素所在的图层为当前工作层，否则只能移动在当前层。

【显示定界框】选项：此选项于路径组件选择工具的选项相同，可以对定界框中的图像进行边形修改。

对齐按钮。

以下 6 个按钮只有在当前层有链接的图层才可使用。

（顶对齐）、（垂直中心对齐）和（底对齐）按钮：可以分别将当前层链接的图层在水平方向上与当前层按图像顶部、中心或底部对齐，依次对齐后的形态如图 4-20 所示。

（左对齐）、（水平中心对齐）和（右对齐）按钮：可以分别将与当前层链接的图层在垂直方向上与当前层按图像左边、中心或右边对齐，选择不同对齐方式后图像效果如图 4-21 所示。

顶对齐　　　　　　　　　垂直中心对齐　　　　　　　　　底对齐

图 4-20　链接图层水平对齐后的图像形态

左对齐　　　　　　　　　水平中心对齐　　　　　　　　　右对齐

图 4-21　链接图层垂直对齐后的图像形态

以下 6 个按钮只用在当前层有两个以上的链接层时才可用。

（顶部分布）、（垂直中心分布）、（底部分布）按钮：可以将所有链接层中的图像在垂直方向上按顶部、中心和底部均匀分布。

（左边分布）、（水平中心中心分布）、（右边分布）按钮：可以分别将所有链接图层中的图像在水平方向上按左边、中心和右边均匀分步。

七、选区的编辑

选区的编辑命令主要包括【羽化】、【修改】、【变换选区】等、

1）【羽化】命令

此命令可以使选择区域产生边缘圆滑的效果，填充颜色或删除图像时产生边缘模糊的效果。如图 4-22 所示为直接删除和羽化删除后的画面对比效果。

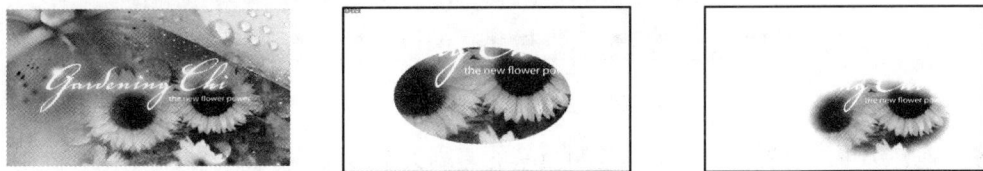

图 4-22　直接删除和羽化删除后的画面对比效果

2）【修改】命令

此命令的菜单中包括【扩边】、【平滑】、【扩展】和【收缩】4个命令。

【扩边】命令：使用此命令时可以将当前选择区域向外扩展，同时向内收缩，生成双选择区域的形态。

【平滑】命令：使用此命令时可以将当前选择区进行平滑处理。

【扩展】命令：使用此命令时可以将当前选择区扩展。

【收缩】命令：使用此命令时可以将当前选择区缩小。

如图4-23所示为使用不同命令时的选择区域形态。

原图　　　　　扩边　　　　　平滑　　　　　扩展　　　　　收缩

图4-23　使用不同命令时的选择区域形态

3）【变换选区】命令

此命令与【编辑】菜单中的【变化】命令使用方法相同，只是【变换】命令对图像进行变换，而【变换选区】命令是对选择区域进行变换，选择区域中的图像不随选择区域的变化而变化。

八、【橡皮擦】工具

【橡皮擦】工具包括 (橡皮擦) 工具、 (背景色橡皮擦) 工具和 (魔术橡皮擦) 工具，它们都可以擦除图像中不需要的颜色。

1）橡皮擦

使用 工具时，如果擦除背景层，被擦除的部分将露出工具箱中的背景色。如果擦除的是普通层，被擦除的部分将显示为透明效果。其属性栏如图4-24所示。

图4-24　【橡皮擦】工具的属性栏

【画笔】选项：设置橡皮擦工具使用画笔的笔刷大小形状。

【模式】选项：模式选项右侧窗口的下拉列表中有【画笔】、【铅笔】和【方块】3个选项，属性栏中的内容会其选项的不同而产生相应的变化。

选择【画笔】和【铅笔】时，使用方法与画笔工具和铅笔工具相似，只是背景层上使用的颜色为背景色，在普通层上使用的颜色为通明效果。选择【方块】时，橡皮擦工具的大小是固定不变的，此时，属性栏中的【画笔】和【不通明度】选项不可用。当图像放大到"1600"%显示时，橡皮工具的大小正好是一个像素的大小，那么我们可以将图像放大至一定的倍数，然后再利用它对图像进行细微的修改。

【抹到历史记录】选项：勾选此选项可以将图像擦除至【历史】面板中恢复点处的图像效果。

2）【背景色橡皮擦】

工具可以将图像中特定的颜色擦除，如果当前层是背景层，进行擦除后将变为通明效果，而且此背景层将会自动转换为普通层"图层 0"。如果当前层是普通层，进行擦除后同样将变为透明效果，将显示下面可见层的颜色或画面。其属性栏如图 4-25 所示。

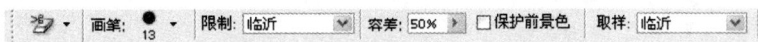

图 4-25　【背景色橡皮擦】工具的属性栏

【限制】选项：决定背景色橡皮擦工具擦除的作用范围，其右侧窗口的下拉列表中包括【不连续】、【临近】和【查找边缘】3 个选项。

选择【不连续】时，将擦除画笔拖过范围内所有与指定颜色相近的像素。

选择【临近】时，将擦除画笔拖过范围内所有与指定颜色相近且相连的像素。

选择【查找边缘】时，将擦除画笔拖过范围内所有与指定颜色相近且相连的像素，且保留较强的边缘效果。

【容差】选项：其右侧窗口中的数值决定擦除图像颜色的精度。【容差】值越大，擦除颜色的范围越大。【容差】值越小，擦除颜色的范围越小。

【保护前景色】选项：当勾选此选项时，对图像进行擦除，图像中使用前景色的像素将不会被擦除。

【取样】选项：决定被擦除颜色的方式，其右侧窗口的下拉列表中包括【连续】、【一次】和【背景色板】3 个选项。

选择【连续】时，背景色橡皮擦工具擦除画笔中心经过的像素颜色。当画笔中心经过某一像素时，该像素的颜色会被指定为背景色。

选择【一次】时，背景色橡皮擦工具擦除鼠标落点处像素的颜色。此落点像素的颜色被设定为背景色。不放开鼠标，拖拽鼠标，可一直擦除这一颜色。

选择【背景色板】时，可以在工具栏中先将背景色设置为需要擦除的颜色，再在图像中托拽鼠标，只擦除指定的颜色。

3）【魔术橡皮擦】

工具是擦除图像中颜色相近的像素，其性质与魔棒相同，使用时只要在需要擦除的颜色上单击鼠标左键即可，其属性栏如图 4-26 所示。

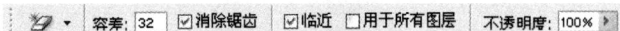

图 4-26　【魔术橡皮擦】工具属性栏

【消除锯齿】选项：勾选此选项可在擦除图像范围的边缘去除锯齿，使其产生柔和的效果。

【临近】选项：勾选此选项时，在图像中单击，可以将与鼠标落点颜色相近且相连的像素擦除，否则擦除图像中所有与鼠标落点颜色相近的像素。

【用于所有图层】选项：勾选此选项，利用魔术橡皮擦工具对图像进行擦除时，可以对所有图层起作用。不勾选此选项，只对当前工作层起作用。

【不透明度】选项：通过此选项的设置可以决定被擦除部分的不透明度。

九、修图工具

（修复画笔）工具和（修补）工具都可以对图像进行修复，还可以有效地改变复制后图像的颜色效果。

1）【修复画笔】工具

【修复画笔】工具的属性栏如图 4-27 所示

图 4-27 【修复画笔】工具属性栏

【笔刷】选项：设置修复画笔工具的笔刷大小及形状。

【模式】选项：模式选项右侧窗口的下拉列表中有【正常】、【替换】、【正片叠底】、【滤色】、【变暗】、【变亮】、【颜色】和【亮度】8 个选项，选择不同的模式对图像进行修复时，修复后的图像所产生的效果也会不同（对于不同的选项所产生的效果我们将在后面介绍）。

【源】选项：包括【取样】和【图案】两个选项。

选择【取样】时，首先要按住键盘中的 Alt 键，在要吸收复制的图像上单击，然后在所要修复的位置的位置按下鼠标左键拖拽，即可将所吸收的图像复制到鼠标托拽的位置。

选择【图案】时，可以利用当前所显示的图案对图像进行修复，同样我们可以将图像中的某一部分定义为图案。

【对齐的】选项：使用此选项可以确定对图像进行修复时所得到的图像是否是一个完整的图像。

2）【修补】工具

使用工具对图像进行修复时，必须首先利用工具在画面中托拽确定选择区域，此时我们就可以通过选取属性栏中的不同选项对图像进行修复。【修补】工具的属性栏如图 4-28 所示。

图 4-28 【修补】工具属性栏

【修补】选项：包括【源】和【目标】两个选项。选择【源】选项时，首先在图像中所要修复的位置按下鼠标拖拽，绘制一个选择区域，然后将鼠标光标放置在绘制的选择区域中拖拽，到所要复制的图像上释放，即可对选择区域中的图像进行修复。选择【目标】选项与选择【源】选项的使用方法恰好相反，首先在所要复制的图像绘制一选择区域，将鼠标光标放置在绘制的选择区域中拖拽，到所要修复的位置释放，即可进行修复。

在图像中所要修复的位置绘制一个选择区域，单击 使用图案 按钮可以利用其后所显示的图案进行修复，当没有选择区域时，此选项不可用。

3）【仿制图章】工具

按住键盘中的 Alt 键，在打开的图像文件中，单击要复制的图像（此时鼠标单击的位置为复制图像的印制点），然后将鼠标光标移动到要复制图像的位置上拖拽，将图像进行复制，释放鼠标并重新在图像窗口中拖拽到复制新图像。其属性栏如图 4-29 所示。

图 4-29　【仿制图章】工具属性栏

勾选【对齐的】选项时将进行规则的复制，即定义要复制的图像后，多次单击并拖拽，最终会得到一个完整的图像。不勾选此选项时将进行不规则的复制，即如果多次单击并拖拽，每次从鼠标落点处会重新开始复制图像。

❀ **任务实施**

步骤一：单击【文件】菜单中【打开】，打开素材文件。如图 4-30 所示。

图 4-30　原图

步骤二：利用仿制图章工具如图 4-31 所示，按住键盘 Alt 键在需要去除数字附近的树叶取样，需要修改的位置拖拽鼠标，将文字去除。

　　步骤三：再次利用仿制图章工具，按住键盘 Alt 键采样，同样拖拽鼠标在需要修改文字的位置，将文字去除，重复几次，可将文字去除。如图 4-32 所示。

图 4-31　利用仿制图章工具采样图像　　　　图 4-32　利用仿制图章工具去除文字

　　步骤四：利用魔棒工具选取背景图片，单击素材图片背景色，将容差设置为：32px。如图 4-33 所示。

　　步骤五：选择图像：【选择】/【反向】选取所需植物。如图 4-34 所示。

图 4-33　魔棒工具选取背景　　　　　　图 4-34　反向选择选取植物

　　步骤六：删除背景

　　步骤七：保存。最终效果如图 4-35 所示。

　　说明：本任务要求个人独立完成，小组同学可以互相研究讨论，最后上交作品不允许出现雷同。最终设置效果如图 4-35 所示。

图 4-35　最终效果图

❀ 任务总结

本项目实施中主要用到 photoshop CS5 中的选框工具来选取图像。修复图像主要两种方法：一是用 PS 工具修补，二是拿相同材质的东西掩盖住。

❀ 操作拓展

透视图像修补照片，如图 4-36 所示。

图 4-36　效果图

（1）图像编辑：定义"图像栏杆"区域透视平面。
（2）色彩调整：复制"图像栏杆"区域，去除人物。
（3）效果修饰：保持图像原有物体透视关系。

子任务二　林业图片的色彩调整

❀ 任务提出

林苑园林公司通过精心的经营和良好的服务态度招揽了更多客户设计一份图文并茂的《林苑园林公司宣传手册》。在设计制作过程中需要用到很多图像素材，为了得到更好的效果图，需要将一些图片进行色彩的调整处理。

要求：

（1）利用色阶、曲线、亮度/对比度调整图像亮度。

（2）利用色彩平衡、色相/饱和度调整图像色调。

❂ 学习目标

知识目标	能力目标	素质目标	技能（知识）点
（1）掌握色阶调整图片亮度的方法 （2）掌握调整图像色彩的方法 （3）掌握图像模式转换 （4）掌握修复照片偏色的方法	（1）能够调整图形色彩的能力 （2）能够调整图像亮度的能力	（1）养成自主学习能力，对知识技能的总结能力 （2）培养学生的观察能力	色阶，亮度/对比度、曲线、色彩平衡、色相饱和度、色阶、色相/饱和度

❂ 任务分析

多幅图像合成修要将图像亮度、色彩统一，主要利用色阶、曲线、亮度/对比度调整图像亮度；主要利用色彩平衡、色相/饱和度调整图像色调。

❂ 实施准备

一、【渐变】工具

利用工具能给整个画面或选择区域添加两种或几种颜色设置的渐变色。利用设置的渐变色可以制作出许多精美的颜色过渡效果,【渐变】工具的属性栏如图 4-37 所示。

图 4-37 【渐变】工具的属性栏

（渐变选项）：单击其后的 ▾ 按钮，弹出如图 4-38 所示的【渐变选项】面板。

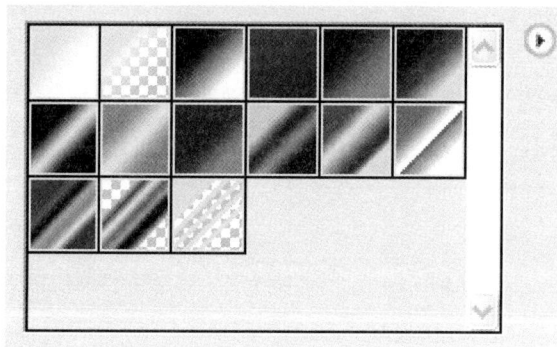

图 4-38 【渐变选项】面板

【渐变选项】面板中显示的时渐变选项缩览图，在渐变选项面板中单击需要使用的渐变选项即可将其选择。

▣（线形渐变）按钮：利用此选项可以使画面产生线形渐变效果。在画面中自左向有拖拽，将产生自光标落点处至终点处的直线渐变效果。

▣（径向渐变）按钮：利用此选项可以使画面产生径向渐变效果。在画面中自中心向边缘拖拽，将产生以光标落点处为圆心，拖拽光标的距离为半径的圆形渐变效果。

◣（角度渐变）按钮：利用此选项可以使画面产生对称角度渐变效果。在画面中自中心向右下方拖拽鼠标光标，将产生以光标落点处为中心，自拖拽光标的角度起旋转360°的锥形渐变效果。

▭（对称渐变）按钮：利用此选项可以使画面产生对称渐变效果。在画面中自左向右拖拽鼠标光标，将产生自光标落点处至终点处的直线渐变效果，并且以光标落点处与拖拽方向向垂直的直线为轴，进行对称渐变。

✛（菱形渐变）按钮利用此选项可以使画面产生菱形渐变效果。在画面中自中心向右下方拖拽鼠标光标，将产生以光标落点处为中心，拖拽光标的距离为半径的菱形渐变效果。

以使用【黑、白】渐变选项为例，上述 5 中渐变选项产生的渐变效果如图 4-39 所示。

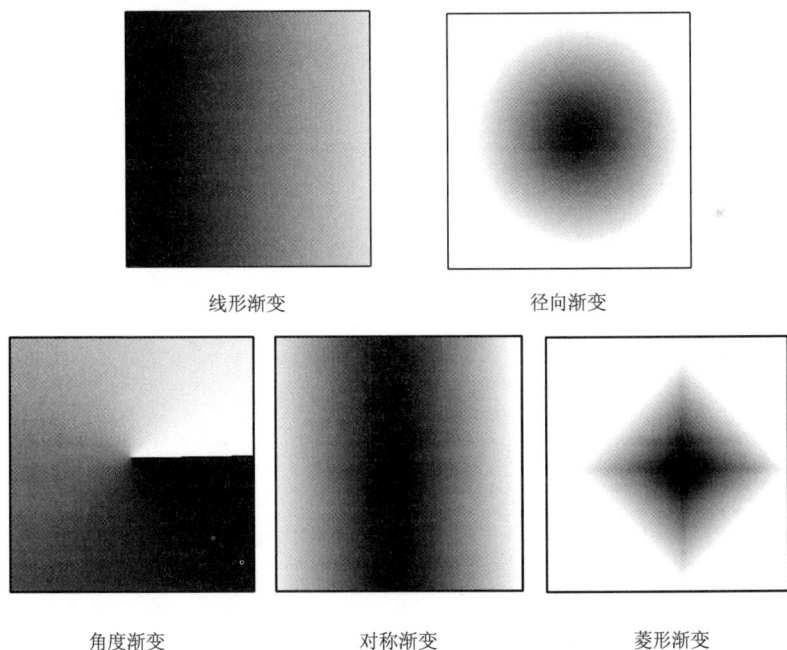

线形渐变　　　　　　　　　　　　径向渐变

角度渐变　　　　　对称渐变　　　　　菱形渐变

图 4-39　使用不同渐变选项时的渐变效果

【模式】选项：设置渐变与底图的混合模式。

【不透明度】选项：决定渐变效果的不透明程度。

【反向】选项：勾选此选项，渐变选项的颜色顺序将被颠倒使用。比如，首先将渐变色设置为【黑、白】渐变方式，当勾选【反向】选项时，设置的渐变色将变为【白、黑】渐变方式。

【仿色】选项：使渐变颜色间的过渡更加柔和。

【透明】区域选项：勾选此选项，将支持在渐变选项中使用透明效果。不勾选则渐变选项面板中的透明效果都为不透明。

二、图层的概念

图层是 Photoshop 软件工作的基础。什么是图层呢?我们可以打一个简单的比方来说明。比如我们要在纸上绘制一幅风景画，首先要在纸上绘制出风景画的背景（这个背景是不透明的）；然后在纸的上方添加一张完全透明的纸绘制风景画的草地；绘制完成后，在纸的上方再添加一张完全透明的纸绘制风景画的其余图形……以此类推，在绘制风景画的每一部分之前，都要在纸的上方添加一张完全透明的纸，然后在添加的透明纸上绘制新的图形。这样，可以通过纸的透明区域看到下面的图形，从而得到一幅完整的作品。在绘制过程中，添加的每一张纸就是一个图层。图层原理说明图如图 4-40 所示。

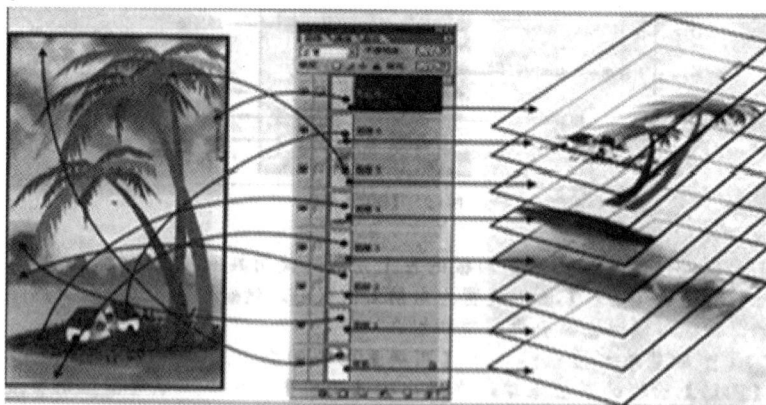

图 4-40　图层原理说明图

上面我们讲解了图层的概念，那么在绘制图形时为什么要建立图层呢?仍以上面的例子来说明。如果我们在一张纸上绘制风景画，当全部绘制完成后，突然发现草地效果不太合适，这时我们只能重新绘制。因为对在一张纸上绘制的画面进行修改非常麻烦，而如果您是分层绘制的，遇到这种情况就不必全部重新绘制了，只需找到绘制草地图形的透明纸（图层），将其删除，然后添加一个图层，绘制一幅合适的草地图形，放到刚才删除图层的位置即可，这样可以大大节省绘图时间。另外，除了易修改的优点外，我们还可以在一个图层中随意拖动、复制和粘贴图形，并能对图层中的图形制作各种特效，而这些操作都不会影响其他图层中的图形。

【图层】面板的主要功能是显示当前图像的所有图层组成及图像混合模式、不透明度等参数设置，并对该图层进行调整修改。下面我们制作了一个较为典型的图像文件来介绍【图层】面板，其【图层】面板各按钮及名称显示如图 4-41 所示。

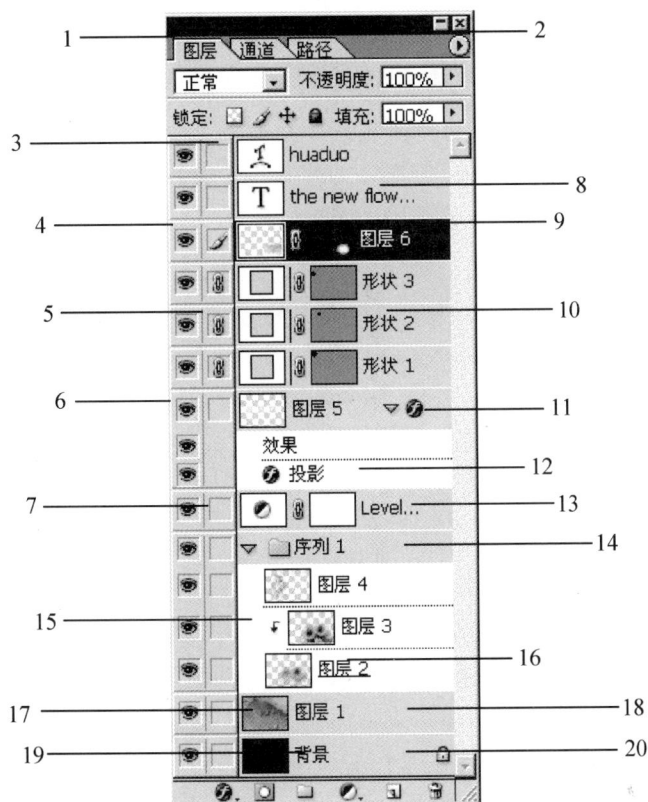

图 4-41　【图层】面板

1—图层标签；2—图层菜单按钮；3—变形文本层；4—当前图层；5—链接层图标；6—显示/关闭图层图标；

7—调节层图标；8—文本层；9—蒙版层；10—形状层；11—效果层；12—效果层图标；13—调节层；14—图层组；

15—与前一图层编组图标；16—编组图层；17—图层缩览图；18—普通层；19—图层名称；20—背景层

1. 选项及按钮

图层标签：位于【图层】面板的左上角，当使用其他控制面板时，单击图层标签可以将【图层】面板设置为当前工作状态。这些标签的位置不是固定不变的，我们可以根据需要进行重新组合。

　　 (图层菜单) 按钮：位于【图层】面板的右上角。单击此按钮，可弹出【图层】面板的下拉菜单，在弹出的【图层】面板中可以对图层的新建、复制、删除、图层组、图层的合并等进行操作。

　正常　▼：(图层混合模式) 选项：决定当前图层中的像素与其下面图层中的像素以何种模式进行混合。

【不透明度】选项：决定当前图层中图像的不透明程度。数值越小，图像越透明。数值越大，图像则越不透明。

　　　（锁定透明）按钮：单击此按钮可以使当前层中的透明区域保持透明。

　　　（锁定图像）按钮：单击此按钮在当前层中不能进行图形绘制及其他命令的操作。

　　注意： 并不是所有图像文件的【图层】面板都包括本图像文件这些元素，有些文件的图层可能只有其中的一部分。此处只是为了讲解【图层】面板，所以选用了一幅较为典型的实例。

　　　（锁定位置）按钮：单击此按钮可以将当前层中的图像锁定不被移动。

　　　（锁定全部）按钮：单击此按钮在当前层中不能进行任何修改操作。

　　【填充】选项：设置图层的内部不透明度。

　　在【图层】面板底部有 6 个按钮：

　　　（样式）按钮：单击此按钮将弹出下拉菜单，在此可以通过不同的选项对当前层中的图像添加各种样式效果。

　　　（蒙版）按钮单击此按钮可以给当前图层添加蒙版。首先在图像中创建一个选择区，再单击此按钮，可以根据创建选择区的范围大小在当前层上建立适当的图层蒙版。

　　　（序列）按钮：单击此按钮可以在【图层】面板中创建一个新的序列，创建的序列类似于文件夹。在以后的实例操作中会创建很多图层，为了便于管理和查询，我们可以创建此序列。

　　　（调整）图层：单击此按钮将弹出下拉菜单，在此可以通过选择不同的选项对当前图层下边的田层进行色调、明暗等颜色效果的调整。

　　　（新建）按钮：可以在当前图层上创建新图层。

　　　（删除）按钮：可以将当前图层删除。

　　2．图标

　　当文件执行了一定的操作后，【图层】面板中显示的图标及名称如下：

　　　（显示／关闭图层）图标·表示此图层处于可见状态。如果单击此图标，图标中的眼睛将被隐藏，表示此图层处于不可见状态。反复单击此图标，可以显示或隐藏该图层。

　　　（当前层）图标：表示图层处于当前操作层，此时在文件中所做的操作一般都是对当前层起作用的（特殊情况除外）。在【图层】面板中单击某图层，即可将其设置为当前层。当将蒙版层设置为当前工作层时，此围标将显示为

　　　（图层蒙版图标）形态。

　　　（链接层）图标：表示当前层与某层已链接，对链接后的图层可以一起移动，也可以执行对齐、分布图层和合并图层等操作。

　　图层缩览图：用于显示当前图层中画面的缩略图。随着该图层图像的变化而随时更新，以便在图像处理时给读者以参考。

　　注意： 不同性质的图层的创建方法不同，显示的缩掠图也不同，即图层缩览图的大小是可以调整的，单击【图层】面板右上角的　按钮，在弹出的下拉列表中选择【调扳选项】

选项，弹出如图 4-42 所示的【图层调板选项】对话框，即可调整图层缩览图的大小。

图 4-42　【图层调板选项】对话框

（1）图层名称：显示各图层的名称，一般显示在缩览图的右边。当要修改图层的名称时，可以在【图层】面板中单击右上角的圈按钮，在弹出的下拉菜单中选择【图层属性】选项，在弹出的【图层属性】面板中修改圈层的名称即可。

（2）图层组：图层组是图层的组合，它的作用相当于 Windows 资源管理器中的文件夹，主要用于组织和管理圈层并将这些图层作为一个对象进行移动、复制等。单击面板底部的▢按钮，或选择菜单栏中的【图层】/【新建】/【图层组】命令，即可在【图层】面板中创建序列。

（3）【与前一图层编组】目标：选择菜单栏中的【图层】/ 与前一图层编组】命令，当前层将与它前面的图层相结合建立层组，当前层的前面将生成编组图标，其下的图层即为编组图层。

注意：一个图层组中可以只有两个图层，也可以有多个图层，但层组中所有图层的堆叠必须是相连的。如果当前层与其他图层相链接，且这些链接层在【图层】面板中的堆叠顺序相连，那么【与前一图层编组】命令显示为【编组链接图层】命令，使用此命令可将所有与当前层链接的图层组成一个层组。

三、色阶

利用【色阶】命令可以调整图像各个通道的明暗数量，选取菜单栏中的【图像】/【调整】/【色阶】命令，将弹出如图 4-43 所示的【色阶】对话框。

（1）【通道】选项：可以在此选项中选择所要调整的通道。

（2）【输入色阶】选项：此选项可以通过设置暗色调、中色调和亮色调的色调值来调整图像的色调和对比度。数值框中的数值与色阶图下面的 3 个小三角符号是相对应的，调整数值框中的数值或改变小三角符号的位置都可以调整图像的明暗和对比度。

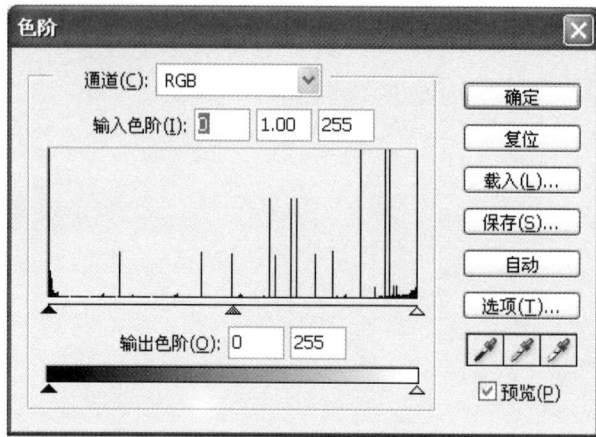

图 4-43　【色阶】对话框

（3）【输出色阶】选项：色带下的两个小三角符号是相对应的，调整数值框中的数值或改变小三角符号的位置都可以调整图像的亮度和对比度。

（4）载入（L）：单击此按钮，可以在弹出的【载入】对话框中载入已保存的色阶。

（5）保存（S）：单击此按钮，可以保存当前调整的色阶。

（6）自动：单击此按钮，可以对图像的色阶自动调整。

（7）选项（T）：单击此按钮，可以弹出【自动颜色校正选项】对话框，在此对话框中可以改变每个通道的颜色对比度等设置。

提示：若选取菜单栏中的【图像】/【调整】/【自动色阶】命令，系统会自动在【色阶】对话框中设置暗调和高光，它将各个颜色通道中的最暗和最亮像素自动映射为黑色和白色，然后按比例重新分布中间色调的像素值。用此命令调整图像比较简单，只是精度不高。

四、平衡图像色彩

【图像】/【调整】菜单下的【色彩平衡】命令可以改变图像中的色彩，对一般化的色彩进行校正。选取【色彩平衡】命令，将弹出如图 4-44 所示的【色彩平衡】对话框。

（1）【色彩平衡】选项：可以随意在【色阶】后面的窗口中输入从"-100"到"+100"的数值，或调节下面的 3 个小滑块来对图像的颜色进行调整。注意在调整图像的颜色时最好要分清要调整的颜色，然后再到此对话框中对其进行减色或补色。

（2）【色调平衡】选项：在此选项中包括【暗调】、【中间调】、【高亮】3 个选项，可以通过选择不同的选项对图像进行调整。

（3）【保持亮度】选项：勾选此选项，对 RGB 模式的图像进行调整时可以保持图像的亮度不变。

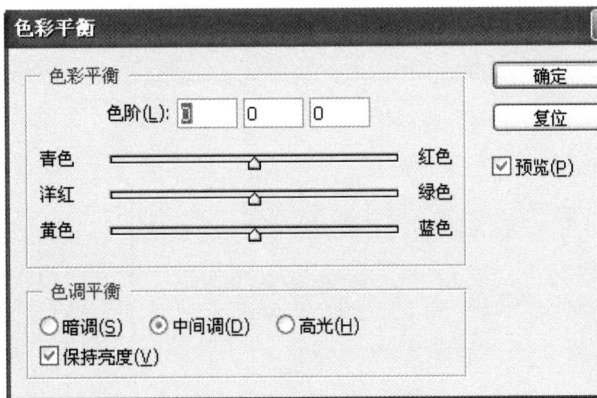

图 4-44　【色彩平衡】对话框

五、图像色相与饱和度的调整

（1）【图像】/【调整】菜单下的【色相/饱和度】命令可以调整图像或图像中单个色彩像素的色调、饱和度和亮度值。选取【色相/饱和度】命令，将弹出如图 4-45 所示的【色相/饱和度】对话框。

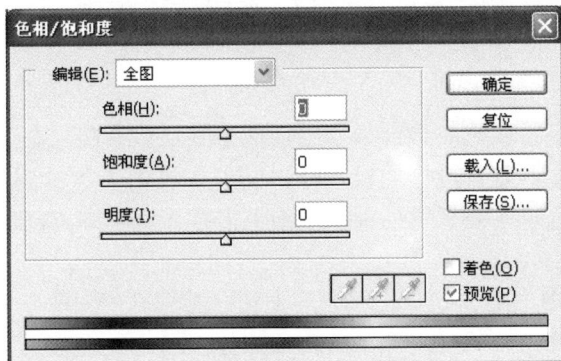

图 4-45　【色相/饱和度】对话框。

（2）【编辑】选项：此选项决定所要调整颜色的范围，选择【全图】选项时，可以调整整个图像的色调、饱和度和亮度。选择各单色选项时，可以对所选的单个颜色进行调整。

（3）【色相】选项：即指颜色，如红、黄、蓝、绿等。在其后的数值框中直接输入数值或拖动下方的滑块都可以改变图像的色相。

（4）【饱和度】选项：指颜色的统一纯度，颜色越纯，其饱和度越大。在其后的数值框中直接输入数值或拖动下方的滑块都可以改变图像的饱和度。

（5）【明度】选项：即图像的明暗度，在其后的数值框中直接输入数值或拖动下方的滑块都可以改变图象的亮度。

（6）【吸管】选项：可以在图像中选取颜色来决定编辑范围，当在【编辑】选项窗口中选择【单色】选项时，此工具才可以使用。单击 按钮，可以具体编辑所调色的范围。

（7）【着色】选项：勾选此选项可以对灰度图像进行上色，也可以创作图像的单色调效果。

✿ 任务实施

有一部分照片 由于光线等原因图片偏暗，对于这类图片修复方法。处理之前先用认真分析素材图片的色彩构成，然后有针对的调整暗部及高光颜色，初步修复后，再慢慢精修局部细节和颜色，直到自己满意为止。如图 4-46 所示。

步骤一：打开素材文件。如图 4-47 所示。

图 4-46　最终效果图

图 4-47　原图

步骤二：载入选区：要把亮调部分与暗调部分分别做调整，首先要分别载入相应的选区。先来做暗调的地面。打开通道面板，分别观察红绿蓝三个通道，草地上反差最大的是红色通道。选定红色通道，在通道面板最下面单击载入选区图标，红色通道选区被载入，看到蚂蚁线了。如图 4-48 所示。

步骤三：单击 RGB 复合通道，回到复合通道，看到彩色图像了。现在载入的选区是图像中的亮调部分，而要处理的是图像中的暗调部分，因此要将选区反选过来。选择"选择反向"命令，将选区反选。如图 4-49 所示。

图 4-48　利用通道选择选区

图 4-49　图像反向选择

步骤四：调整地面影子，调回到图层面板，需要建立相应的调整层。在图层面板最下面单击创建调整层图标，在弹出的菜单中选择色阶命令，建立一个色阶调整层。如图 4-50 所示。

步骤五：在弹出的色阶面板中，按照直方图的形状设置滑标。将白场滑标向左移动到直方图右侧的起点，中间灰滑标适当向右移动一点，调节暗调部分。如图 4-51 所示。

图 4-50 调整图像亮度

图 4-51 调节色阶

步骤六：调节草地上的反差，需要再次载入选区。按住 Ctrl 键，用鼠标单击当前调整层的蒙版图标，蒙版的选区被载入了。这与刚才从通道中载入的选区是一致的。如图 4-52 所示和 4-53 所示。

图 4-52 调节蒙版

图 4-53 调节曲线

步骤七：调整天空影调，再来做亮调的天空，需要将天空压暗，以利于突出地面。首先在图层面板上关闭刚刚为调整地面而建立的两个调整层，使得图像恢复初始状态。再次打开通道面板，选中红色通道后单击通道面板最下面的载入选区图标，最后载入红色通道的选区。如图 4-54 所示。

步骤八：图层面板，建立一个新的色阶调整层。在弹出的色阶面板中看到的直方图是图像中亮调部分的像素值。将左侧的黑场滑标向右移动到直方图左侧起点位置，将中间灰滑标稍向左移动，看到图像中天空整体暗下来了。如图 4-55 所示。

步骤九：天空的暗调部分调暗一点。曲线调整层。在弹出的面板中选中直接调整工具，在图像中最左上角较暗的天空处按住鼠标向下移动，看到曲线向下压了，天空暗下来了。

步骤十：在工具箱中选渐变工具，默认黑白前景色和背景色。在天地交界的地方拉出

渐变，上白下黑，把地面部分遮挡掉，保留天空调整部分

图 4-54 载入红色通道

图 4-55 调节色阶

步骤十一：修饰影调色调，在图层面板上，打开调整暗调地面、亮调选区与暗调选区交界的地方。在图层面板上单击刚才调整暗调地面的色阶调整层的蒙版，进入暗调色阶调整蒙版操作状态。

步骤十二：在工具箱中选画笔工具，前景色为黑，选项栏中设置较大的笔刷直径和最低的硬度参数。用黑画笔在天地交界处细致涂抹，把灰影调都涂抹掉。步骤十三：调节夕阳下光照的效果。强烈将工具箱中前景色设置为白色，用画笔把草地的光照效果涂抹出来。

步骤十三：颜色修饰。在图层面板最下面单击创建调整层图标，在弹出的菜单中选色相/饱和度命令，建立一个新的色相/饱和度调整层。先将饱和度提高到 25 左右，整个图像颜色看起来鲜艳了。如图 4-56 所示。

图 4-56 调节全图色相/饱和度

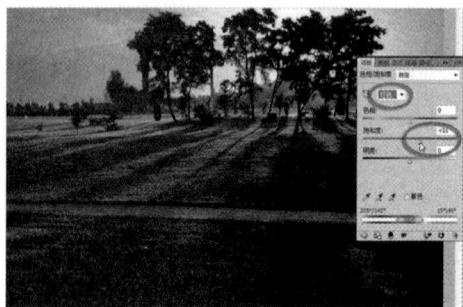

图 4-57 调节红色通道色相/饱和度

步骤十四：打开颜色通道下拉框，选择红色。将红色的饱和度提高适量。如图 4-57 所示。

步骤十五：再打开颜色通道下拉框，选择黄色。将黄色的饱和度提高适量，如图 4-58 所示。提高红色和黄色的饱和度后，夕阳的暖色调更突出了，草地更显得鲜嫩了。

步骤十六：保存。最终效果图如图 4-59 所示。

图 4-58　调节黄色通道色相/饱和度

图 4-59　最终效果图

❀ 任务总结

　　本项目实施中主要用到 photoshopCS5 中的图像调整功能来处理图片的整体亮度、色彩和饱和度，使图片看起来颜色更丰富，更具层次感，充分体现图片所要表现的内容，是 photoshop 功能最强大的应用能力。

❀ 操作拓展（图 4-60）

图 4-60　原图

　　步骤一：在 Photoshop 中打开森林图像和执行 HDR 色调"（图像|调整| HDR 色调），如图 4-61 所示。

　　步骤二：制作一些光影变化，可以设置前景色为浅黄色，背景色为白色，填充渐变，混合模式为柔光，重复复制几个图层，变换位置和分布。

　　步骤三：为了提高照明多，需要光的地面位。要做到这一点使用一个大而圆的白光，前景色为白色，使用笔刷单一的点击刷到地面。

　　步骤四：设置图层的混合模式为叠加，重复步骤几次，使森林的地面，光线充足。

　　步骤五：添加一些光线通过树的叶子，阳光打破。要做到这一点，选择柔软的白色小刷，同时按住键盘上的 Shift 键，绘制整个文档直线上一个新层。

　　步骤六：进一步调整图像的颜色和整体效果，最后如 4-62 参考效果图。

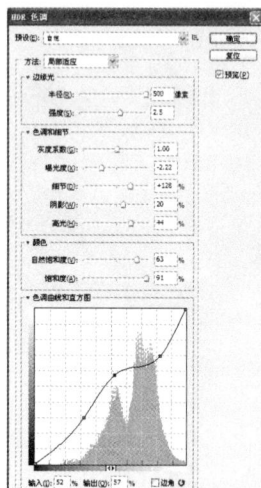

图 4-61　HDR 色调调整参考

图 4-62　参考效果图

子任务三　林业山地全景图拼接

❈ 任务提出

　　林业局要进行个林业站的图片宣传展，其中的部分图片是一些零散图片，需要使用软件进行拼接，最后形成完整的图片作品。

　　要求：

　　（1）使用 photomerge 功能对多张图片进行拼接

　　（2）使用水平尺对图像进行调整

　　（3）裁切出合适大小的图片部分，使画面更饱满

　　（4）调整图层，对多图层进行合并

　　（5）使用图像调整功能对图像的整体色彩，亮度进行调整

❈ 学习目标

知识目标	能力目标	素质目标	技能（知识）点
（1）掌握使用 photoshop 软件对多张图片进行拼接的方法 （2）掌握图像调整的方法 （3）掌握图层的基本使用 （4）掌握文本的输入和设置方法 （5）掌握滤镜的基本使用	（1）能够使用 photoshop 软件中图像拼接功能拼接多张图片或者图纸 （2）能够熟练使用图像调整工具对图像色彩，亮度等进行必要的调整 （3）能够熟练使用图层进行编辑 （4）能够输入文本，并进行编辑处理 （5）能够使用常用的滤镜添加特效	（1）培养认真观察、独立思考、自主学习的能力 （2）培养学生团队协作精神 （3）培养学生良好的世界观、审美观	（1）拼接功能 photomerge （2）图像调整 （3）图层合并 （4）自由变换 （5）裁切工具

❀ 任务分析

图片在扫描的过程中，由于扫描议的大小不一，一张完整的图性要分几次扫描才能完成。为了在以后工作中方便操作，就必须把涉及的扫描图拼接成一张。

❀ 实施准备

一、图层的基本操作

1. 图层的创建

方法一：单击图层调板中的"创建新的图层"按钮 或"创建新组"按钮 。

方法二：选择菜单栏中的【图层】/【新建】/【图层】命令或者【图层】/【新建】/【图层组】，都可以在【图层】面板中创建一个普通层或者图层组。

2. 删除图层

删除不再需要的图层可以减少图像的大小。

要删除（不需要先经过确认）图层或图层组，请将图层或图层组直接拖移到"删除图层"按钮 上或按住 Alt 键并单击"删除图层"按钮即可。如果要经过确认再删除图层或图层组，请单击"删除图层"按钮。也可以从"图层"菜单或图层调板菜单中选取"删除图层"或"删除图层组"。

3. 图层编辑

1）图层的选取

选中图层是我们执行得命令最多的操作之一，由于 Photoshop 绝大部分的操作都是针对于当前图层的，因此在进行操作之前必须先选中被操作的图层。

方法：在"图层"调板中单击需选中的图层

2）图层的调整

这里指的是调整图层的堆栈位置。只要在"图层"面板中单击需要调整位置的图层不放，此时鼠标变成一个抓手形状，拖移到所需的位置再松开鼠标即可。如图 4-63 所示。

3）对齐图层

链接后的图层可根据图层内包含的山容进行对齐。可以使用移动工具 的工具状态栏，来调整图层和图层组内容的位置。还可以使用"图层"菜单中的命令对齐和分布图层内容。需要注意的是对齐和分布命令只影响所含像素的不透明度大于 50% 的图层。

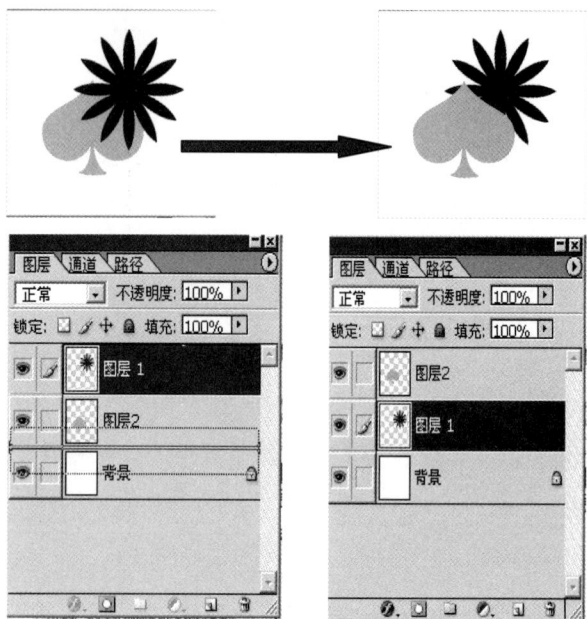

图 4-63　调整图层位置

二、图层样式

图层样式主要包括阴影、发光、斜面、浮雕和描边等。双击所要添加图层样式的图层打开图层样式对话框，如图 4-64 所示。

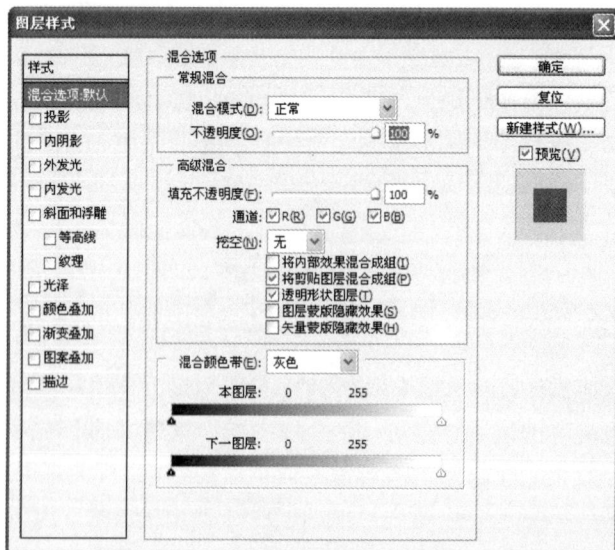

图 4-64　图层样式对话框

　　【投影】选项：利用此选项可以给当前图层中的图像添加投影，在其后侧的窗口中可以设置的不透明度、角度、与图像的距离以及大小等参数。

　　【内阴影】选项：利用此选项可以使当前图层中的图像产生看起来陷入背景中的效果，在其右侧的窗口中可以设置内阴影的不透明度、角度、阴影距离和大小等参数。

　　【外发光】选项：利用此选项可以使当前图层中的图像边缘的外部产生发光的效果，在其右侧的窗口中可以设置外发光的不透明度和颜色等参数。

　　【内发光】选项：此项与【外发光】选项相似，利用此选项可以在图像边缘的内部产生发光的效果。

　　【斜面和浮雕】选项：利用此选项在制作图像特殊效果时经常用到的命令，利用此选项可以使当前图层中的图像产生不同样式的浮雕效果，在其右侧的窗口中可以设置斜面和浮雕的样式、方向、深度、大小、角度、高度、及不透明度等参数。另外，次命令还可以为当前图像添加纹理效果。

　　【描边】选项：利用此选项可以在当前图像的周围描一个边缘效果，描绘的边缘可以是一种颜色，一种渐变色，也可以是一种图案。

　　【光泽】选项：利用此选项可以使当前图层中的图像产生类似绸缎的平滑效果，在其右侧的窗口中我们可以设置光泽的颜色、不透明度、角度、距离和大小等参数。

三、文字工具组

　　按住工具箱中的 T 工具不放，将显示出文字工具组中的其他工具。分别为横排文字工具 T 、直排文字工具 IT 、横排文字蒙版工具 T 和直排文字蒙版工具 IT 。其中，横排和直排文字工具分别用于输入横排和直排文字，横排和直排文字蒙版工具分别用于创建横排和直排文字选区。

　　选择一个文字工具，将显示如图 4-65 所示的文本工具的属性栏，其中各项含义如下：

图 4-65　文本工具的属性栏

　　 IT 更改文本方向按钮，只有在输入文字后，才可以使用。

　　 楷体_GB2312 设置字体系列弹出式菜单，可以在其中改变选中文字的字体。

　　 T 27.4 点 置选中文字的字体人小。在对话框中直接输入文字大小，或单击右侧的向下箭头，在打开的设置框中选择文字大小。

　　 aa 浑厚 设置消除锯齿方法，除"无"外，可以通过设置任何一种方法，部分地填充边缘像素来产生边缘平滑的文字。这样，文字边缘就会混台到背景中。

　　 █ 设置文本颜色。单击该颜色板在打开的颜色框中选择所需要的颜色即可

　　 ▤▤▤ 设置文字的对齐方式，分别是左对齐，居中对齐，右对齐。

　　 ⫘ 设置文字变形

▣字体属性栏

⊘取消

✔确认

1. 添加文字

（1）输入横排或直排文字。选择横排文字工具 T 或直排文字工具 T 在图像窗口中单击即可输入文字。

（2）输入横排或直排文字选区。选择横排文字蒙版工具 T 或直排文字蒙版工具 T，并在图像窗口中单击即可输入文字选区 。

（3）添加段落文字。当需要处理大量文字时，可以添加段落文字图层来处理。

（4）设置文字的格式。在输入完文字后，还可以设置文字格式，包括选择文字、设置字符格式和段落格式。

2. 选择文字

要对文字进行编辑、修改或设置属性，都需要先选中文字。选择工具箱中的文字工具 T，然后在要选择的文字的开始位置单击并拖动鼠标，在结束位置释放鼠标，即可将开始位置和结束位置之间的文字选中，被选中文字将以补色显示。如果要选择段落文字中的文字，应先选择文字工具 T，在段落文字中要选择的文字的开始位置单击并拖动鼠标即可。

3. 设置字符格式

设置文字的字符格式包括设置文字的字体、颜色、大小和字符间距等属性。先选中需要设置字符格式的文字，然后单击工具属性栏中的 ▣ 按钮，再单击"字符"标签（或选择"窗口/字符"命令），打开如图 4-66 所示的"字符"面板。

其中各项含义如下：

楷体_GB2312 ▾ 下拉列表框：设置字体

T 16 点 ▾ 下拉列表框：设置字体大小

IA/A (自动) ▾ 下拉列表框：设置字体的行间距

IT 100% 文本框：设置字体的垂直缩放比例

T 100% 文本框：设置字体水平缩放比例

あ 0% ▾ 下拉列表框：以百分比的方式用于设置两个字符之间的字间距

AV 100 ▾ 下拉列表框：用于改变选择的文字之间的字间距

AV 0 ▾ 下拉列表框：用于设置光标两侧的文字之间的之间距

A↕ 0 点 文本框：用于设置文字的基线偏移量

颜色: ☐ 列表框：设置字体颜色

4. 设置段落格式

文字的段落格式包括对齐方式、缩进方式、避头点和间距组合等。选择工具箱中的文字工具，然后将输入置于需要设置段落格式文本中，在工具属性栏中单击 ▤ 按钮，然后单击"段落"标签（或选择"窗口/段落"命令），打开如图4-67所示的"段落"面板。

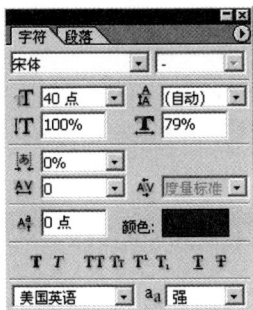

图 4-66　"字符"面板　　　　　　　　　图 4-67　"段落"面板

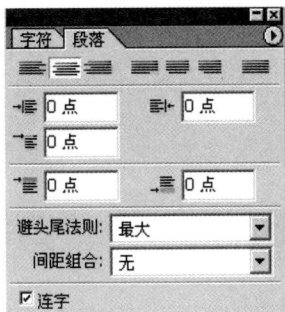

其中各项含义如下：

▤ 设置段落文字的对齐方式为左对齐。

▤ 设置段落文字的对齐方式为居中对齐。

▤ 设置段落文字的对齐方式右对齐。

▤ 设置段落文字的对齐方式为两端对齐，最后一排对齐左边。

▤ 设置段落文字的对齐方式为两端对齐，最后一排对齐中间。

▤ 设置段落文字的对齐方式为两端对齐，最后一排对齐右边。

▤ 设置段落文字的对齐方式为两端对齐，最后一排也两端对齐。

⊣▤ 0点　设置文字左缩进值。

▤⊢ 0点　设置文字右缩进值。

▤ 0点　设置文字首行缩进值。

▤ 0点　设置文字段前距。

▤ 0点　设置文字段后距。

使用缩进的效果：

"避头尾法则"下拉列表框：用于设置避免第一行显示标点符号的规则。

"间距组合"下拉列表框：用于设置自动调整字间距时的规则。

☑ 连字：可以将文字的最后一个外文单词拆开，形成连字符号，使剩余的部分自动换到下一行。

5. 设置文字的变形效果

对于输入后的文字，还可以对其添加变形效果，单击工具属性栏中 ⼯ 按钮将打开"变形文字"对话框，在"样式"下拉列表框中选择一种变形样式即可设置文字的变形效果。如图 4-68 所示。

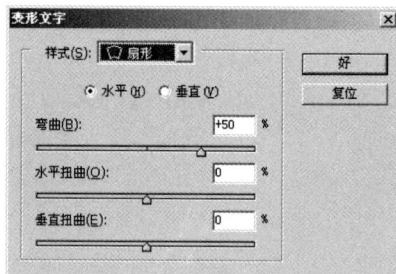

图 4-68　设置文字的变形效果

四、滤镜基础知识

大多数的滤镜对话框都相似，其使用方法也大致相同：在"滤镜"菜单中选择相应的滤镜组，在其弹出的子菜单中选择所需的滤镜命令，然后在打开的对话框（有些滤镜没有对话框）中设置参数，最后单击 好 按钮即可执行所设置的图像效果。

滤镜的使用规则：

要想制作出所需的图像效果，就要了解并掌握滤镜的使用和操作方法，用户在使用滤镜菜单制作图像效果时，以下几点使用规则需要注意：

滤镜对图像的处理是以像素为单位进行的，即使是同一张图像在进行同样的滤镜参数设置时，也会因为图像的分辨率不同而造成处理后的效果不同。

当图像的分辨率较高时，在应用一些滤镜时会占用较大的内存空间，从而使运行速度变慢。

当对图像的某一部分使用了滤镜后，往往会留下锯齿，这时可以对该边缘进行羽化，使图像的边缘过渡平滑。

五、常用滤镜

1. 切变

"切变"滤镜可以在垂直方向上按设置的弯曲路径来扭曲图像。如图 4-69。

2. 扩散亮光

"扩散亮光"滤镜能使图像产生光热弥漫的效果，常用来表现强烈的光线和烟雾效果。选择"滤镜/扭曲/扩散亮光"命令，打开如图 4-70 "扩散亮光"对话框，其中各选项含义如下：

"粒度"文本框：用于控制辉光中的颗粒度，该值越小，颗粒越少。

"发光量"文本框：用于调整辉光的强度，该值不宜过大。

"清除数量"文本框：用于控制图像受滤镜影响区域的范围，该值越大，受影响的区域越少。

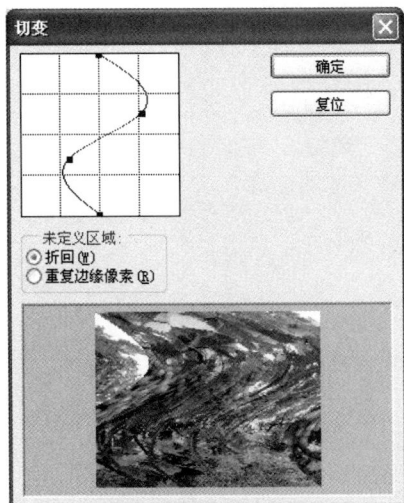

图 4-69　"切变"对话框

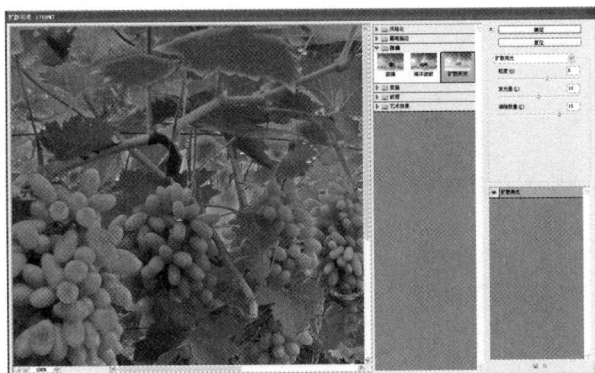

图 4-70　"扩散亮光"对话框

3．挤压

"挤压"滤镜可以使全部图像或选区图像产生向外或向内的挤压变形效果。其中，"数量"文本框用于调整挤压程度，其取值范围为-100%～+100%，取正值时使图像向内收缩，取负值时使图像向外膨胀。如图 4-71 所示。

4．旋转扭曲

"旋转扭曲"滤镜可产生旋转风轮效果，旋转中心为物体的中心，常用于制作漩涡效果，其对话框。其中，"角度"文本框的值为正时，图像顺时针旋转扭曲，为负时逆时针旋转扭曲。如图 4-72 所示。

5．玻璃

"玻璃"滤镜可以产生一种透过玻璃观察图片的效果。选择"滤镜/扭曲/玻璃"命令，打开"玻璃"对话框，如图 4-73 所示，其中各选项含义如下：

"扭曲度"文本框：用于调节图像扭曲变形的程度，该值越大，扭曲越厉害。

"平滑度"文本框：用于调整玻璃的平滑程度，该值越大，玻璃效果越平滑。

"纹理"下拉列表框：用于设置纹理类型，包括"块状"、"画布"、"磨砂"和"微晶体"等 4 种纹理类型。

图 4-71 "挤压"对话框

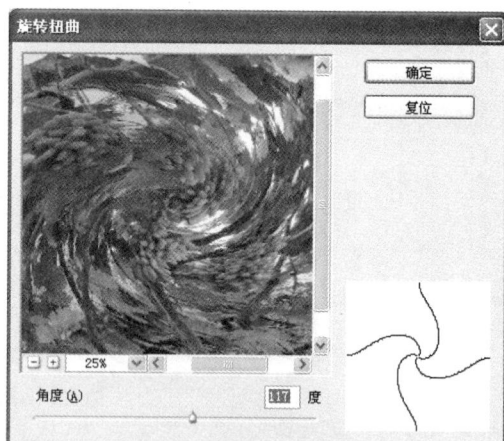

图 4-72 "旋转扭曲"对话框

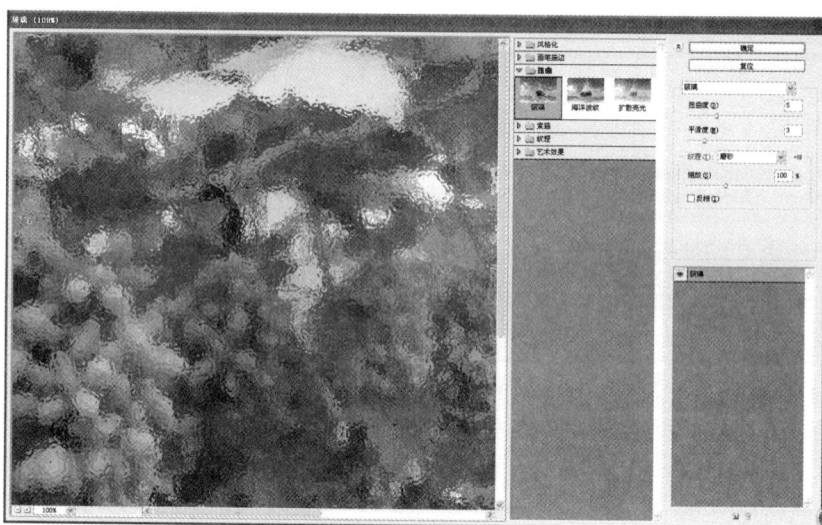

图 4-73 "玻璃"对话框

6. 球面化

"球面化"滤镜模拟将图像在球面上进行扭曲和伸展，从而产生球面化效果。其对话框如图 4-74 所示，其中各选项含义如下：

"数量"文本框：用于设置球面化效果的程度。

"模式"下拉列表框：用于设置图像同时在水平和垂直方向上球面化，还是水平或垂直方向上进行单向球面化。

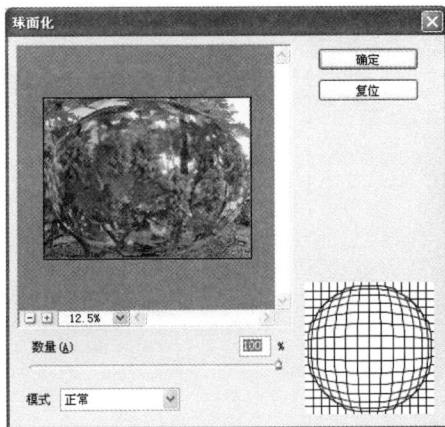

图 4-74　"球面化"对话框

7. 添加杂色

"添加杂色"滤镜可以向图像随机地添加混合杂点，即添加一些细小的颗粒状像素。常用于添加杂点纹理效果，其对话框如图 4-75 所示，各选项含义如下：

"数量"文本框：用于调整杂点的数量，该值越大，效果越明显。

"分布"栏：用于设定杂点的分布方式。若选中单选按钮，则颜色杂点统一平均分布；若选中 单选按钮，则颜色杂点按高斯曲线分布。

☑单色(M)复选框：选中该复选框，用于设置添加的杂点是彩色的还是灰色的，杂点只影响原图像像素的亮度而不改变其颜色。

8. 蒙尘与划痕

"蒙尘与划痕"滤镜主要是通过将图像中有缺陷的像素融入周围的像素中，达到除尘和涂抹的目的，常用于对扫描图像中的蒙尘和划痕进行处理。其中对话框如图 4-76，其中各选项含义如下：

"半径"文本框：用于调整清除缺陷的范围。该值越大，图像中颜色像素之间的融合范围越大。

"阈值"文本框：用于确定要进行像素处理的阈值。该值越大，图像所能容许的杂色就越多，去杂效果越弱。

9. 径向模糊

"径向模糊"滤镜用于产生旋转模糊效果（图 4-77），其中各选项含义如下：

"数量"文本框：用于调节模糊效果的强度，值越大，模糊效果越强。

"中心模糊"预览框：用于设置模糊从哪一点开始向外扩散，在预览图像框单击的一点即可从该点开始向外扩散。

图 4-75 "添加杂色"对话框

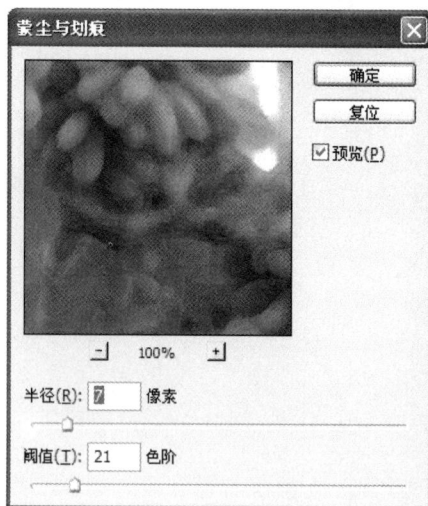

图 4-76 "蒙尘与划痕"对话框

"模糊方法"栏：选中旋转单选按钮时，产生旋转模糊效果；选中缩放单选按钮时，产生放射模糊效果，被模糊的图像从模糊中心处开始放大。

"品质"栏：用于调节模糊质量，包括草图、好和最好三个单选按钮。

10. 高斯模糊

"高斯模糊"滤镜可以将图像以高斯曲线的形式对图像进行选择性地模糊，产生浓厚的模糊效果，可以将图像从清晰逐渐模糊。在前面已经例举了其操作方法，其中的"半径"文本框用来调节图像的模糊程度，值越大，图像的模糊效果越明显，如图 4-78 所示。

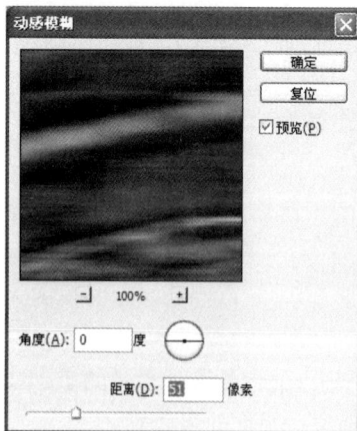

图 4-77 "径向模糊"对话框

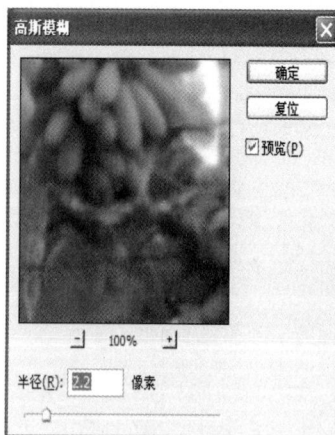

图 4-78 "高斯模糊"对话框

11. 光照效果

"光照效果"滤镜的功能相当强大,其对话框中的设置参数也比较多,用户可以在其中设置光源的"样式"、"类型"、"强度"和"光泽"等,然后根据这些设定产生光照模拟三维光照效果,常用于装饰方面的效果图。其中对话框如图 4-79 所示,其中各选项含义如下:

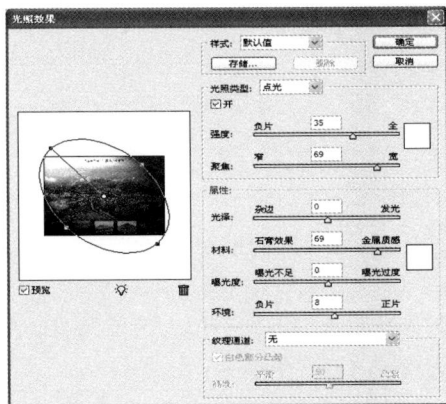

图 4-79　"光照效果"对话框

"样式"下拉列表框:在该下拉列表框中可以选择光源的样式,系统提供了十多种样式,能模拟各种舞台光源效果,用户还可以保存和删除其中的光源样式。

"光照类型"下拉列表框:该项在选中 开复选框后才可在其下拉列表框中选择光照的类型。其中包括"平行光"、"点光"和"全光源"3 种灯光类型,拖动其下方的滑块可以调节光照效果。

"强度"栏:拖动其下方的滑块可以控制光的强度,其取值范围为-100~100,该值越大,光亮越强。单击其右侧的颜色图标,在弹出的"拾色器"对话框中可以设置灯光的颜色。

"聚焦"栏:拖动其下方的滑块可以调节椭圆区内光线的照射范围。

"光泽"栏:拖动其下方的滑块可以设置反光物体的表面光洁度。滑块从"杂边"端到"发光"端,光照效果越来越强。

"材料"栏:用于设置在灯光下图像的材质,该项决定反射光色彩是反射光源的色彩还是反射物本身的色彩。拖动滑块从"塑料效果"端滑到"金属质感"端, 反射光线颜色也从光源颜色过渡到反射物颜色。

"曝光度"栏:拖动其下方的滑块可以控制照射光线的明暗度。

"环境"栏:用于设置灯光的扩散效果。单击其右侧的颜色图标,在弹出的"拾色器"对话框中可以设置灯光的颜色。

"纹理通道"下拉列表框:在其下拉列表框中可以选择"红"、"绿"和"蓝"3 种颜色,用于在图像中添加纹理产生浮雕效果。若选中"无"以外的选项,则复选框变为不可设置状态。

"高度"栏：用于设置图像浮雕效果的深度。其中，纹理的凸出部分用白色显示，凹陷部分用黑色显示。拖动滑杆从"平滑"端到"凸起"端，浮雕效果将从浅到深。

预览框：当选择所需的光源样式后，单击预览框中的光源焦点即可以确定当前光源，在光源框上接住鼠标并拖动可以调节该光源位置和范围，拖动光源中间的节点可以移动光源的位置。拖动预览框底部的整图标到预览框中即可添加新的光源。将预览框中光源的焦点拖到其下方的图标上可以删除该光源。

12. 镜头光晕

"镜头光晕"滤镜能产生类似强光照射在镜头上所产生的光照效果，还可以人工调节光照的位置、强度和范围等，如图 4-80 所示，其中各选项的含义如下：

"光晕中心"预览框：使用鼠标指针在预览框中单击即可确定当前的光照位置，还可以将其移到不同的位置。

"亮度"文本框：用来调节光照的强度和范围，该值越大，光照的强度越强，范围越大。

"镜头类型"栏：用于设置镜头的类型。

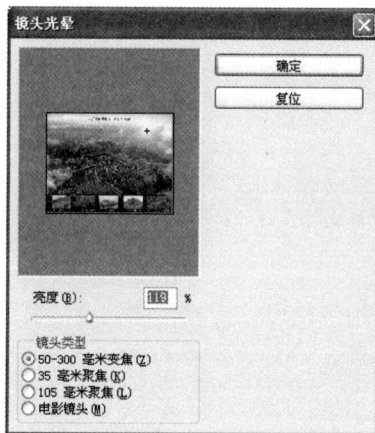

图 4-80　"镜头光晕"对话框

❀ **任务实施**

步骤一：打开 Adobe Photoshop ，从"文件"菜单的"自动"里"photomerge（照片合并）"，出现照片合并对话框，如图 4-81 所示。

步骤二：打开"照片拼接"对话框，如图 4-82 所示。

注意：选择版面"圆柱"，此项选择符合画面视觉的特点；同时将下方效果"混合图像""晕影去除""几何扭曲校正"三个对号勾选上，加强拼接图片的品质。

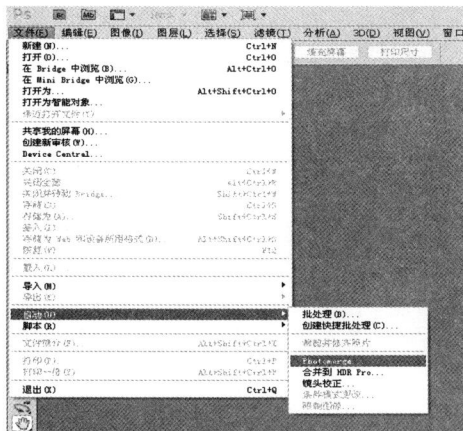

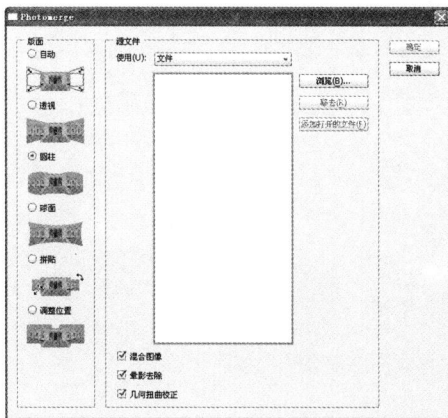

图 4-81　打开 photomerge 照片合并对话框　　　　图 4-82　照片拼接对话框设置

步骤三：点击"浏览"按钮，选择要拼图的图片，到找目录，选中所有要拼合的照片，如图 4-83 所示。

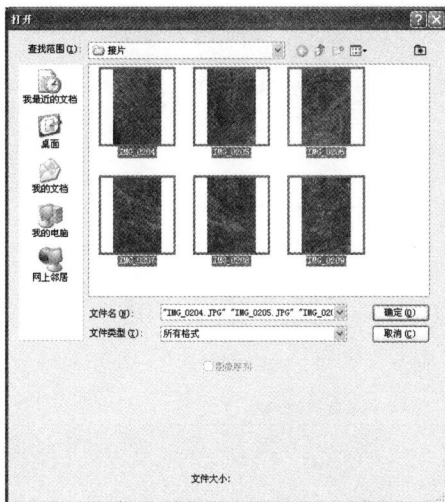

图 4-83　查找拼接照片

步骤四：照片一定要按从左到右的顺序排列，如有错误，删除重新加入，然后再点"确定"按钮，进入程序自动拼接状态。如图 4-84 所示。

步骤五：点击"确定"初步拼接好的照片，如图 4-85 所示。

步骤六：选择"图层面板"点击右侧子菜单按钮，打开子菜单，选择"合并可见层"，将图层进行合并，如图 4-86 所示。（注：拼合图像有时会出现色彩不统一的情况，这时就需要在合并图层之前对图像的色彩、亮度进行必要的调整，使图像的色调和亮度保持一致，然后再作进一步处理。）

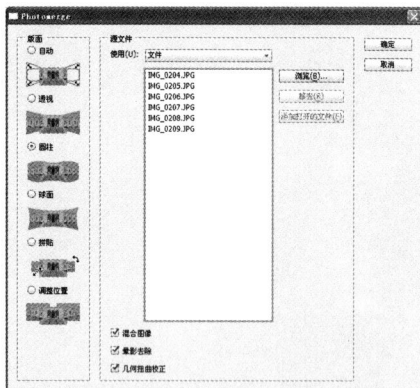

图 4-84　将照片添加入拼接任务

图 4-85　对照片进行初步拼接

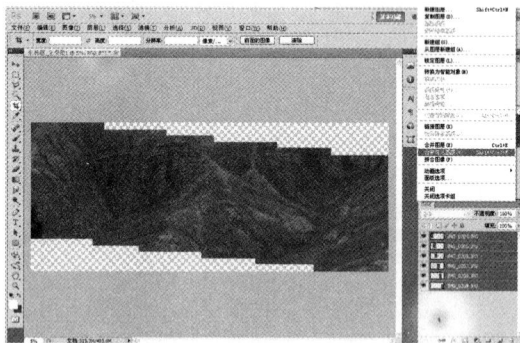

图 4-86　拼合图层

步骤七：如照片由于拍摄时水平线没对准，可用工具栏中的"标尺工具"（也可直接按"I"键）在图中沿水平线拖一条直线，如图 4-87 所示。

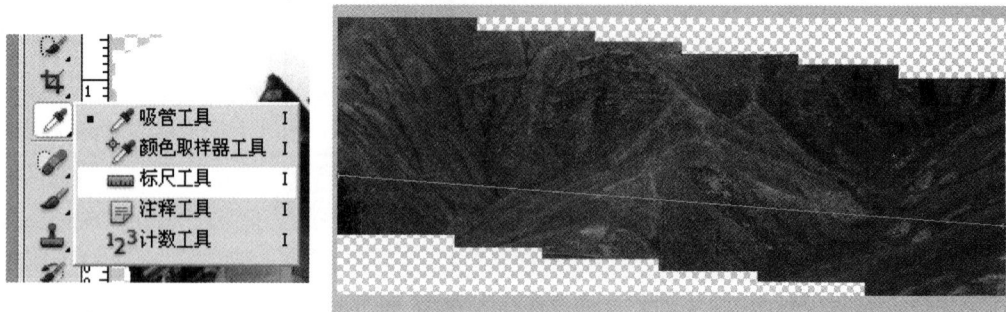

图 4-87　使用标尺查找图像水平度

步骤八：然后再点"图像"下"旋转画布"里的"任意角度"进行水平线校正。如图 4-88 所示。

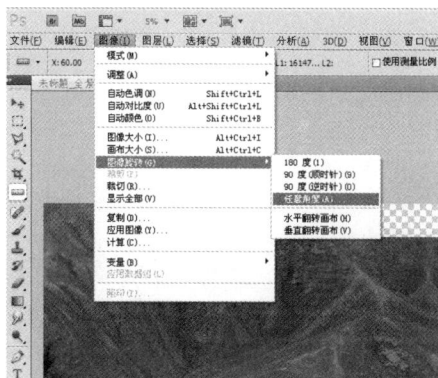

图 4-88　自动旋转调整图像水平角度

步骤九：在弹出的"旋转画布"对话框中直接点"确定"按钮，不要更改任何设置，就可对画面进行水平校正，如图 4-89 所示。

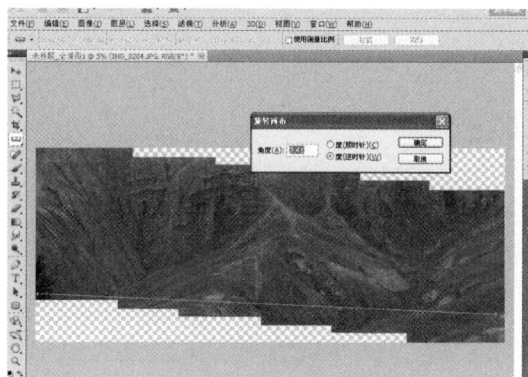

图 4-89　水平角度调整

步骤十：然后用工具栏中的"裁切"工具对画面有效像素进行裁剪，裁出需要的部分，如图 4-90 所示。

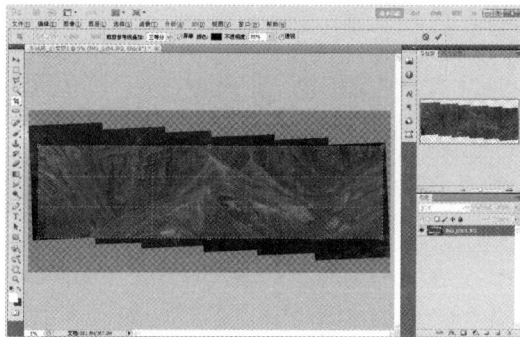

图 4-90　选择图像要裁切的部分

步骤十一：经过裁剪后，照片最终拼接完成。如图 4-91 所示。

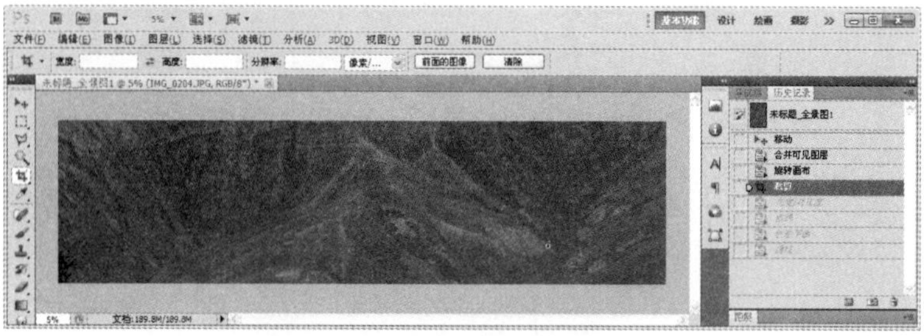

图 4-91　对图像进行裁切

步骤十二：对于色彩和亮度等整体效果还有欠缺的的地方使用"图像"-"调整"做进一步的调整，是画面更充实、更饱满，如图 4-92 所示。

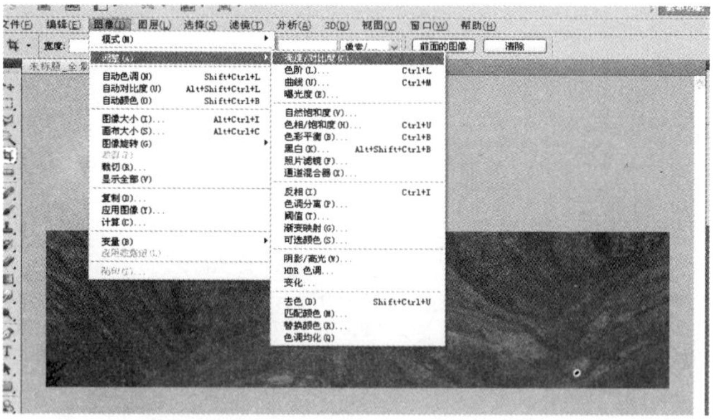

图 4-92　对图像的色彩进行调整

步骤十三：有照片本身拍摄的局限性，需要根据图片的效果作进一步的色彩、亮度的调整和处理，才能够最终完成效果图的制作，如图 4-93 所示。

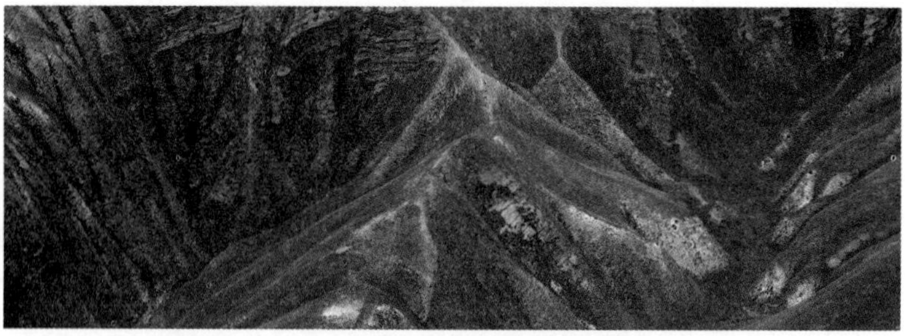

图 4-93　完成全景图制作

❀ 任务总结

本项目实施中主要用到 photoshopCS5 中的 photomerge 照片拼接功能，但同时也要应用到图层的使用和图像的调整，并且由于个别照片的需要还要添加滤镜中的特效合成功能，锻炼了软件的综合应用能力。

❀ 操作拓展

（1）从多张提供的分角度田地照片中筛选出需要的，将照片顺序进行整理（图 4-94）。

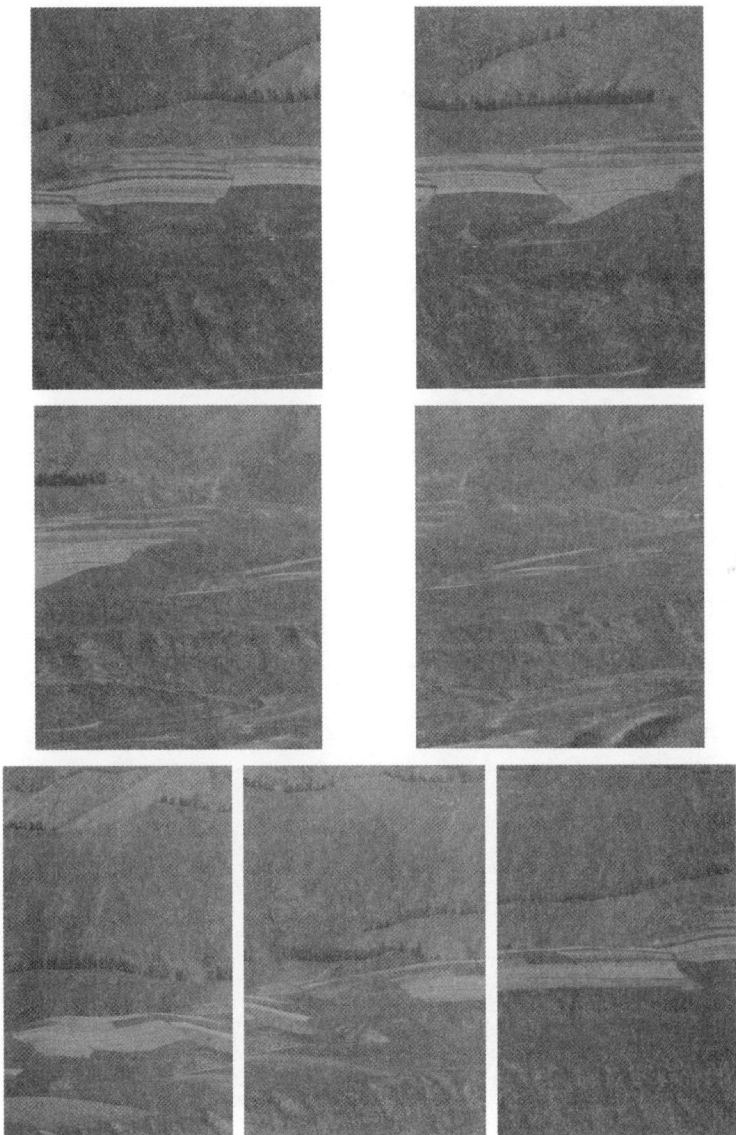

图 4-94　备选图片

（2）使用 photomerge 进行拼接时要注意：版面-圆柱（符合视觉比例和角度）；混合图像、晕影去除、几何扭曲矫正都要勾选上（保证拼接的准确性、颜色的初步调整和形状的调整）。如图 4-95 所示。

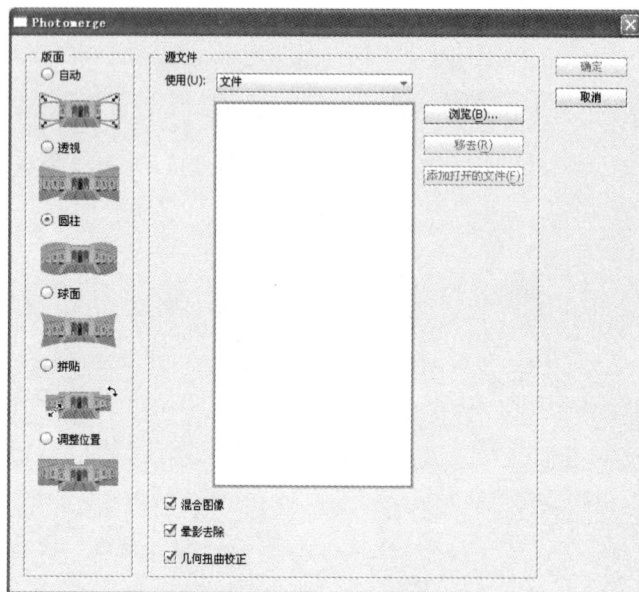

图 4-95　photomerge 自动拼接

（3）拼接后的色差需要在图层合并之前进行逐个调整，然后在进行整体衔接部分的细致校对，然后才进行图层合并。

（4）最后选择裁切部分的同时也可以多图片进行自由变换，是画面更完整，更符合要求，达到成图标准（图 4-96）。

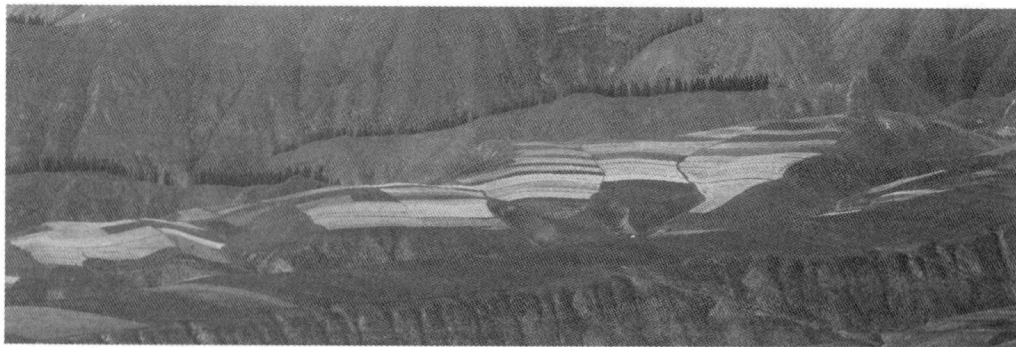

图 4-96　完成参考图

任务五　森林防火宣传幻灯片制作

利用 PowerPoint 可以快速制作演示文稿，广泛应用于学术报告、论文答辩、辅助教学、产品展示、工作汇报等场合下的多媒体演示。演示文稿主要由若干张幻灯片组成，在幻灯片中可以很方便地插入图形、图像、艺术字、图表、表格、组织结构图、音频以及视频剪辑，插入链接，连接到指定的页面或其他演示文稿，也可以加入动画或者设置播放时幻灯片中各种对象的动画效果。

本任务全面的介绍了幻灯片制作的基本知识，通过学习能够了解演示文稿的制作方法，熟练完成演示文稿的编辑与制作。

❀ 能力目标

能熟练使用 PowerPoint 制作演示文稿。

子任务一　青山工程汇报演示文稿编辑制作

❀ 任务提出

现有青山工程项目启动，需要向领导汇报，需要制作一份青山工程情况汇报的演示文稿，具体要求如下：

（1）幻灯片共 11 页。

（2）有标题幻灯片。

（3）幻灯片内容与青山工程汇报相关。包括文本、图片、自选图形等内容。

（4）本任务由个人独立完成，小组同学可互相研究讨论，最后上交作品不允许出现雷同。

说明：本任务要求个人独立完成，小组同学可以互相研究讨论，最后上交作品不允许出现雷同。

❀ 学习目标

知识目标	能力目标	素质目标	技能（知识）点
（1）掌握幻灯片设计使用方法 （2）掌握幻灯片版式使用方法 （3）掌握项目符号和编号的使用 （4）掌握图片和图表的插入方法 （5）了解幻灯片打包方法	（1）能够熟练进行幻灯片的编辑操作 （2）能够熟练进行图片对象的插入操作 （3）能够熟练进行图文混排操作	（1）培养认真观察、独立思考、自主学习的能力 （2）培养学生团队协作精神 （3）培养学生良好的世界观、审美观	PowerPoint 2003 的启动和退出，PowerPoint 2003 应用程序窗口的组成，幻灯片的视图方式，演示文稿的创建、打开和保存，编辑幻灯片，幻灯片设计和版式的使用，对象插入

❀ **实施准备**

一、PowerPoint 2003 的工作环境与基本操作

1. PowerPoint 2003 的启动

从开始菜单启动。单击【开始】按钮，在弹出的【开始】菜单中选择【所有程序】|【Microsoft Office】|【Microsoft Office PowerPoint 2003】命令，启动 PowerPoint 2003 应用程序。

2. PowerPoint 2003 的退出

单击窗口右上角的【关闭】按钮。

3. PowerPoint 2003 的功能

启动 PowerPoint 2003 程序后，会显示一个和其他 Microsoft 产品一样的典型 Windows 应用程序窗口。PowerPoint 2003 可以同时使用多个工作窗口，操作非常方便，可以自由切换。窗口的第二行就是 PowerPoint 2003 菜单栏，9 大菜单包括了 PowerPoint 2003 的全部功能，通过选择各个菜单栏里的命令，可以完成需要的任务。

4. PowerPoint 2003 的应用程序窗口

启动 PowerPoint 2003 应用程序以后，就可以看到如图 5-1 所示的 PowerPoint 2003 应用程序窗口。

图 5-1 PowerPoint 2003 的应用程序窗口

二、PowerPoint 2003 的应用程序窗口

1. 标题栏

标题栏位于窗口的顶部，它的最左侧是应用程序的控制菜单图标。中间显示的是应用软件名和当前的演示文稿名。如果还没有保存演示文稿且未命名，则标题栏显示的是通用的默认名（如"演示文稿 1"）。最右侧的是【最小化】按钮、【向下还原】按钮（【最大化】按钮和【关闭】按钮）。

2. 菜单栏

菜单栏的最左侧是当前演示文稿的控制菜单图标，中间是【文件】、【编辑】、【视图】、【插入】、【格式】、【工具】、【幻灯片放映】、【窗口】和【帮助】共 9 个菜单项。选择任一个菜单项，都会弹出一个包含相关操作命令的下拉菜单。

初次使用时，PowerPoint 2003 并不显示所有的菜单项，用户可以单击菜单最下方的下拉按钮来展开所有的菜单项，如图 5-2 所示。

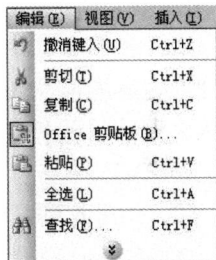

图 5-2 未完全展开的菜单项

3. 工具栏

工具栏中包含许多按钮，单击这些按钮，就可以执行相应的命令，这比使用下拉菜单更加方便。在默认的情况下，PowerPoint 2003 显示【常用】、【格式】和【绘图】3 个工具栏。如果要使用其他的工具栏，选择【视图】|【工具栏】命令，即可选择所需的工具栏。由于屏幕大小所限，这些工具栏中的工具按钮并没有全部显示出来。这时，用户可以单击工具栏中的【工具栏选项】按钮 ，在弹出的菜单中，用户可以从中选择工具按钮，当使用这些工具按钮后，PowerPoint 2003 将自动调整工具栏，使这些工具按钮显示在工具栏中，并将不常用的按钮放到菜单中。

4. 状态栏

PowerPoint 2003 的状态栏位于窗口的最底部。在幻灯片浏览视图中，状态栏会显示出相应的视图模式；在普通视图中，则会显示当前的幻灯片编号，并显示整个演示文稿中有多少张幻灯片。

三、幻灯片的视图方式

在 PowerPoint 2003 中，建立用户与机器的交互工作环境是通过视图来实现的。在 PowerPoint 2003 提供的每个视图中，都包含有该视图下的特定工作区、工具栏、相关的按钮以及其他工具。在不同的视图中，显示文稿的方式是不同的，并可以对文稿进行不同的处理。无论是在哪一个视图中，对文稿的改动都会对所编辑的文稿生效，所做的改动都会反映到其他的视图中。PowerPoint 提供了普通视图、幻灯片浏览视图、幻灯片放映视图等视

图方式。

（1）普通视图。普通视图包含了大纲窗格、幻灯片等窗格。这些窗格可以在同一位置使用演示文稿的各种特征。拖动窗格边框可调整窗格的大小。

在幻灯片窗格中，可以查看每张幻灯片中的文本外观。可以在单张幻灯片中添加图形、影片和声音，创建超链接并向其中添加动画，或是按照幻灯片顺序显示所有文稿中全部幻灯片。

使用大纲窗格可组织和开发演示文稿中的内容。可以输入演示文稿中的所有文本，然后重新排列项目符号、段落和幻灯片。在大纲视图中，只是显示文稿的文本内容。在该视图中，按序号由小到大的顺序和幻灯片的内容层次关系，显示文稿中全部幻灯片的编号、标题和主体中的文本。可以任意改变幻灯片在文稿中的位置顺序。还可以改变幻灯片中内容的层次关系，可将某个幻灯片中的内容转移到其他幻灯片中，以及可以控制文稿大纲的显示和打印方式等。双击幻灯片图标或幻灯片编号就可以立刻进入幻灯片视图显示该幻灯片。

（2）幻灯片浏览视图。在浏览视图中，可以在屏幕上同时看到演示文稿中的所有幻灯片，这些幻灯片是以缩略图显示的。这样就可以在幻灯片之间添加、删除和移动幻灯片以及选择动画切换，还可以预览多张幻灯片上的动画。

（3）幻灯片放映视图。可以实现从单前幻灯片开始放映幻灯片。

四、演示文稿的创建、打开和保存

1. 演示文稿的创建

在 PowerPoint 中创建一个演示文稿，就是创建一个以.ppt 为扩展名的 PowerPoint 文件。创建一个新的演示文稿，根据不同需要，PowerPoint 提供了多种新文稿的创建方式，常用的有【内容提示向导】、【设计模板】等。在【内容提示向导】中，可以直接采用包含建议内容和设计风格的演示文稿。【内容提示向导】中提供了各个行业使用的多种不同主题的演示范本。如公司会议活动计划和用于 Internet 的演示文稿等。如果选择了使用【设计模板】，那么模板中的所有设计可以方便地应用于 PowerPoint 文稿之中，但这不包括模板的内容。

PowerPoint 兼容性广，可以从其他应用程序，如 Word 导入的大纲来创建演示文稿，或者从不含内容和设计的完全空白的幻灯片来开始制作，创建用户所需的演示文稿。

1）通过【内容提示向导】创建新演示文稿

在【内容提示向导】的指导下，可分 5 步完成演示文稿的建立，其中第一步的显示界面如图 5-3 所示。在此对话框中，左侧是内容提示向导的步骤栏，右侧是内容提示向导的选项界面。在【内容提示向导】中，包含有各种不同主题的演示文稿示范，如公司会议、活动计划等。

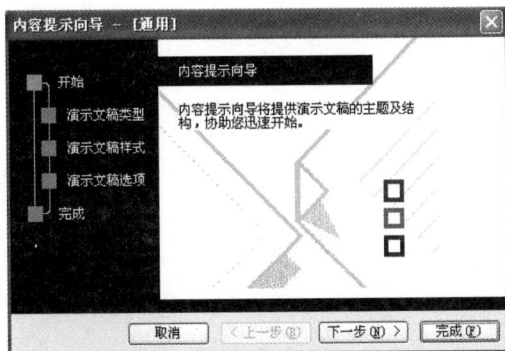

图 5-3　内容提示向导对话框

（1）启动 PowerPoint 应用程序，选择【文件】|【新建】命令，打开【新建演示文稿】任务窗格，单击【根据内容提示向导】超链接，弹出【内容提示向导】对话框。在【内容提示向导】对话框中，分为深色和白色两块区域：左侧深色区域是【内容提示向导】的主要操作步骤流程，流程由一个直观的导航图表示，绿色方块表明该步骤是当前流程中的位置；右侧是【内容提示向导】的内容提示和说明部分。

（2）单击【下一步】按钮。PowerPoint 提供了多达 7 类的预设常用演示文稿的选择按钮。通过单击类型按钮，便可以选中该类型的演示文稿。在其右侧的列表框中罗列了该类型所包含的具体演示文稿类型。从中选择一个类型，单击【下一步】按钮。

（3）在这一步中，提供了选择要制作的演示文稿类型，其中有【屏幕演示文稿】、【Web 演示文稿】等。选中【屏幕演示文稿】单选按钮，单击【下一步】按钮。

（4）在这一步中，要求填入此文稿的一些信息，如标题、页脚等。按要求输入后，单击【下一步】按钮。

（5）提示文稿创建的过程已经完成，单击【完成】按钮，结束新建演示文稿向导。

注意：在【内容提示向导】创建文稿过程中，可以随时单击【上一步】按钮修改上一步骤，也可以通过左侧的导航结构图，单击某一步骤迅速回到某一位置中进行修改。

2）使用【设计模板】创建新演示文稿

利用【设计模板】可以使幻灯片除内容以外，其他背景、字体颜色、布局等都按照模板的形式来建立演示文稿，并使应用相同模板的幻灯片形式完全一样。

（1）启动 PowerPoint 应用程序，打开【新建演示文稿】任务窗格，在【新建演示文稿】任务窗格中单击【根据设计模板】超链接。

（2）打开【幻灯片设计】任务窗格，在【应用设计模板】列表框中列出了 PowerPoint 默认的几十种模板，根据文稿的内容和爱好选中其中一种模板，视图中就显示了所选的模板，如图 5-4 所示。

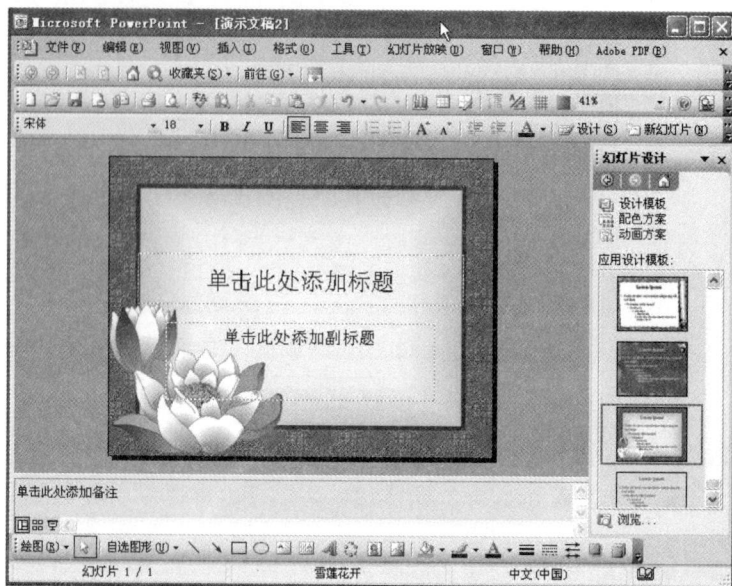

图 5-4　应用设计模板窗格

3）从空白幻灯片创建演示文稿

启动 PowerPoint 应用程序，打开【新建演示文稿】任务窗格，在【新建演示文稿】任务窗格中单击【空演示文稿】超链接，打开【幻灯片版式】任务窗格，在【应用幻灯片版式】列表框中选择空幻灯片版式，当选择一种合适的版式，视图中便显示了一个该定制版式的演示文稿。这样就可以在上面输入文字、图片以及其他内容来制作演示文稿。

4）导入大纲创建文稿

PowerPoint 支持从其他文档（如 Word、txt 文档）导入已经设置好的标题样式。在导入外部文档时，PowerPoint 会根据已经设置好的文档式样创建大纲。第一个标题自动成为幻灯片标题，而第二个标题成为第一级文本，第三个标题便是第二级文本……依此类推。假如导入的文档未设置任何标题，PowerPoint 则按段落来设置新幻灯片文稿大纲，文档文本的每一个段落即为幻灯片的标题。

（1）选择【文件】|【打开】命令（或单击工具栏中的【打开】按钮），弹出【打开】对话框。

（2）在【打开】对话框中的【文件类型】下拉列表中选择【所有大纲】选项。找到要打开的文件，单击【打开】按钮。返回到操作界面，PowerPoint 便在大纲视图中显示刚打开的文档所创建的大纲。在 PowerPoint 中，原来文档的每一个段落变成单个幻灯片标题，原来设置的所有文档的各个部分，也转成了 PowerPoint 文稿的正文。

制作了很多张幻灯片后，也许不太确定所有的标题、符号是否格式一致。可以选择【工具】|【样式检查】命令，针对幻灯片英文拼写、视觉清晰度、英文大小写及句尾符号等做检查，以增加幻灯片的一致性。它有很多选项，可以根据实际来做检查。

2. 演示文稿的打开

打开已保存的演示文稿。选择【打开】|【打开】命令，然后选择要打开的文档，单击【确定】按钮，即可打开。也可以直接单击工具栏中的【打开】按钮。

3. 演示文稿的保存

PowerPoint 提供了多种方式来保存演示文稿。在需要保存时，可选择【文件】|【保存】命令或通过【文件】|【另存为】命令保存为副本。PowerPoint 提供的 Web 支持功能，能轻易地将演示文稿存为 Web 格式，这样演示文稿便可在 Internet 上传播。同时，演示文稿还可以保存为可在没有安装 PowerPoint 应用程序的计算机中播放的自动放映格式。

（1）对于新演示文稿存盘，可以选择【文件】|【保存】或【另存为】命令，或者在工具栏中单击【保存】按钮。

（2）对于已有演示文稿存盘，可以利用【文件】|【保存】命令按原来的文件名保存，也可以通过【文件】|【另存为】命令将旧文稿以另外的文件名保存。

（3）保存为 Web 页。选择【文件】|【另存为网页】命令，然后单击【发布】按钮即可。

（4）将幻灯片保存为可被其他程序或能在网页上使用的图片格式。首先显示要保存为图片的幻灯片，选择【文件】|【另存为】命令，在【保存类型】下拉列表中选择【Windows 图元文件】或【GIF】选项。

注意：将演示文稿保存为 HTML 格式时，演示文稿中的图形对象将自动转换为 GIF 文件。这时幻灯片可以作为图片插入其他程序中或网页上。

五、编辑幻灯片

每张幻灯片是一个演示文稿中单独的"一页"，一个完整的演示文稿由多张幻灯片构成，每张幻灯片可以作为一个对象编辑，还可进行复制、剪切、粘贴和移动等操作。

1. 插入幻灯片

在 PowerPoint 的任何视图中都可以创建一张新幻灯片。在幻灯片视图中创建的新幻灯片将排列在当前正在编辑的幻灯片后面。在大纲或幻灯片浏览视图中增加新的幻灯片时，其位置将在当前光标或当前所选幻灯片后面。PowerPoint 整个演示文稿中所有幻灯片的大小、高宽比例都是相同的。

插入幻灯片时选择【插入】|【新幻灯片】命令，打开【幻灯片版式】任务窗格，选择一种版式后得到一张新建的幻灯片。这张幻灯片会按照选定的版式显示一种布局，其中每一个虚框（文本框）称为占位符，占位符中的文字是系统提示信息，在文本框中单击，即可进入文本输入模式，原系统提示信息消失。

2. 编辑幻灯片

在 PowerPoint 中幻灯片也是一种对象，如同普通对象一样，幻灯片作为特殊对象也可进行编辑操作。

1）复制幻灯片

如果当前创建的幻灯片与已存在的幻灯片的风格基本一致，采用复制一张新的幻灯片的方法更方便，只需在其原有基础上做一些必要的修改。只有在大纲视图或幻灯片浏览视图中才能复制幻灯片。按住 Shift 键，再单击幻灯片，可选择多张连续的幻灯片；按住 Ctrl 键，再单击需要的幻灯片，可选择多张不连续的幻灯片。选择【编辑】|【复制】命令或单击工具栏中的【复制】按钮，移动光标至目标位置，选择【编辑】|【粘贴】命令或单击工具栏中的【粘贴】按钮，幻灯片将复制到光标所在幻灯片的后面。

选择【插入】|【插入幻灯片副本】命令，在当前位置插入前一张幻灯片的副本，也同样起到复制的作用。如果要把其他演示文稿中的幻灯片插入到当前演示文稿中，除了选择【复制】、【粘贴】命令的方法外，还可以选择【插入】|【幻灯片（从文件）】命令，在弹出的【幻灯片搜索器】对话框中单击【浏览】按钮，在弹出的【浏览】对话框中选择幻灯片的来源文件，按住 Ctrl 键或 Shift 键选择多张要插入的幻灯片，单击【打开】按钮，再单击【插入】按钮，即可插入到演示文稿中，单击【全部插入】按钮，可将所有幻灯片插入。

如果希望将文本文件转换成演示文稿，选择【插入】|【幻灯片（从大纲）】命令，在弹出的【插入大纲】对话框中选择文件，则会把文字转换成演示文稿中的大纲信息。

2）删除幻灯片

在幻灯片视图、备注页视图、大纲视图或者幻灯片浏览视图中均可执行删除操作，但是如果演示文稿只有一张幻灯片，那么只能在幻灯片浏览视图或大纲视图中删除。在幻灯片视图或备注页视图中，选择【编辑】|【删除幻灯片】命令，将删除当前幻灯片。在大纲视图或幻灯片浏览视图中，如果要删除多张幻灯片，按住 Ctrl 键并单击各张幻灯片，然后选择【编辑】|【删除幻灯片】命令或按 BackSpace、Delete 键，即可删除选定的幻灯片。

3）移动幻灯片

在大纲视图或幻灯片浏览视图中，选中要移动的幻灯片。按住鼠标左键，并拖动幻灯片到目标位置。拖动时所显示的直线就是插入点。

3. 隐藏幻灯片

有时根据需要不必播放所有幻灯片，可以将其中几张幻灯片隐藏起来，而不必将这些幻灯片删除，即被隐藏的幻灯片在放映时不播放。如果要隐藏幻灯片，先切换到幻灯片浏览视图中，选中要隐藏的幻灯片，选择【幻灯片放映】|【隐藏幻灯片】命令即可。这时在幻灯片浏览视图中该幻灯片的编号上会有"\"标记。在幻灯片浏览视图中选中被隐藏的幻灯片，再选择【幻灯片放映】|【隐藏幻灯片】命令即可取消隐藏。

4. 在大纲视图中输入文字

大纲视图主要用在演示文稿中所有幻灯片的文字编辑上，仅显示幻灯片的标题和主要文字信息，如图 5-5 所示。这样可专心地处理所有的文字构思，不必辛苦地前后翻页。等文字信息处理完后，可再返回幻灯片视图，调整页面布局和插入图形、图表等其他对象。切换到大纲视图后，可利用【大纲】工具栏中各按钮调整文字的位置及级别。

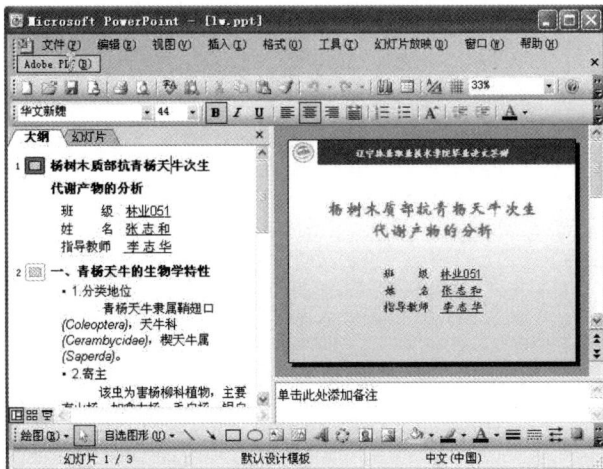

图 5-5　PowerPoint 的大纲视图

在大纲视图中加入文字如同使用 Word 编辑器一样，只要把光标定位于合适的位置，就可以输入文字。要插入一张幻灯片或一个副标题，只要按 Enter 键，就会产生一个与上一行同一层次的空白行，即如果上一行为幻灯片的标题行，按 Enter 键后，创建一张新幻灯片，如果上一行为幻灯片的副标题，按 Enter 键后，产生新的副标题；按 Ctrl+Enter 组合键是使下一行输入文本的等级与上一行不同，即上一行如果是标题，按 Ctrl+Enter 组合键后，第二行会变成正文。反之，如果当前行是正文，按 Ctrl+Enter 组合键后，将创建下一张幻灯片。可利用工具栏中的按钮来改变段落的层次关系。

5．插入图形

制作演示文稿时文字固然重要，但是，在演示文稿中，如果能将生动有趣的图形与文字结合在一起，将大大增强演示文稿的演示效果。

1）绘制图形

PowerPoint 提供了功能强大的绘图工具，利用绘图工具绘制各种线条、连接符、基本形状、箭头、星与旗帜等较复杂的图形。另外，还可以利用【绘图】工具栏中提供的工具按钮对绘制的图形进行旋转、翻转或填充颜色等，并能够与其他图形组合为更复杂的图形，同时还能够设置叠放顺序等。

2）插入图片

除了可以利用【绘图】工具栏在幻灯片中绘制图形以外，还可以在幻灯片中插入剪贴画、图片和艺术字等，这样会使演示文稿生动有趣，更富有吸引力。Office 2003 中有一个丰富的剪辑库，包括各种人物、风景名胜、花鸟鱼虫等，可以根据需要方便地将它们插入到文件中。选择【插入】|【图片】命令，弹出其子菜单。如果要插入剪贴画，则选择【剪贴画】命令，在打开的【剪贴画】任务窗格中选择所需的剪贴画。另一种方法是在【幻灯片版式】任务窗格中选择一种带有剪贴画占位符的版式，双击剪贴画占位符，即可弹出【选择图片】对话框，找到所需的剪贴画后插入。

如果要插入从其他应用程序编辑好的图片，则选择【来自文件】命令，在弹出的【插入图片】对话框中选择所需的图片文件。如果要插入扫描图片，则选择【来自扫描仪或照相机】命令。如果要插入艺术字，则选择【艺术字】命令，在弹出的【艺术字库】对话框中选择一种艺术字的式样，然后输入文字，并设置字体。对于插入的图形对象，可以用拖动的方法移动其位置并改变其大小，也可以利用相应工具栏中的工具按钮进行格式调整。

6. 插入表格

表格可简明地反映一些统计数据。可以选择一种带表格占位符的幻灯片版式，双击占位符，在弹出的【插入表格】对话框中输入表格的行、列数，也可以在幻灯片视图中，选择【插入】|【表格】命令，输入所要的行、列数来制作，还可以单击常用工具栏中的【插入表格】按钮来绘制表格。

7. 插入图表

形象直观的图表与文字数据相比更容易让人理解，插入在幻灯片中的图表使幻灯片的显示效果更加清晰。PowerPoint 中附带了一种称为 Microsoft Graph 的图表生成工具，它提供多种不同的图表。这使得制作图表的过程简便而且自动化。

在幻灯片中插入所需的图表，通常是通过在系统提供的样本数据表中输入自己的数据，由系统自动修改与数据相对应的作为样本的图表而得到的。插入图表一般有两种情况：一种是为有图表占位符的幻灯片添加图表；另一种是为无图表占位符的幻灯片添加图表。

1）利用自动版式创建带图表的幻灯片

在新建幻灯片后打开【幻灯片版式】任务窗格，为新建的幻灯片选择一种含有图表占位符的自动版式，如图 5-6 所示。双击图表占位符，一个样本图表立即显示在预留区内，图表上面叠放着一个数据表窗口，数据表中包含一些样本数据，图表就是根据这些数据制作的。

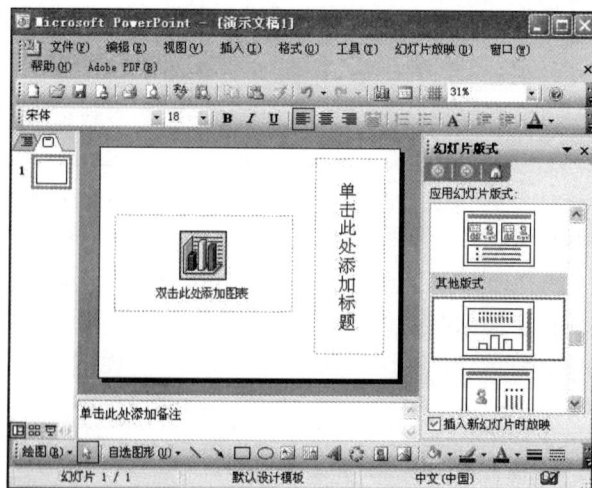

图 5-6　在图表占位符上加入图表

2）向已存在的幻灯片中插入图表

在幻灯片视图中，可单击常用工具栏中的【插入图表】按钮，或选择【插入】|【图表】命令，或选择【插入】|【对象】命令，并在弹出的【插入对象】对话框中选择【Microsoft Graph 图表】选项，单击【确定】按钮。不论采用上述哪种方法，都可启动 Microsoft Graph，并在当前幻灯片中显示一个样本图表和一个数据表窗口，在该窗口中输入数据完成图表的制作。

3）输入数据表数据

当样本数据表及其对应的图表显示后，PowerPoint 菜单栏和常用工具栏就被 Microsoft Graph 的菜单和工具按钮替代。可以在提供的样本数据表中，完全按自己的需要重新输入数据。Microsoft Graph 的数据表与 Excel 的工作表十分相似，可以像对编辑 Excel 的工作表那样，在该数据表中输入数据。用鼠标或方向键选择所需的单元格，然后从键盘直接输入数据。

4）编辑图表

在 PowerPoint 窗口中双击图表，即可启动 Microsoft Graph，利用 Microsoft Graph 提供的菜单和工具按钮，根据自己的意图可以对图表进行编辑。在幻灯片中插入图表的操作完成后，只要在图表外的任意处单击，即可返回 PowerPoint 窗口，创建的图表就插入到了当前幻灯片中。

8.　添加多媒体对象

在 PowerPoint 中，可以从【剪辑库】中获得声音、音乐、视频和动画 GIF 图片。如果要使用【剪辑库】，选择【插入】|【影片和声音】命令，在子菜单中选择【剪辑管理器中的影片】插入影片或动画 GIF 图片、或选择【剪辑管理器中的声音】命令插入音乐和声音，也可以选择【播放 CD 乐曲】命令，弹出【插入 CD 乐曲】对话框，输入【开始】和【结束】所需磁道和时间，单击【确定】按钮，当前幻灯片中显示一个 CD 图标。在添加乐曲时不用插入乐曲 CD，只有播放时才需要 CD。

除此之外，还可以与插入图片文件类似的操作插入一些包含声音、音乐和视频的文件。在幻灯片放映过程中，可选择在放映幻灯片时，自动播放声音或视频；也可以选择仅在单击其图标时，才播放声音或视频。要更改激活对象的方式，或在对象上添加超链接，可参阅后述的【动画设置】内容。

声音、音乐和视频是作为 PowerPoint 对象插入的。如果 PowerPoint 不支持特定媒体类型或功能，可用【媒体播放器】播放该文件。如果要作为"媒体播放器"对象插入，可选择【插入】|【对象】命令，在弹出的【插入对象】对话框中选择【Windows Media Player】。此方法将使用 Windows 的【媒体播放器】播放声音或影片。【媒体播放器】可以播放多媒体文件，并控制 CD 唱盘和视盘机等播放设备。如果需要播放音乐和声音，则要求计算机上有扬声器和声卡。要找出已安装设备和所用的设置，请检查【控制面板】中的【声音和音频设备】属性。

六、幻灯片设计和版式的使用

1. 幻灯片设计

PowerPoint 为演示文稿的文本、背景和填充等预设了颜色方案，也可以根据需要进行修改方案，使用【配色方案】可得到满意的效果。【配色方案】是指能够应用于演示文稿的幻灯片、备注页或听众讲义等 8 种均衡颜色，在【配色方案】中的 8 种颜色分别应用于背景、文本和线条以及在背景中显示的其他对象。当新建一份演示文稿后，PowerPoint 会自动地为演示文稿中的幻灯片运用一种配色方案。如果对当前的配色方案不满意，可以选择【格式】|【幻灯片设计】命令，打开【幻灯片设计】任务窗格，选择【配色方案】选项，如图 5-7 所示。

图 5-7　配色方案

在【应用配色方案】列表框中列出了一系列标准配色方案，选择其中的一个，单击该配色方案框旁边的下拉按钮，弹出一个应用范围的菜单，选择【应用于所选幻灯片】选项，则该配色方案将应用到所选幻灯片中，并代替当前的配色方案；如果选择【应用于所有幻灯片】选项，那么所选择的配色方案将会应用于演示文稿中的每一张幻灯片。如果需要更加丰富、更加个性化的配色方案，PowerPoint 可以方便地对【配色方案】中一种或多种颜色进行修改设置，或根据需要完全配置，另外一套不同色彩的配色方案。并且，还可以将修改后的配色方案的结果保存下来，以便在其他演示文稿中采用。

更改配色方案的操作步骤如下：

（1）选择【格式】|【幻灯片设计】命令，在打开的【幻灯片设计】任务窗格中选择【配色方案】选项，单击【编辑配色方案】超链接，弹出【编辑配色方案】对话框。

（2）在【编辑配色方案】对话框中选择【标准】选项卡，在【标准】选项卡中选择一种最接近要求的现有配色方案，如图 5-8 所示。然后再选择【自定义】选项卡，如图 5-9 所示，在【配色方案颜色】选项组中列出了 8 种基本颜色的配色方案。选择一种需要修改的颜色方案，再单击【更改颜色】按钮，在弹出的【背景色】对话框中可以选择【标准】选项卡或者选择【自定义】选项卡，来定制所需的颜色。选定的颜色将应用于演示文稿之中。单击【确定】按钮返回【编辑配色方案】对话框，单击【应用】按钮完成更改配色方案设置。

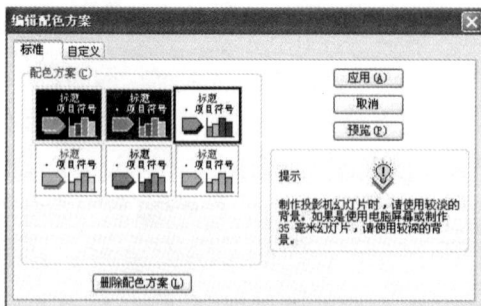

图 5-8　【标准】选项卡

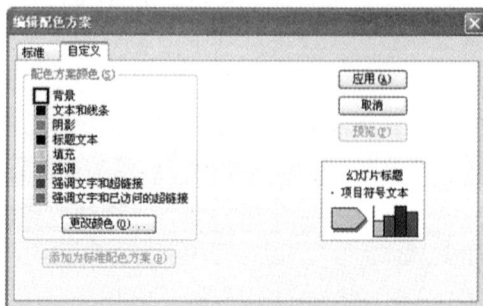

图 5-9　【自定义】选项卡

如果需要在其他的幻灯片中应用配置好的配色方案，可以切换到幻灯片浏览视图中，选择其中一张含有要应用配色方案的幻灯片，在常用工具栏中单击【格式刷】按钮，再单击中要应用该配色方案的幻灯片，即可完成配色方案的复制。如果要同时重新着色多张幻灯片，只需改为双击【格式刷】按钮便可，并在完成后或按 Esc 键再次单击常用工具栏中的【格式刷】按钮。这就是常用工具栏中【格式刷】的功能。

同样，也可以将一份演示文稿的配色方案应用于另一份演示文稿中。只要同时将这两份演示文稿打开，并选择【窗口】|【全部重排】命令，此时会看到这两份演示文稿中的幻灯片在同一个 PowerPoint 窗口中并排显示。于是，便可以按照以上所述的方法重新着色幻灯片。

2. 幻灯片版式

"版式"指的是幻灯片内容在幻灯片中的排列方式。版式由占位符（一种带有虚线或阴影线边缘的框，绝大部分幻灯片版式中都有这种框。在这些框内可以放置标题及正文，或者是图表、表格和图片等对象。）组成，而占位符可放置文字（如标题和项目符号列表）和幻灯片内容（如表格、图表、图片、形状和剪贴画）。

在创建了空白演示文稿以后，在界面中只显示一张幻灯片，通过选择【格式】|【幻灯片版式】命令，可以打开【幻灯片版式】任务窗格。在 PowerPoint 中为设计幻灯片提供了许多版式，它们分门别类地排列在【幻灯片版式】任务窗格的【应用幻灯片版式】列表框中。其中包括文字版式、内容版式、文字和内容版式、其他版式，如图 5-10 所示。

图 5-10　幻灯片版式的类别

1）文字版式

在文字版式集合中包含标题幻灯片，只有标题、标题和文本等版式。应用这些版式就可在幻灯片中输入文字信息。

2）内容版式

在内容版式集合中包含空自、内容、标题和内容等版式。其中空白版式中没有任何占位符，需要添加文本框来输入和编辑文字信息。应用这些版式，即在占位符中显示插入对象面板，双击其中的对象就可在幻灯片中插入图片、图表、表格、组织结构图等。

　　3）文字和内容版式

　　文字和内容版式是文字版式和内容版式二者的结合，即包含文字又包含表格、图表等。

　　4）其他版式

　　其他版式中包含标题图表、组织结构图等。

❀ **任务实施**

步骤一：新建演示文稿。

文新建演示文稿，文件名为"青山工程汇报.ppt"。

步骤二：选择模板。

选择【格式】|【幻灯片设计】命令，打开【幻灯片设计】任务窗格，选择【设计模板】选项，在【应用设计模板】列表框中选择一种合适的模板，如图 5-11 所示。

步骤三：插入文本。

（1）选择【插入】|【文本框】|【水平】命令，按照要求录入标题内容。在文字上按住鼠标左键拖拽，可以移动文字放在合适的位置。

（2）选中文本，选择【格式】|【字体】命令可以改变文字的字体、字形、字号大小。如图 5-12 所示文字。

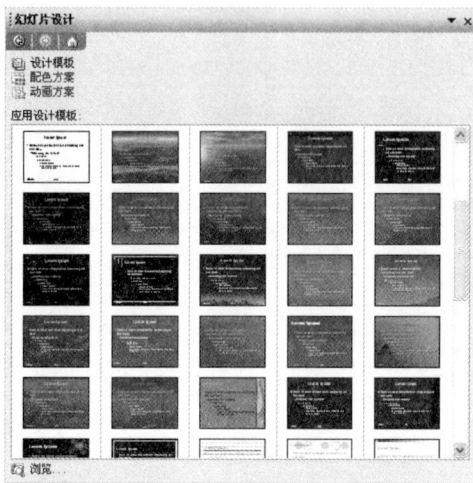

图 5-11 　【幻灯片设计】任务窗格

图 5-12 　第 1 张幻灯片标题内容

步骤四：插入图片．

选择【插入】|【图片】|【来自文件】命令，弹出【插入图片】对话框，如图 5-13 所示。选择要插入的图片文件，单击【插入】按钮，即把要插入的图片插入到幻灯片中。在图片上按住鼠标左键拖动，可以移动图片到合适的位置，把指针指向图片边缘处拖动可以改变

图片大小。插入图片后的第一张幻灯片如图 5-12 所示。

　　步骤五：插入新幻灯片。

　　选择【插入】|【新幻灯片】命令，即在第 1 张幻灯片后面插入了一张新幻灯片。在新幻灯片中输入如图 5-14 所示的内容。

图 5-13　【插入图片】对话框

图 5-14　第 2 张幻灯片

　　步骤六：插入自选图形。

　　（1）在第 2 张幻灯片后再插入 1 张幻灯片。

　　（2）选择【插入】|【图片】|【自选图形】命令，如图 5-15 所示。或单击下方的"绘图工具栏"，如图 5-16 所示。

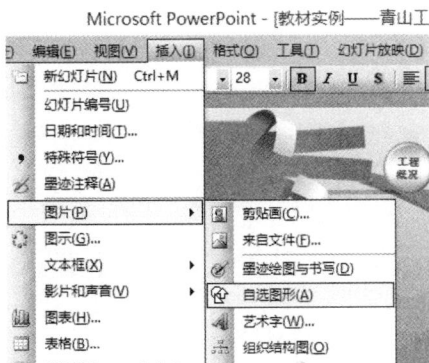

图 5-15　插入自选图形

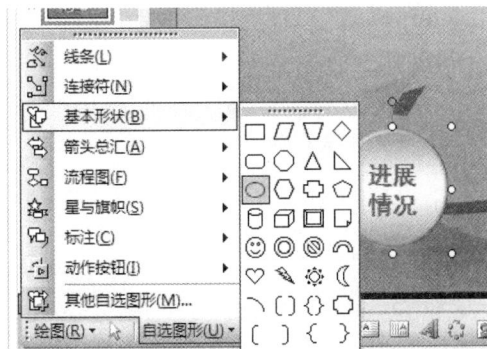

图 5-16　绘图工具栏

　　（3）绘制出自选图形后，在该图形上双击或【右键】|【设置自选图形格式】，弹出【设置自选图形格式】对话框，如图 5-17 所示。

　　（4）参照样文，在弹出的对话框中对图形颜色、线条等进行调整。第 3 张幻灯片的效果如图 5-18 所示。

图 5-17 【自选图形格式】对话框

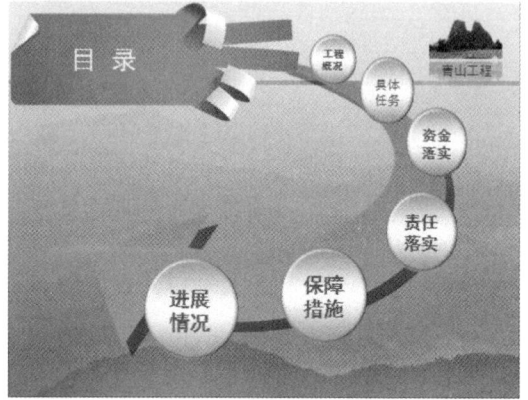

图 5-18 第 3 张幻灯片

步骤七：插入新幻灯片，接下来分别插入 8 张幻灯片，按顺序输入如下内容，如图 5-19 ～ 图 5-26 所示。

图 5-19 第 4 张幻灯片

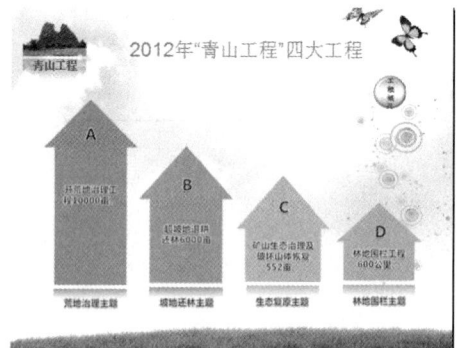

图 5-20 第 5 张幻灯片

图 5-21 第 6 张幻灯片

图 5-22 第 7 张幻灯片

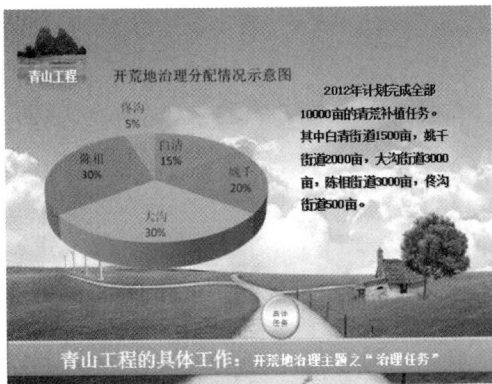

图 5-23　第 8 张幻灯片

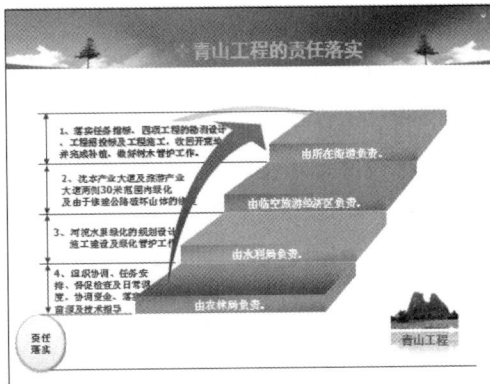

图 5-24　第 9 张幻灯片

图 5-25　第 10 张幻灯片

图 5-26　第 11 张幻灯片

❋ 任务总结

利用 PowerPoint 制作课件十分普及。制作中，图片、自选图形的合理使用是制作一个好的课件的首要因素，丰富的画面和颜色的合理搭配可以在视觉上给人以美的享受。在掌握 PowerPoint 基本功能的前提下，制作者的创意就显得尤为重要。

❋ 操作拓展

1. 让幻灯片自动更新日期与时间

在幻灯片上插入页眉与页脚，可以让它更有特色。如果想实现自动更新日期与时间，其操作步骤如下：选择【视图】|【页眉与页脚】命令，在弹出的【页眉和页脚】对话框中选择【幻灯片】选项卡，勾选【日期与时间】复选框，选中【自动更新】单选按钮，则每次打开文件，系统会自动更新日期与时间。

2. 设置演示文稿文档密码

选择【工具】|【选项】命令，在弹出的【选项】对话框中选择【安全性】选项卡，根据所保护的文档不被查看或是不被更改的要求，把密码输入【打开权限密码】或【修改权限密码】文本框中，单击【确定】按钮。这样即可以保护你的演示文稿不被查看或更改。

3. 缩减 PowerPoint 图片所占用的空间

在添加图片，如照片或插图时，PowerPoint 演示文稿的容量可能会变得非常庞大。用户可以手动压缩这些图片，但 PowerPoint 本身也可以完成这些工作。

单击【图片】工具栏中的【压缩图片】按钮（如果看不到【图片】工具栏，则选择【视图】|【工具栏】|【图片】命令），弹出【压缩图片】对话框，若要压缩演示文稿中的所有图片，则选中【文档中的所有图片】单选按钮，在【更改分辨率】选项组中，选择使用演示文稿的方式为【Web/屏幕】或者【打印】。若要进一步减小文件容量大小，则勾选【删除图片的裁剪区域】复选框，单击【确定】按钮。

4. 在 PowerPoint 中插入 Flash 动画

启动 PowerPoint 应用程序，选择【视图】|【工具栏】|【控件工具箱】命令，弹出【控件工具箱】工具栏，在【控件工具箱】工具栏中有一个【其他控件】的按钮，单击该按钮，弹出系统上已安装的 ActiveX 控制的清单列表框，选择【Shokewave Flash Object】后指针将变成十字形。用十字形指针在幻灯片中画出一块 Flash 电影播放的屏幕空间。Flash 电影能随意占用屏幕上的任意大小或位置。画好 Flash 窗口后，右击该窗口，在弹出的快捷菜单中选择【属性】命令，在弹出的【属性】对话框中的【Movie】文本框中输入 SWF 格式电影文件的 URL 或路径。如果 SWF 电影文件在 PowerPoint 文件的同一目录下，则输入 SWF 文件名即可。

子任务二　森林防火宣传的演示文稿编辑制作

❁ 任务提出

为了保护宝贵的森林资源，更广泛的普及和宣传森林防火知识，需要制作一份森林防火宣传的演示文稿。具体要求如下：

（1）幻灯片不少于 10 张。

（2）有标题幻灯片。

（3）幻灯片内容与森林防火相关，包括文本、图片、自选图形、表格等内容。

（4）幻灯片中要设计自定义动画效果、切换效果。

（5）插入音频文件，并正确设置播放选项。

（6）可使用母版、排练计时、录制旁白等技能点。

说明：本任务要求个人独立完成，小组同学可以互相研究讨论，最后上交作品不允许出现雷同。

❀ 学习目标

知识目标	能力目标	素质目标	技能（知识）点
（1）掌握幻灯片母版的使用 （2）了解幻灯片的排练计时 （3）掌握动画设置方法 （4）掌握动作按钮的使用 （5）掌握超链接的方法 （6）掌握对象的插入方法 （7）掌握幻灯片的切换和放映	（1）能够熟练进行幻灯片的编辑操作 （2）能够熟练进行图片、视频等对象的插入操作 （3）能够在幻灯片中设置动画 （4）能够在幻灯片中设置超链接 （5）能够熟练进行图文混排操作	（1）培养认真观察、独立思考、自主学习的能力 （2）培养学生团队协作精神 （3）培养学生良好的世界观、审美观	PowerPoint 2003 的启动和退出，PowerPoint 2003 应用程序窗口的组成，幻灯片的视图方式，演示文稿的创建、打开和保存，编辑幻灯片，幻灯片设计和版式的使用，幻灯片母版，动画设置，对象插入

❀ 实施准备

一、幻灯片母版

"母版"就是一种特殊的幻灯片，包含了幻灯片文本和页脚（如日期、时间和幻灯片编号）等占位符，这些占位符，控制了幻灯片的字体、字号、颜色（包括背景色）、阴影和项目符号样式等版式要素。"母版"主要是针对同步更改所有幻灯片的文本及对象而定的，例如，在母版中插入一张图片或者艺术图形或文本（如单位名称或徽标），那么所有的幻灯片的同一位置都将显示这张图片或者艺术图形或文本。如果要修改多张幻灯片的外观，不必一张张幻灯片进行修改，而只需在幻灯片母版上做一次修改，PowerPoint 将自动更新已有的幻灯片，并对以后新添加的幻灯片应用这些更改。如果要更改文本格式，可选择占位符中的文本并做更改。例如，将占位符文本的颜色改为红色，将使已有幻灯片和新添幻灯片的文本自动变为红色。

幻灯片的母版类型包括幻灯片母版、标题母版、讲义母版和备注母版，要编辑母版，通过选择【视图】|【母版】命令即可，如图 5-27 所示。

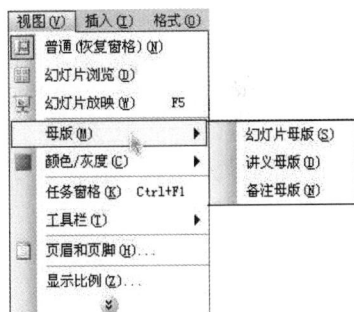

图 5-27　选择【视图】|【母版】命令

二、动画设置

1．自定义动画设置

PowerPoint 提供了幻灯片的动画设计和超链接技术。"动画"就是为幻灯片中的文字、图形、图片、表格、图表等对象在显示的时间、顺序、形式上进行控制，使得重点突出、增加趣味性。

选择【幻灯片放映】|【自定义动画】命令，或者直接在已打开的【任务窗格】中选择【自定义动画】选项，都会打开【自定义动画】任务窗格。在【自定义动画】任务窗格中用户可以为幻灯片中的文本和图片等对象添加动画效果，更改幻灯片中对象动画效果的显示顺序，并且可以为每个对象设置多个动画效果，还可以在【动作路径】中设置对象的运动

路径。

为幻灯片中的文本对象设置多种动画效果的操作步骤如下：

（1）在普通视图或幻灯片视图中，选择要动态显示的对象。

（2）选择【幻灯片放映】|【自定义动画】命令，打开【自定义动画】任务窗格，如图 5-28 所示。

（3）单击【添加效果】下拉按钮，在弹出的菜单中共包含 4 项内容，分别为【进入】、【强调】、【退出】、和【动作路径】，如图 5-29 所示。

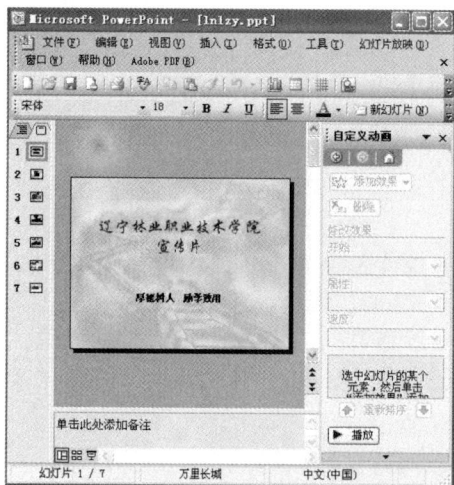

图 5-28　【自定义动画】任务窗格　　　　　图 5-29　【添加效果】下拉列表

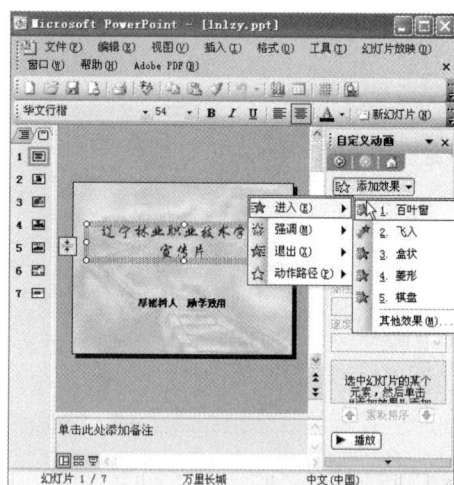

（4）如果用户想为所选择的对象添加【进入】效果，则选择【进入】命令，在弹出的菜单中选择其中一种即可为对象添加进入的效果。如果菜单中没有合适的进入效果，还可以选择【进入】|【其他效果】命令，在弹出的【添加进入效果】对话框中选择一种效果后单击【确定】按钮即可。

（5）如果要向幻灯片中的对象添加【强调】效果，则选择【强调】命令，在弹出的菜单中选择其中一种即可为对象添加强调的效果。同样，如果菜单中没有合适的强调效果，用户可以选择菜单中的【其他效果】命令，在弹出的【添加强调效果】对话框中选择一种效果后单击【确定】按钮即可。

（6）如果要向对象添加以使其离开幻灯片，选择【退出】选项，显示各种退出效果，选择其中一种效果单击即可为对象添加退出的效果。同理，用户可以选择【其他效果】，在【更改退出效果】对话框中选择一种效果。

（7）【动作路径】可设置对象的运动路线，如果要向对象添加效果以使其在指定图案中移动，指向【动作路径】，在【动作路径】菜单中选择一种效果即可。选择一种动作路径后，可以在幻灯片中显示出该路径。

用户每为选定的文本或图片选定一种效果，该效果就会显示在【自定义动画】任务窗格中的列表框中。各个效果项均以条状的长方形框来表示，当鼠标移动到效果上面时，会显示出该效果的效果名称及效果所应用的对象名称等设置内容。为对象添加各种效果后，【自定义动画】任务窗格如图 5-30 所示。

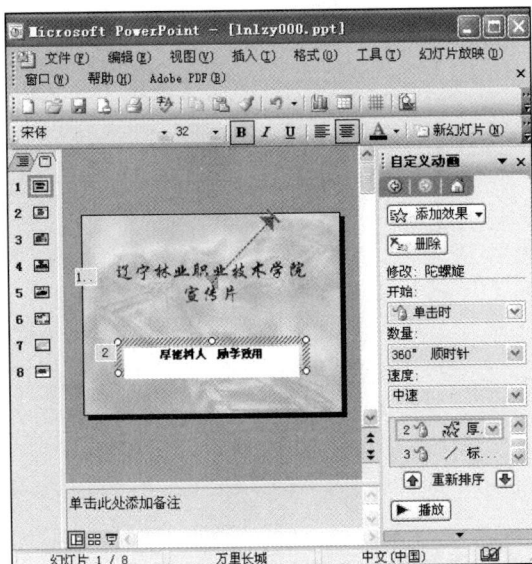

图 5-30　添加效果显示在任务窗格中

2. 更改效果的显示顺序

当给多个对象设置了动画效果之后，还可以更改幻灯片中动画效果的显示顺序。

（1）在普通视图或幻灯片视图中，显示要更改顺序的幻灯片。

（2）选择【幻灯片放映】|【自定义动画】命令，打开【自定义动画】任务窗格，在列表框中选择更改的动画效果对象。

（3）单击列表框下方【重新排序】按钮向上箭头或向下箭头来调整所选效果的位置。用户也可以通过拖动来改变效果顺序。选中要改变顺序的效果，按住鼠标左键进行拖动，在列表框中会显示一条横线来表明拖放的位置，在合适的位置释放鼠标左键即可。

另外，在此任务窗格中，也可设置动画对象的速度，可以选择【慢速】、【中速】、【快速】等选项。对于设置不满意的动画效果，可以直接单击【删除】按钮进行删除操作。

3. 幻灯片的切换效果

切换效果是加在幻灯片之间的特殊效果。在幻灯片放映的过程中，由一张幻灯片换到另一张幻灯片时，切换效果可用多种不同的技巧将下一张幻灯片显示到屏幕上。

（1）在普通视图中，选择【幻灯片放映】|【幻灯片切换】命令，打开【幻灯片切换】任务窗格。选择要添加切换效果的幻灯片（一张或多张）。如果要选择多张幻灯片，按住 Shift 单击幻灯片；在【应用于所选幻灯片】列表框中选择要使用的切换效果，如果要将同一种切换应用于全部幻灯片，可单击【应用于所有幻灯片】按钮。

（2）在【修改切换效果】选项组的【速度】下拉列表中选择切换速度为慢速、中速或快速。

（3）在【换片方式】选项组中勾选【单击鼠标时】复选框，则单击鼠标启动幻灯片切换；如果勾选【每隔】复选框，并在数值框中输入幻灯片切换间隔的时间，则每隔所设置时间启动幻灯片切换。

（4）要将切换效果应用到所有幻灯片中，单击【应用于所有幻灯片】按钮即可。

三、对象插入

1. 插入 Office 对象

在编辑演示文稿过程中可以"对象"的方式插入 Word 文档、Excel 工作表等 Office 文档。如插入 Excel 工作表后，此时的 PowerPoint 应用程序中的 Excel 窗口是被激活的，是工作于 PowerPoint 之中的具有 Excel 工具栏的工作表，它们实际上是属于 Excel 工作环境中的。所以当创建和编辑工作表时，实际上是在使用 Excel 应用程序在工作而非由 PowerPoint 应用程序来修改、更新和创建工作表。

插入 Excel 工作表的操作步骤如下：

（1）在幻灯片视图或大纲视图中，选中要插入 Excel 工作表的幻灯片。

（2）在打开的【幻灯片版式】任务窗格中选择合适的幻灯片版式。

（3）选择【插入】|【对象】命令，弹出【插入对象】对话框。在【对象类型】列表框中选择【Microsoft Excel 工作表】选项，如图 5-31 所示。

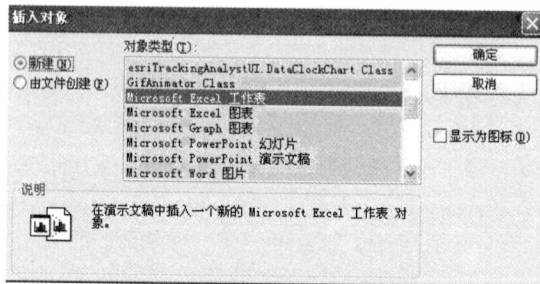

图 5-31　【插入对象】对话框

（4）双击工作表，即可进入编辑状态，可以对工作表进行输入、修改、删除等的编辑，也可以对文本格式、边框等进行设置。

（5）要退出编辑工作表状态，只需单击工作表外的任何地方。

2. 插入声音和视频

在幻灯片中，可以插入声音、视频等多媒体对象，这样可以制作声色俱佳的幻灯片。这些功能主要是通过如图 5-32 所示的【插入】|【影片和声音】命令菜单来实现的。

（1）在幻灯片视图或大纲视图中，选中要插入影片的幻灯片。

（2）选择【插入】|【影片和声音】命令，在弹出的菜单中选择【文件中的影片】命令，

弹出【插入影片】对话框，如图 5-33 所示。

图 5-32　【影片和声音】级联菜单　　　　　图 5-33　【插入影片】对话框

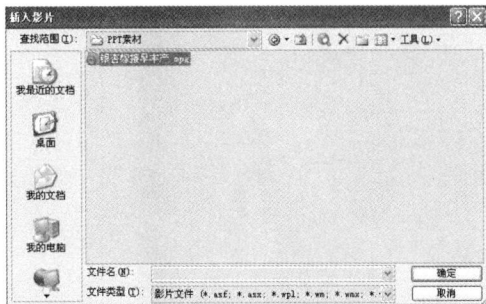

（3）在该对话框中选择要插入的影片的文件，然后单击【确定】按钮。同样，在幻灯片中会显示剪辑的片头图像。

❀ 任务实施

步骤一：新建演示文稿。

文新建演示文稿，文件名为"森林防火宣传.ppt"。

步骤二：选择模板。

选择【格式】|【幻灯片设计】命令，打开【幻灯片设计】任务窗格，选择【设计模板】选项，在【应用设计模板】列表框中选择一种合适的模板。

步骤三：输入内容。

输入内容按照要求输入标题内容，如图 5-34 所示。

步骤四：插入图片。

选择【插入】|【图片】|【来自文件】命令，弹出【插入图片】对话框，如图 5-35 所示。选择要插入的图片文件，单击【插入】按钮，即把要插入的图片插入到幻灯片中。在图片上按住鼠标左键拖动，可以移动图片到合适的位置，把指针指向图片边缘处拖动可以改变图片大小。插入图片后的第一张幻灯片如图 5-34 所示。

步骤五：插入声音。

选择【插入】|【影片和声音】|【文件中的声音】命令，弹出【插入声音】对话框，如图 5-36 所示。选择要插入的声音文件，单击【确定】按钮，在弹出的信息提示对话框中单击【自动】按钮。添加声音文件后的幻灯片效果如图 5-37 所示。

图 5-34 【插入图片】对话框

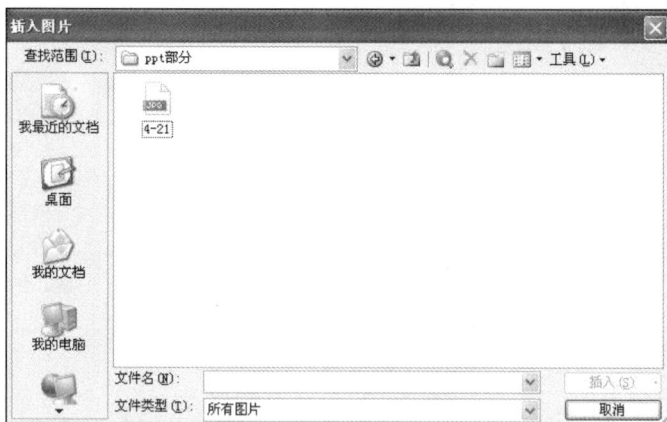

图 5-35 第一张幻灯片插入图片效果

图 5-36 【插入声音】对话框

图 5-37 第一张幻灯片插入声音
效果

步骤六：设置文字动画效果。

（1）选中图片"警钟长鸣"文本框，选择【幻灯片放映】|【自定义动画】命令，打开【自定义动画】任务窗格。

（2）单击【添加效果】按钮，在弹出的菜单中选择【进入】|【擦除】命令，如图 5-38 所示。文本框效果如图 5-39 所示。

（3）选中图片，选择【幻灯片放映】|【自定义动画】命令，打开【自定义动画】任务窗格。单击【添加效果】按钮，在弹出的菜单中选择【进入】|【轮子】命令。图片动画效果如图 5-40 示。

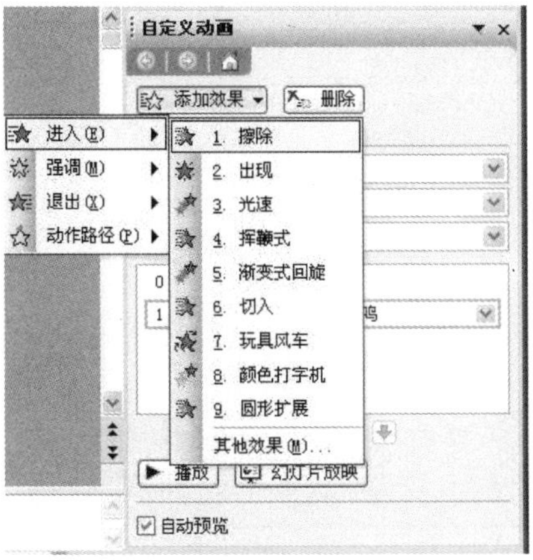

图 5-38　设置文字动画 　　　　图 5-39　文本框动画效果 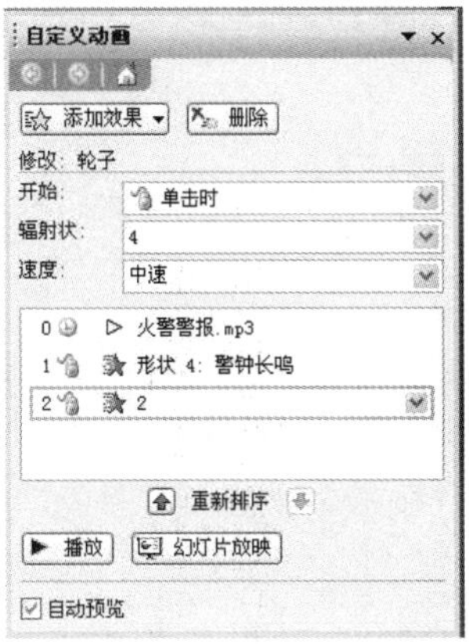　　　　图 5-40　图片动画效果

步骤七：插入新幻灯片。

选择【插入】|【新幻灯片】命令，即在第一张幻灯片后面插入了一张新幻灯片。在新幻灯片中输入如图 5-41 所示的内容。接下来，分别插入 10 张幻灯片，按顺序分别输入如图 5-42～图 5-51 所示的内容。

图 5-41　第 2 张幻灯片

图 5-42　第 3 张幻灯片

图 5-43　第 4 张幻灯片

图 5-44　第 5 张幻灯片

图 5-45　第 6 张幻灯片

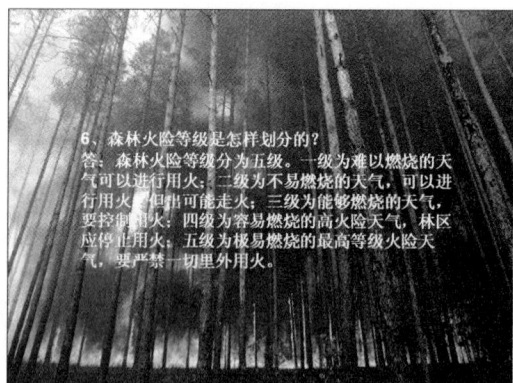

图 5-46　第 7 张幻灯片

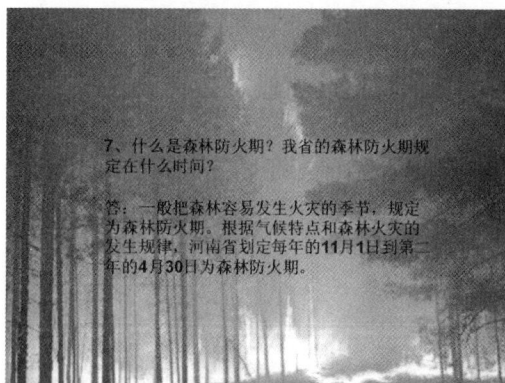

图 5-47　第 8 张幻灯片

图 5-48　第 9 张幻灯片

图 5-49　第 10 张幻灯片

图 5-50　第 11 张幻灯片

图 5-51　第 12 张幻灯片

步骤八：设置超链接。

（1）选中第 2 张幻灯片，选中文本"防火知识大全"，选择【插入】|【超链接】命令，弹出【插入超链接】对话框，如图 5-52 所示。

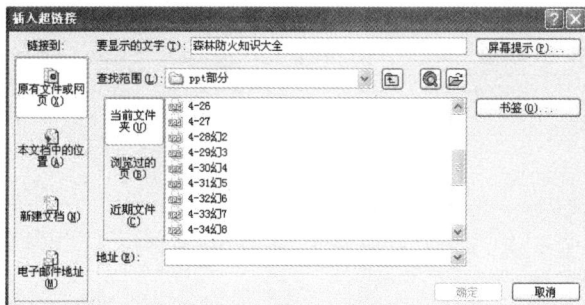

图 5-52　【插入超链接】对话框

（2）单击【书签】按钮，在弹出的【在文档中选择位置】对话框中，选择第 12 张幻灯片，单击【确定】按钮，如图 5-53 所示。

（3）选中第 12 张幻灯片中文字，进行设置超链接操作，超链接到一个固定网址，如图 5-54 所示。

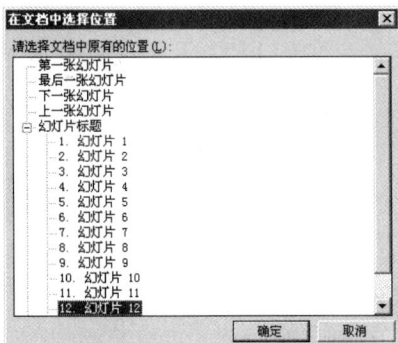

图 5-53　插入超链接

图 5-54　插入超链接

步骤九：设置艺术字。

（1）在演示文稿的最后再插入一张新幻灯片，选择【格式】|【幻灯片版式】命令，打开【幻灯片版式】任务窗格，在【应用幻灯片版式】列表框中的【内容版式】选项组中选择【空白】选项，如图 5-55 所示。

（2）选择【插入】|【图片】|【艺术字】命令，弹出【艺术字库】对话框，选择第 3 行4 列艺术字类型。

（3）单击【确定】按钮，弹出【编辑"艺术字"文字】对话框。在【文字】编辑区中输入"谢谢观看"，在【字体】下拉列表中选择【华文行楷】选项，在【字号】下拉列表中选择【36】，单击【加粗】按钮，单击【确定】按钮。设置效果如图 5-56 所示。

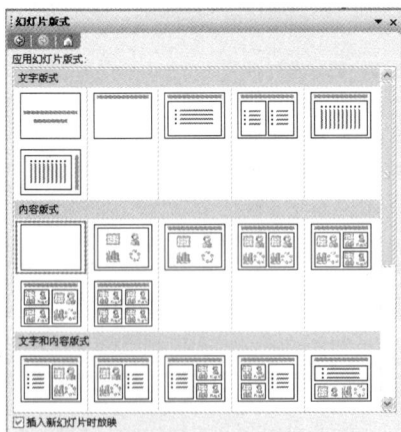

图 5-55　【幻灯片版式】任务窗格

图 5-56　艺术字设置效果

（4）设置艺术字动画。选择插入的艺术字，选择【幻灯片放映】|【自定义动画】命令，打开【自定义动画】任务窗格。单击【添加效果】按钮，在弹出的菜单中选择【进入】|【百叶窗】命令。其他设置如图5-57所示。

图 5-57　艺术字动画设置选项设置

步骤十：设置母版动画。

设置母版动画，即为所有幻灯片正文设置动画。

（1）选择【视图】|【母版】|【幻灯片母版】命令，打开【幻灯片母版视图】，如图5-58所示。

（2）选中正文文本框，选择【幻灯片放映】|【自定义动画】命令，打开【自定义动画】任务窗格。单击【添加效果】按钮，在弹出的菜单中选择【进入】|【其他效果】命令，弹出【添加进入效果】对话框，在【温和型】选项组中选择【伸展】，单击【确定】按钮，如图5-59所示。

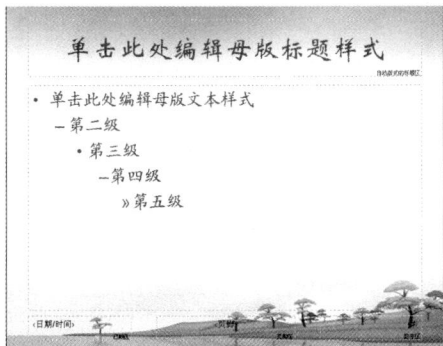

图 5-58　幻灯片母版视图

图 5-59　设置艺术字动画

图 5-60　【幻灯片母版视图】按钮

（3）单击【幻灯片母版视图】工具栏中的【关闭母版视图】按钮关闭母版视图，如图 5-60 所示。

步骤十一：设置幻灯片切换方式。

选择【幻灯片放映】|【幻灯片切换】命令，弹出【幻灯片切换】任务窗格，在【应用于所选幻灯片】列表框中选择【阶梯状向左上展开】，在【换片方式】选项组中勾选【单击鼠标时】复选框，单击【应用于所有幻灯片】按钮，应用此切换方式在所有幻灯片。

❀ 任务总结

利用 PowerPoint 制作课件十分普及。制作中，图片、声音的合理插入是制作一个好的课件的首要因素，其次加入设计独特的动画效果更能吸引观众的视觉，在掌握 PowerPoint 基本功能的前提下，制作者的创意就显得尤为重要。另外，要充分利用 PowerPoint 的母版功能，以起到统一格式，提高效率的作用。

❀ 操作拓展

1. 自定义对象的动作路径

自定义对象的动作路径的意思就是，用户可以随心所欲地为某个对象画出一条路线，该对象就会按指定的路线进行移动。操作步骤如下：先选中一个对象，打开【自定义动画】任务窗格，在【添加效果】下拉菜单中选择【动作路径】|【绘制自定义路径】|【自由曲线】命令（其他方式也可以）。此时指针会变成笔形，在幻灯片中随意画出一条曲线即可。

2. 使两幅图片同时动作

PowerPoint 的动画效果比较多样化，但局限于动画顺序，插入的图片只能一幅一幅地动作。如果有两幅图片需要一左一右或一上一下地向中间同时动作，其操作步骤如下：安排好两幅图片的最终位置，按住 Shift 键选中两幅图片，然后右击，在弹出的快捷菜单中选择【组合】|【组合】命令，这样使两幅图片变成了一个对象，再到【动画效果】中添加相应的效果即可。

3. 使用 PowerPoint 制作相册

启动 PowerPoint 新建一个幻灯文件，选择【插入】|【图片】|【新建相册】命令，弹出【相册】对话框，在该对话框中选择要放入本相册的图片，可以选择从磁盘或是扫描仪、数码照相机等外部设备添加图片。然后在【相册版式】选项组中设置相册的外观，单击【创建】按钮关闭对话框，返回幻灯片编辑模式，编辑相册封面，继续完成幻灯片动画、切换、背景、声音等设置，最后保存文档。

4. 将演示文稿保存为幻灯片放映文件

打开要保存为幻灯片放映的演示文稿，选择【文件】|【另存为】命令，在【保存类型】下拉列表中选择【PowerPoint 放映】，文件将保存为扩展名为.pps 的文件。在打开该文件时，它将自动以幻灯片放映视图放映演示文稿。在完成放映后，PowerPoint 将自动关闭并返回到桌面。如果需要编辑该幻灯片放映文件，可通过【文件】|【打开】命令打开该文件。

课业　"林苑园林公司情况介绍"幻灯片制作

任务提出

为了让更多的人了解林苑园林公司，提高公司的知名度，要求设计并制作一份介绍公司情况的演示文稿。这个文稿既可以用于各种会议的开头，还可以作为展品循环播放。具体要求如下：

（1）幻灯片不少于 10 张。

（2）有标题幻灯片。

（3）幻灯片内容与林苑园林公司相关介绍、公司项目，包括文本、图片、自选图形、表格等内容。

（4）幻灯片中要设计自定义动画效果、切换效果。

（5）插入音频文件，并正确设置播放选项。

（6）可使用母版、排练计时、录制旁白等技能点。

说明：本任务要求个人独立完成，小组同学可以互相研究讨论，最后上交作品不允许出现雷同。

附录 A　计算机基础知识

A.1　计算机概述

A.1.1　计算机发展史简介

自 1946 年世界上第一台电子计算机 ENIAC（Electronic Numerical Integrator and Calculator，电子数字积分计算机）在美国宾夕法尼亚大学的物理实验室诞生以来，计算机技术发展突飞猛进，目前正朝智能化（第五代）计算机方向发展。

计算机的发展情况如表 A-1 所示。

表 A-1　计算机发展历程

阶　段	年　份	逻辑元件	主要特点
第一阶段	1946～1957	电子管	速度低、体积大、质量较重、价格较高、应用范围小
第二阶段	1958～1964	晶体管	速度大幅度提高，质量、体积显著减小，使用越来越方便，应用也越来越广泛
第三阶段	1965～1970	中小规模集成电路	可靠性显著提高，价格明显下降，逐渐形成计算机网络
第四阶段	1971～1985	大规模、超大规模集成电路	体积进一步缩小，速度大大提高，可靠性增强
第五阶段	1986 至今	新元件	整体性能增强，速度提高，具备更多人工智能和网络智能

A.1.2　我国计算机的发展

1958 年，组装调试成功第一台电子管计算机。

1960 年，研制成第一台我国自己设计的通用电子管计算机。

1964 年，我国开始推出第一批晶体管计算机。

1971 年，研制成第三代集成电路计算机。

我国巨型机的发展处于世界领先地位，如我国的银河系列巨型机。

目前，国内生产的微型计算机水平已与国际的个人计算机厂商相当，国内微型计算机厂商有联想、清华同方、方正、金长城、实达等。

A.1.3　计算机的特点

计算机之所以能够成为一种通用的智能工具，主要因为它具有以下特点：

（1）运算速度快。运算速度达到每秒几十亿次乃至上百亿次。

（2）计算精度高与逻辑判断准确。在计算机内部采用二进制进行运算，二进制数值的位数越多，精度就越高。因此它具有高精度控制能力。另外计算机也具有可靠的判断能力，以实现其工作的自动化。

（3）记忆能力强。计算机都有存储器，不仅能够存储大量的文字、图形图像、声音等信息资料，还可以存储指挥计算机工作的程序。

（4）具有自动控制能力。计算机内部操作和控制，都是根据使用者事先编制的程序自动控制进行的，不需要人工干预。这是计算机区别于其他工具最显著的特点。

A.1.4　计算机的分类

计算机的种类很多，可以按照如下方式分类。

（1）按计算机所处理的信号进行分类，计算机可分为数字计算机和模拟计算机。数字计算机处理数字量信号，而模拟计算机处理连续变化的模拟量信号。

（2）按计算机的用途分类，计算机可分为通用计算机和专用计算机。通用计算机应用范围很广，而专用计算机应用于一些专用场合。

（3）按计算机的规模大小分类，计算机可分为巨型机、大型机、中型机、小型机、微型机和工作站。

① 巨型机。巨型机结构复杂，价格昂贵，是功能最强，运算速度最快，存储容量和体积最大的一类计算机。其运算速度可达每秒 1 亿次以上，主要应用于国家级高科技领域和国防尖端技术的科学计算和科学研究。我国研制成功的"银河-Ⅰ"和"银河-Ⅱ"都属于巨型机。

② 大型机。大型机运算速度为每秒一百万到几千万次，具有丰富的外部设备和功能强大的软件，主要应用于计算中心和计算机网络中。IBM 3033 等是大型计算机的代表产品。

③ 中型机。中型机性能和规模处于大型机和小型机之间。

④ 小型机。小型机结构简单、成本较低、可靠性高，并且使用和维护较容易。这类计算机主要用于中、小用户。代表机型有 PDP-11、VAX-11 系列。

⑤ 微型机。微型机是超大规模集成电路计算机。它的一个显著特点是 CPU 集成在一块超大规模的芯片上。个人计算机（personal computer，PC）是微型机的一种，具有体积小、价格低廉、功能全、操作方便等优点，因此发展迅速。目前它的功能越来越强，速度越来越快，已经达到甚至超过了小型机。

⑥ 工作站。工作站与高档微型计算机的界限并不明显，一般认为，工作站就是一台高档微型计算机。它的独特之处在于易于联网、有大量内存、有较强的网络通信功能。代表产品有 Sun-Ⅲ等。

人们通常见到和使用的计算机是数字、通用、微型计算机，又称个人计算机或 PC。

A.1.5　计算机的应用领域

由于计算机具有运算速度快、精度高、存储功能强等特点，因此其应用范围越来越广泛，已经渗透到人们工作、生活的各个方面。计算机的应用主要表现在以下几个方面：

（1）数值计算，也称科学计算。它是指利用计算机对数值进行精确计算来完成科学研究和工程设计中所提出的数学问题，主要应用于航空、军事、天气预报等方面。

（2）数据处理，也称信息处理。它是指利用计算机强大的数字存储功能对大量的数据进行有效的加工与处理，主要应用于文字处理、检索、制表等方面。

（3）实时控制，也称过程控制。生产过程中的过程控制能够提高生产效率和产品质量、节约劳动力，主要应用于飞行导航、集成电路板的生产等方面。

（4）计算机辅助功能，包括计算机辅助设计（computer aided design，CAD）、计算机辅助教学（computer aided instruction，CAI）、计算机辅助工程（computer aided engineering，CAE）、计算机辅助制造（computer aided manufactrer，CAM）、计算机辅助测试（computer aided testing，CAT）。

（5）人工智能，主要是研究如何利用计算机去"模仿"人类的智能，也就是使计算机具有"推理"、"学习"的功能，这是近年来计算机应用的新领域。

A.1.6 计算机的发展方向

未来的计算机将向巨型化、微型化、网络化与智能化的方向发展。

1. 巨型化

巨型化是指计算机的运算速度更高、存储容量更大、功能更强。目前正在研制的巨型机的运算速度可达每秒百亿次。

2. 微型化

随着微电子技术的进一步发展，笔记本式、掌上式等微型计算机必将以更优的性能价格比受到人们的欢迎。

3. 网络化

随着计算机应用的深入，特别是家用计算机越来越普及，一方面希望众多用户能共享信息资源，另一方面也希望各计算机之间能互相传递信息进行通信。

计算机网络是现代通信技术与计算机技术相结合的产物。计算机网络已在现代企业的管理中发挥着越来越重要的作用。

4. 智能化

智能化是计算机发展的一个重要方向，新一代计算机将可以模拟人类的行为，具有逻辑推理、学习与证明的能力。

A.2　微型计算机系统

一个完整的微型计算机系统应包括硬件系统和软件系统两大部分。硬件是计算机系统中一切看得见、摸得着的有固定物理形式的部件，是计算机工作的物质基础；软件是计算机中执行某种操作任务的程序的集合，是计算机的灵魂。微型计算机系统的组成如图 A-1 所示。

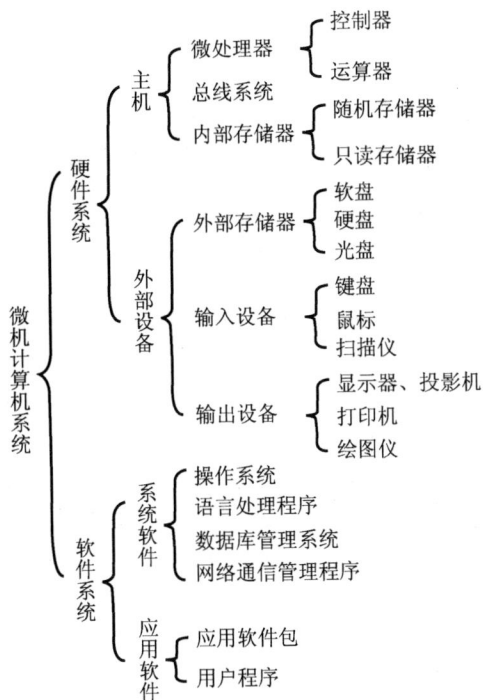

图 A-1　微型计算机系统组成

A.2.1　硬件系统

1. 中央处理器

中央处理器（central processing unit，CPU）也称微处理器，是计算机的核心部件。它由运算器、控制器、寄存器组和辅助部件组成。

运算器是计算机进行算术和逻辑运算的部件。控制器负责从存储器中取出指令、分析指令、确定指令类型并对指令进行译码，按时间先后顺序负责向其他各部件发出控制信号，保证各部件协调工作。寄存器组是用来存放当前运算所需的各种操作数、地址信息、中间结果等内容的。将数据暂时存于 CPU 内部寄存器中，加快了 CPU 的操作速度。

微处理器按字长可分为 8bit、16bit、32bit、64bit 微处理器。

微型计算机的 CPU 大部分都使用了美国 Intel 公司的芯片，此外还有美国的 AMD 公司的芯片。Pentium Ⅲ、Pentium 4 是 Intel 公司的 CPU 的型号，K6、K7 是 AMD 公司的 CPU 的型号。

2. 存储器

存储器是计算机的记忆部件，负责存储程序和数据，并根据控制命令提供这些程序和数据。存储器分两大类：一类和计算机的运算器、控制器直接相连，称为内部存储器；另一类存储设备称为外部存储器。内部存储器一般由半导体材料构成，存取速度快，价格昂贵，容量相对小一些。外部存储器一般由磁记录设备构成，如硬盘、光盘等。其容量大，价格低廉，但存取速度相对较慢，因为外部存储器中存放的程序和数据须先装入内部存储器后才能执行。

计算机中用来表示存储空间大小的最基本的容量单位为字节（Byte），8 个二进制位（bit）就是一字节。通常一个字母、数字或符号占用一个字节的存储空间，而汉字占用两个字节的存储空间。存储容量单位间的关系为 1KB=1024B，1MB=1024KB，1GB=1024MB。

1）内部存储器

内部存储器又称主存储器，简称内存或主存。内存分为只读存储器（read only memory，ROM）和随机存储器（random access memory，RAM）。

ROM 主要用来存放固定不变的程序、数据。一般情况下 ROM 中的信息只能读出而不能随意写入，它们是使用专用的写入器将数据信息代码写入到 ROM 中。ROM 被装配在系统主板上，断电后其中的信息不会丢失。

RAM 是一种读写存储器，用于存放现场程序和数据，RAM 中的内容可随时按地址进行存取。因为 RAM 中的信息是由电路的状态表示的，断电后信息一般会立即丢失，所以在数据的录入和编辑过程中要经常存盘，以免因故障或断电而造成信息丢失。

现在微型计算机上配置的内存容量一般为 2GB、4GB 或 8GB 以上，常见的内存条如图 A-2 所示。

图 A-2　内存条

2）外部存储器

外部存储器又称辅助存储器，简称外存。由于内存容量上的限制，微型计算机都要配置外存，以便提高数据的存储能力。可以使用外存永久地保存程序和数据。

常用的外存有硬盘、光盘、（USB flash 盘，简称 U 盘）等。

（1）软盘与软驱。软盘是计算机的一种外存，软盘只有插入到软驱中才能使用。

软盘按其尺寸大小可分为 5.25 英寸和 3.5 英寸两种，目前该外存已淘汰。

（2）硬盘。硬磁盘是由硬质合金材料构成的多张盘片组成，硬磁盘与硬盘驱动器作为一个整体被密封在一个金属盒内，合称为硬盘。硬盘通常固定在主机箱内，具有使用寿命长、容量大、存取速度快等优点。

目前微型计算机硬盘盘片的转速有 5400r/min、7200r/min。存储容量可达 320GB、500GB 或 1TB 以上等。硬盘外观如图 A-3 所示。

图 A-3　硬盘

目前市场上的硬盘品牌主要有昆腾、IBM、希捷等。

（3）光盘与光盘驱动器。光盘是利用激光进行读写信息的圆盘，光盘必须在光盘驱动器（简称光驱）中才能进行工作。光盘具有体积小、容量大、信息保存长久等特点。光盘及光驱外观如图 A-4 所示。

（a）光盘　　　　　　　　　　（b）光驱

图 A-4　光盘与光驱

常见的光盘存储器有 CD-ROM、CD-R、CD-RW 和 DVD-ROM 等。

① CD-ROM（compact disk-read only memory，只读式压缩光盘）。CD-ROM 中存放的信息不能被修改和删除，用户也不能向其中写入新的信息，即只能读出不能写入。一张 CD-ROM 的存储容量可达 640MB。第一代的 CD-ROM 驱动器的数据传输速率为 150Kb/s，称为单倍速 CD-ROM 驱动器。现在广泛使用的有 48x、50x、52x 等光驱。

② CD-R（compact disk-recordable，可记录光盘）。CD-R 可以一次性地在盘面上写入数据，写入后不能再改写数据。

③ CD-RW（compact disk-rewritable，可读写光盘）。CD-RW 工作方式与磁盘相似，可以对信息进行重复读写操作。

④ DVD-ROM（digital video disk-read only memory，数字视盘）DVD-ROM 是超高容量的光盘，与 CD-ROM 具有相同的直径和厚度，但能存储 4.5GB 的数据，是 CD-ROM 容量的 7 倍。

目前市场上的光驱品牌有 Philips（飞利浦）、SONY（索尼）、Creative（创新）、LGS 等。

⑤ U 盘。U 盘以存储量大、使用携带方便、即插即用等优点，已成为市场流行的存储器。U 盘外观如图 A-5 所示。

图 A-5　U 盘

3. 输入设备

输入设备是向计算机输入程序、数据和命令的部件，常见的输入设备有键盘、鼠标、扫描仪、光笔、数码照相机、传声器等。

4. 输出设备

输出设备负责将计算机中的信息以人们能够识别的形式输出，常见的输出设备有显示器、打印机、投影仪、绘图仪等。

A.2.2　软件系统

软件系统分为系统软件和应用软件两大类。

系统软件是指管理、监控和维护计算机资源（包括硬件和软件）的软件。常用的系统软件有操作系统、程序设计语言、系统工具软件等。

应用软件是用户为了解决实际问题而编制的各种程序，常用的应用软件有 CAD 软件、Microsoft Office 2003 办公软件、Photoshop 图形图像处理软件等。

A.2.3　微型计算机的主要技术指标

1. 字长

字长是指计算机能直接处理的二进制信息的位数，标志着计算机处理信息的精度。字长越长，精度越高。

2. 运算速度

运算速度是指计算机每秒钟能执行的指令条数，单位为 MIPS（百万条指令每秒）。

3. 主频

主频是微型计算机 CPU 的时钟频率，单位为 MHz（兆赫兹）。主频决定了微型计算机的处理速度，主频越高，微型计算机处理速度越快。

4. 内存容量

内存容量大，所能存储的程序和数据量也就越大，微型计算机系统处理能力也就越强。

A.3 字符与汉字编码

由于计算机只能识别和处理"0"和"1"这两种状态的二进制数，因而在计算机中对数字、符号、文字字符及汉字必须用二进制各种组合形成来表示。

1. ASCⅡ码

为了使不同的计算机在相互通信时对字符编码遵守相同的规则，美国制定了 ASCⅡ（American Standard Code for Information Interchange），即美国信息交换标准代码，后来成为世界各国统一采用的英文字符编码。

7 位 ASCⅡ码称为基本 ASCⅡ码，是国际通用的，采用 7 位二进制字符编码，可表示 128 种字符，其中包括 34 种控制字符、52 个英文大小字母、10 个阿拉伯数字、32 个字符和运算符，如表 A-2 所示。

表 A-2 ASCII 码表

字符 \ $b_7b_6b_5$ \ $b_4b_3b_2b_1$	000	001	010	011	100	101	110	111
0000	NUL	DLE	SP	0	@	P	`	p
0001	SOH	DC1	!	1	A	Q	a	q
0010	STX	DC2	"	2	B	R	b	r
0011	ETX	DC3	#	3	C	S	c	s
0100	EOT	DC4	$	4	D	T	d	t
0101	ENQ	NAK	%	5	E	U	e	u
0110	ACK	SYN	&	6	F	V	f	v
0111	BEL	ETB	'	7	G	W	g	w
1000	BS	CAN	(	8	H	X	h	x
1001	HT	EM	)	9	I	Y	i	y
1010	LF	SUB	×	:	J	Z	j	z
1011	VT	ESC	+	;	K	[	k	{
1100	FF	S	,	<	L	\	l	|
1101	CR	GS	−	=	M	]	m	}
1110	SO	RS	.	>	N	^	n	~
1111	SI	US	/	?	O	_	o	DEL

2. 汉字的编码

1980 年我国根据有关国际标准规定了《信息交换汉字编码字符集-基本集》，即 GB 2312—1980，简称国标码。

国家标准 GB 2312—1980 规定，全部国际汉字及符号组成 94×94 的矩阵，在该矩阵中，每一行称为一个"区"，每一列称为一个"位"，共组成了 94 个区（01～94 区），每个区内有 94 位（01～94 位）的汉字字符集。区码在高位，位码在低位，组合形成区位码。区位码同汉字或汉字符号是唯一对应的。例如，汉字"中"的区位码为 5448。

国标码基本集中收录了汉字和图像符号共 7445 个，分为两级汉字。其中一级汉字 3755 个，属于常用汉字，按汉字拼音字母顺序排序；二级汉字 3008 个，属于非常用汉字，按部首顺序排序，还收录了 682 个图形符号。

A.4　键盘、鼠标的操作

A.4.1　键盘操作

1. 键盘布局

键盘是计算机的标准输入设备，通过五针的圆形插槽与主板中的键盘控制电路相连接。一般情况下，不同型号的计算机键盘提供的按键数目也不同。日常使用的键盘有 104 键、105 键和 107 键等。整个键盘分为打字键区、功能键区、编辑键区、数字键区和指示灯区，如图 A-6 所示。

图 A-6　键盘分区

1）打字键区

打字键区包括英文字母键（A～Z）、数字键（0～9）、符号键（!、#、+、%等）、控制键（Esc、Tab、Shift 等）。

常用控制键说明：

（1）Esc 键：强行退出键，用于取消命令或从当前状态退出。

（2）Tab 键：制表键，按一次该键，屏幕上的光标向右移 8 个字符。

（3）Caps Lock 键：大/小写英文字母转换键，当按该键时，Caps Lock 指示灯亮，这时按字母键输入为大写字母。

（4）Shift 键：上档键，与双字符键同时用可获得上档字符；另外，当键盘处于大（小）写状态时，按住 Shift 键和英文字母键，可以输入小（大）写字母。

（5）Enter 键：回车键，用来结束一行的输入。

（6）Backspace 键：退格键，删除光标左侧的字符并使光标左移一列。

（7）Space 键：空格键，输入一个空格，光标右移一列。

（8）Windows 徽标键 ：按此键弹出 Windows 操作系统的【开始】菜单和任务栏。

2）功能键区

F1～F12 共 12 个功能键，它们的功能由不同的软件定义。

3）编辑键区

（1）PrintScreen 键：打印屏幕键，可将当前屏幕上的所有信息以位图（.bmp）格式复制到剪贴板中。

（2）Scroll Lock 键：屏幕锁定键，用于控制屏幕的滚动。

（3）Pause Break 键：暂停键，按该键可以暂停正在执行的程序或停止屏幕滚动。

（4）Insert 键：插入键，在编辑状态下设置插入和改写状态的转换。

（5）Delete 键：删除键，删除光标所在处的字符。

（6）Home 键：在编辑状态下，使光标移至所在行的行首。

（7）End 键：在编辑状态下，使光标移至所在行的行尾。

（8）Page Up 和 Page Down 键：翻页键，在编辑状态下，使屏幕向上或向下翻一页。

（9）→、←、↑、↓光标移动键：分别将光标按箭头指示方向，向左、向右移动一个字符，向上、向下移动一行的位置。

4）数字键区

数字键区在键盘的最右侧，该区的键在其他键盘区都可以找到。数字键区的双功能键由该区的 Num Lock 键控制，按该键，对应的 Num Lock 指示灯亮时为接通状态，此时可以输入数字；当再次按该键，对应的指示灯熄灭时为断开状态，此时数字键区的作用与编辑键的作用相同。

5）指示灯区

键盘右上角有 3 个指示灯，分别为 Num Lock 指示灯、Caps Lock 指示灯和 Scroll Lock 指示灯。

2. 键盘指法

正确的键盘指法是提高计算机信息输入速度的关键，因此，初学者必须严格按照正确的键盘指法进行学习。

1）基准键位

基准键位和手指分工如图 A-7 所示。

图 A-7　基准键位和手指分工

打字时，左手放在 A、S、D、F 键上，右手放在 J、K、L、；键上，这 8 个键称为基准键。其中 F、J 键称为定位键（键上有一凸起的小横杠），其作用是在盲打状态下，能准确找到基准键。

2）键盘指法分区

键盘指法分区如图 A-8 所示。

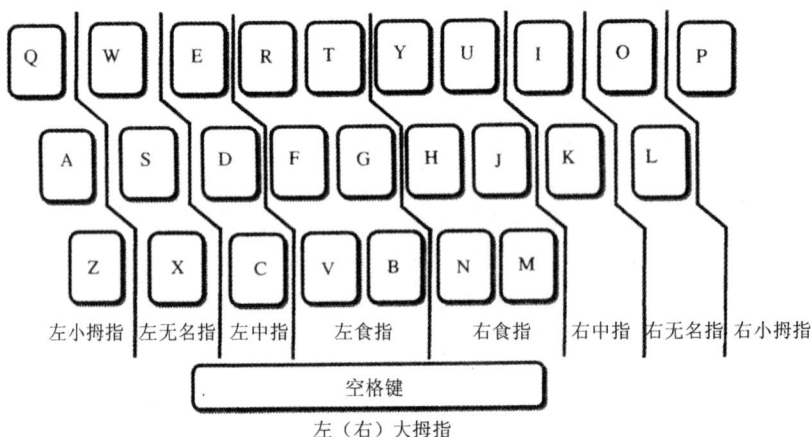

图 A-8　键盘指法分区

3）操作姿势及击键方法

正确、快速地进行键盘录入操作是微型计算机操作人员应具备的基本技能之一，是一项具有技巧性、技能性的专业技术。按照正确的操作方法科学地进行训练，养成良好的操作习惯，就能实现快速、准确地录入操作。

（1）操作者座位应使肘部与操作台面相平，高度适宜；操作者平坐座位上，双脚踏地，腰挺直，上身稍微前倾。

（2）双肩放松，上臂自然下垂，前臂与键盘平行。

（3）双手自然落在键盘上，手指微屈，自然下垂，使手指轻轻放在基准键上，大拇指轻放在空格键上。

（4）键盘放在显示器正前方，打字文稿放在键盘左侧，操作时，双眼注视文稿，双手击键，养成盲打的好习惯。

（5）击键时，手指轻轻击打字键，击毕即缩回。

A.4.2　鼠标操作

随着计算机软件的发展，图形处理的任务越来越多，单纯地使用键盘已经不能满足用户的要求，所以鼠标应运而生。鼠标是一种屏幕标定装置，它在图形处理方面的功能要比键盘方便得多，尤其是当今 Windows 操作系统及各种 Windows 操作系统的程序广泛应用的情况下，其中的"菜单"以及各种操作都可以通过鼠标来完成。

常见的鼠标有两键式、三键式，它们都有左键和右键两部分，下面以两键式为例，讲解鼠标的使用方法。

握鼠标的正确方法是，右手食指和中指自然地轻放在鼠标的左键和右键上，拇指横向放在鼠标左侧，无名指和小指放在鼠标右侧。拇指与无名指及小指轻轻握住鼠标，手腕自然垂放在桌面上。

鼠标的常用操作如下：

（1）指向：将指针移至对象，但不会选定该对象。

（2）单击：按下鼠标左键并立即释放，则选定对象。

（3）双击：快速按下鼠标左键两次再释放，则执行某个应用程序或打开某个对象。

（4）拖动：将指针指向某一目标，按住鼠标左键，移动指针至指定位置后再释放。

（5）右击：选定对象，单击鼠标右键，弹出一个快捷菜单，根据对象不同菜单也不同。

三键鼠标的中键一般情况下不用，但三键鼠标若是中间为滚轮的鼠标，则通过滚动滚轮可以快速翻页。

A.5　中文输入法

随着计算机汉字信息处理技术的提高，计算机汉字输入方法也迅速发展，目前的汉字输入法不下百余种。汉字输入法按其编码不同可以分为以下 3 类。

（1）音码：利用汉字的读音特性编码，如全拼和双拼输入法等。

（2）形码：利用汉字的字形特征进行编码，如五笔字型输入法等。

（3）音形结合码：利用汉字的语音特征，又利用字形特征进行编码，如自然码、智能 ABC 输入法等。

具体地说，常用的输入法有全拼输入法、智能 ABC 输入法、五笔字型输入法等。

A.5.1　全拼输入法

全拼输入法也称拼音输入法，它直接使用汉语拼音作为输入码。使用时，逐个输入汉字和词汇的全部拼音字母。

1）单字的输入

使用时，先逐个输入汉字的全部拼音字母，然后从同音字中选择所需的汉字。

例如，输入汉字"张"，直接在输入框中输入"Zhang"，选择数字键1，"张"字就显示在光标处，如图A-9所示。

当不知道输入什么字母时，可以使用查询键。全拼输入法的查询键是"？"。其操作步骤：在输入合法的任何外码后，输入"？"键，系统会在候选框显示以这个有效开始编码的汉字或符号序列，如图A-10所示。"？"代表一位编码，多位查询可输入多个"？"。

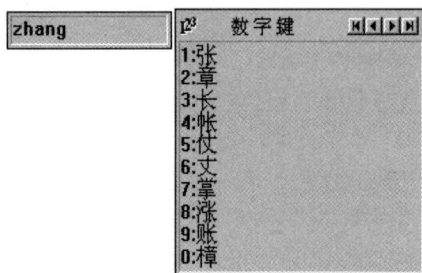

図 A-9　单字输入　　　　図 A-10　查询键

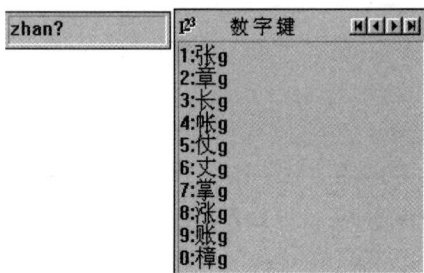

注意：

（1）在输入时要注意拼音的"ü"，对应字母V键。

（2）在输入汉字时，如果当前页没有所需的汉字时可用翻页方法找到所需的字，如图A-11所示。

2）词汇的输入

在全拼输入法状态下要输入词汇，直接在对话框中键入所对应的拼音即可。

例如，输入汉字"计算"，直接在输入框中输入"jisuan"，如图A-12所示。

表示最前面一个候选框　向前翻页 向后翻页 表示最后一个候选框

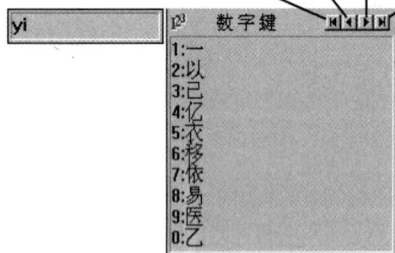

図 A-11　全拼输入法翻页　　　　図 A-12　词汇输入

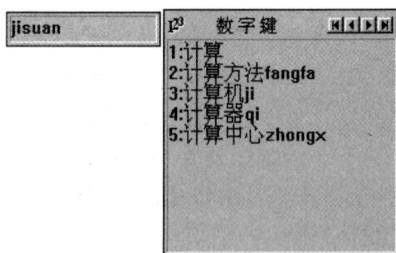

全拼输入法的优点是简单易学，不易忘记；缺点是要求用户会普通话，拼音正确，因为不会读音的字就不会输入。另外全拼输入重码多，需要进行选择，输入的键较多，速度慢。

A.5.2　智能 ABC 输入法

智能 ABC 输入法是一种音形结合码输入法，它的主要特点是操作简单，要求记忆的内容少，输入方法种类繁多，录入速度快，因此，受到许多用户的喜爱。

下面介绍智能 ABC 常用的几种输入方法。

1）全拼输入

如果用户汉语拼音比较熟练，可以使用全拼输入法。

规则：按规范的汉语拼音输入，输入过程和书写汉语拼音的过程完全一致。

提示： 按词输入，词与词之间用空格或者标点隔开。如果不会输词，可以一直写下去，超过系统允许的字符个数时，系统将发出警告。注意隔音符号的使用。

例如，

wo	xiang	wei	qin'aide	mama	dian	yi	zhi	haotingdegequ
我	想	为	亲爱的	妈妈	点	一	支	好听的　歌曲

2）简拼输入

如果用户对汉语拼音把握不甚准确，可以使用简拼输入。

规则：取各个音节的第一个字母组成，对于包含 zh、ch、sh（知、吃、诗）的音节，也可以取前两个字母组成。

例如，

汉字	全拼	简拼
计算机	jisuanji	jsj
长城	changcheng	cc，cch，chc，chch

3）混拼输入

汉语拼音开放式、全方位的输入方式是混拼输入。

规则：两个音节以上的词语，有的音节全拼，有的音节简拼。

例如，

汉字	全拼	混拼
金沙江	jinshajiang	jinsj，jshaj

A.5.3　五笔字型汉字输入法

五笔字型汉字输入法是典型的形码输入法，它经过不断发展完善，目前已成为我国应用最广的一种汉字输入方法。

五笔字型汉字输入法是以汉字的笔画、字根、字型的特点作为编码基础。其特点是以汉字的字根、字型为基本单位组字，规律性强、重码率低；单字、词组输入不须换档；巧妙的键盘布局，使输入时两手负担均匀；熟练后，见字知其字根、字型，即可输入，不受字的认识与否及发音的限制，便于快速输入。

1. 汉字的 5 种笔画

笔画是最基本的汉字组字单位，是在书写汉字时一次性不间断地写成的线段。在五笔字型输入法中，将其归纳为 5 种基本笔画，并分别用代码表示，如表 A-3 所示。

表 A-3　汉字的 5 种基本笔画

代号	笔画名称	笔画走向
1	横	左→右
2	竖	上→下
3	撇	右上→左下
4	捺	左上→右下
5	折	带转折

注意：提笔视为横，点均为捺，左竖钩为竖，带弯折均为折（不包括左竖钩）。

2. 汉字的 130 个字根

字根是由笔画构成的相对不变的结构。五笔字型确定选用 130 个字根，其中单笔字根 5 个，即 5 个基本笔画，复笔字根（两个笔画以上）125 个。字根总图及助记词如图 A-13 所示。

3. 汉字的 3 种字型

根据构成汉字各字根之间的位置关系，可把所有汉字分为 3 种类型。

（1）左右型（代号为 1）。汉字分为左右两个部分或左中右 3 个部分，各部分之间有一定的距离，如树、根、部等。

（2）上下型（代号为 2）。汉字分为上下两个部分或上中下 3 个部分，各部分之间有明显的界线，如思、念、花等。

（3）杂合型（代号为 3）。除左右型、上下型之外的汉字，如国、飞、乘等。

4. 汉字的 4 种结构

基本字根组成汉字时，按照它们之间的位置关系可分为 4 种结构。

（1）单。基本字根本身就是一个字，如金、立等。

（2）散。基本字根之间保持一定的距离，如吕、树等。

（3）连。基本字根连一单笔画，如自、舌等。

（4）交。指几个基本字根交叉构成的汉字，如中、母等。

5. 汉字的 16 字拆分原则

拆分原则：取大优先、兼顾直观、能连不交、能散不连。

这 16 字拆分原则并不是相互独立的，而是相辅相成的统一整体。在拆分汉字时，不能机械地照搬原则，而应在不断总结拆分经验的同时，理解拆分原则的内涵。

五笔字根图

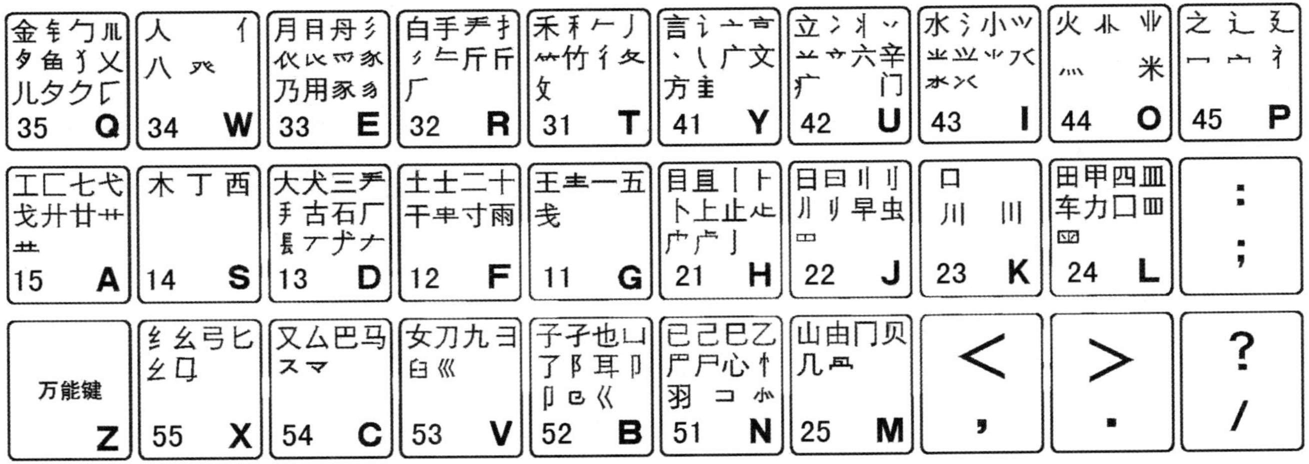

五笔字型字根助记词

11 王旁青头戋(兼)五一
12 土士二干十寸雨
13 大犬三羊(丰)古石厂
14 木丁西
15 工戈草头右框七

21 目具上止卜虎皮
22 日早两竖与虫依
23 口与川,字根稀
24 田甲方框四车力
25 山由贝,下框几

31 禾竹一撇双人立
　　反文条头共三一
32 白手看头三二斤
33 月彡(衫)乃用家衣底
34 人和八,三四里
35 金勺缺点无尾鱼,犬旁
　　留儿一点夕,氏无七(妻)

41 言文方广在四一
　　高头一捺谁人去
42 立辛两点六门疒
43 水旁兴头小倒立
44 火业头,四点米
45 之宝盖
　　摘礻(示)衤(衣)

51 巳半已满不出己
　　左框折尸心和羽
52 子耳了也框向上
53 女刀九臼山朝西
54 又巴马,丢矢矣
55 慈母无心弓和匕
　　幼无力

图 A-13　五笔字型字根及助记词

6. 单字输入方法

（1）键名字。把所在的键连击 4 下。

键名字共有 25 个，分别为：金、人、月、白、禾、言、立、水、火、三、工、木、大、土、王、目、日、口、田、又、女、子、已、山。

（2）成字根。这类汉字本身既是一个汉字，又是一个字根。编码规则为

报户口（在哪一键上）+首笔笔画码+次笔笔画码+末笔笔画码（如不够 4 个编码时用空格键代替）

例："西"的编码为 SGHG。

（3）单笔画。5 个单笔画字根的输入编码为

报户口+该字根码+LL

例："一"的编码为 GGLL；"丨"的编码为 HHLL；"丿"的编码为 TTLL；"丶"的编码为 YYLL；"乙"的编码为 NNLL。

（4）键外字。键外字是指除键名字和成根字以外的其他所有汉字，它们并不体现在键位上，而是通过键位上的基本字根来组合而成。其编码规则如下：

① 超过四字根编码的汉字，编码规则为

取其第一字根+第二字根+第三字根+第末字根编码

例："赛"的编码为 PFJM。

② 足四字根编码的汉字，编码规则为

取其第一字根+第二字根+第三字根+第四字根编码

例："势"的编码为 RVYL。

③ 不足四个字根编码的汉字，编码规则为

第一字根+第二字根+第三字根编码+末笔交叉识别码（该字有三个字根）

或

第一字根+第二字根编码+末笔交叉识别码+空格键（该字有两个字根）

例："程"的编码为 TKGG；

　"呆"的编码为 JSU+空格键。

7. 末笔交叉识别码

末笔交叉识别码的构成原则：以汉字的最后一笔笔画代码为区号，以汉字的字型代码为位号，构成一码。

例："汀"的末笔代码为 2，左右型字型代码为 1，则末笔交叉识别码为 H；

　"旮"的末笔代码为 1，上下型字型代码为 2，则末笔交叉识别码为 F；

　"旭"的末笔代码为 1，杂合型字型代码为 3，则末笔交叉识别码为 D。

8. 词组输入

① 双字词，编码规则为每字取其前面 2 个字根编码。

例："园林"的编码为 LFSS；

　　"规划"的编码为 FWAJ。

② 三字词，编码规则为取前两字的第一字根码及最后一字的前两字根码。

例："设计院"的编码为 YYBP；

　　"共产党"的编码为 AUIP。

③ 四字词，编码规则为取每个字的第一字根码。

例："五笔字型"的编码为 GTPG；

　　"科学技术"的编码为 TIRS。

④ 多字词，编码规则为取第一字根+第二字根+第三字根+第末字的第一字根码。

例："四个现代化"的编码为 LWGW；

　　"中华人民共和国"的编码为 KWWL。

9. 简码

为了提高汉字的输入速度，五笔字型中还提供了一、二、三级简码的输入方式。

1）一级简码

一级简码共 25 个，编码规则为输入一个字母键+空格

25 个简码字根及其对应字母键如图 A-14 所示。

我 35 Q	人 34 W	有 33 E	的 32 R	和 31 T	主 41 Y	产 42 U	不 43 I	为 44 O	这 45 P
工 15 A	要 14 S	在 13 D	地 12 F	一 11 G	上 21 H	是 22 J	中 23 K	国 24 L	： ；
Z	经 55 X	以 54 C	发 53 V	了 52 B	民 51 N	同 25 M			

图 A-14　一级简码及其对应字母键

2）二级简码

二级简码共 625 个，编码规则为输入单字的前二个字根码+空格。

3）三级简码

三级简码共 4400 个，编码规则为输入单字的前三个字根码+空格。

10. Z 键的作用

五笔字型键盘使用 A～Y 共 25 个键，另一个字母键 "Z" 未使用。五笔字型把该键作为学习键。Z 键不仅可以代替字根码也可代替识别码。

Z 键在汉字的输入中，可以用一次，也可以用多次，若输入 ZZZZ，按空格键翻页，就会把字库中的汉字从头到尾显示出来。初学者要充分利用 Z 键来提高汉字的拆分、编码的能力，为快速输入汉字打下基础。

A.6　计算机的安全防护

随着计算机技术、网络技术以及信息技术的迅猛发展，计算机网络与人们工作和生活的联系也越来越紧密。但与此同时人们也发现自己的计算机系统不断地受到侵害，其形式的多样化，令人防不胜防，给有关部门造成了巨大的损失。为使计算机系统和计算机网络系统不受损坏，提高系统的安全性已成为必须解决的问题。因此，每个计算机用户都应该掌握一定的计算机网络安全技术以使计算机系统长时间、安全、稳定地运行。

1994 年 2 月 18 日，国务院发布《中华人民共和国计算机信息系统安全保护条例》（国务院令第 147 号）的第三条指出"计算机信息系统的安全保护，应当保障计算机及其相关的和配套的设备、设施（含网络）的安全，运行环境的安全，保障信息的安全，保障计算机功能的正常发挥，以维护计算机信息系统的安全运行。"

A.6.1　计算机系统的危害来源

计算机系统所面临的威胁大体可分为两种：一是对系统中信息的威胁；二是对系统中的设备的威胁。影响计算机系统的因素很多，有些因素可能是有意的，也可能是无意的；可能是人为的，也可能是非人为的或是自然环境所造成的。归结起来，针对计算机系统安全的威胁如下：

（1）人为的无意失误。例如，操作员安全配置不当造成的安全漏洞；用户密码选择不慎，将自己的账号随意转借他人等都会对系统安全带来威胁。

（2）人为的恶意攻击。敌手的攻击和计算机犯罪是计算机系统面临的最大威胁。这种攻击以各种方式有选择地破坏信息的有效性和完整性，或者进行截获、窃取、破译以获得重要机密信息。

（3）网络软件的漏洞和"后门"。网络软件不可能是百分之百的无缺陷和无漏洞的，然而，这些漏洞和缺陷恰恰是不法者进行攻击的首选目标。另外，软件的"后门"都是软件公司的设计编程人员为了自便而设置的，一般不为外人所知，但一旦"后门"洞开，其造成的后果将不堪设想。

（4）电磁干扰。高压电线、电波发射天线、微波线路、高频电子设备等，都会产生电磁干扰信号，这些电磁干扰信号会破坏计算机磁性介质上的信息。

A.6.2　计算机病毒

计算机病毒作为一个概念自 1983 年 11 月 3 日由美国计算机专家弗雷德•科恩首次提出并进行了验证。随着计算机技术的飞速发展，计算机病毒也在迅速蔓延，危害越来越大。

计算机病毒自 1989 年传入我国，到现在已造成了很大的危害。因此，了解计算机病毒的基本知识，正确预防和及时判断并排除病毒所造成的各种故障，以保障计算机系统的正常运行，是十分必要的。

1．计算机病毒的定义

计算机病毒（computer virus）是一种破坏或损坏文件、文件系统、软件、硬件等资源的程序。它寄生在系统启动区、设备驱动程序、操作系统的可执行文件，以及一些应用程序中，利用系统资源进行自我繁殖，破坏计算机系统。

2．病毒的分类

按病毒感染的对象将病毒分为以下 3 类。

（1）引导型病毒。它藏在磁盘引导区内，包括磁盘主引导记录和分区表，其感染时极难发现。它在系统引导时驻留。

（2）文件型病毒。文件型病毒专门感染 EXE、COM 等可执行文件。它与可执行文件进行链接。一旦系统运行这些文件，病毒即获得了控制权，侵入内存并监视系统的运行，找其可传染的应用程序进行传染。

（3）混合型病毒。该类病毒既感染引导区也可感染可执行文件。

3．计算机病毒的特征

（1）传染性。传染性是计算机病毒最主要的特征，源病毒具有很强的再生机能，在系统运行过程中，病毒程序能主动将自身的复制品传染到其他程序或系统中的某部分。

（2）隐蔽性。计算机病毒的隐蔽性表现在两个方面。一是传染的隐蔽性，大多数病毒在进行传染时速度极快，一般没有外部表现，不易被人发现；二是病毒存在的隐蔽性，病毒程序大多潜伏在正常的程序之中，在其发作或产生破坏作用之前，一般不易被察觉和发现，而一旦发作，往往已经给计算机系统造成了不同程度的破坏。

（3）潜伏性。系统或程序染上病毒后，要在特定的条件或时间下发作，病毒的潜伏期视系统的环境而定，长短不一。

（4）破坏性。计算机病毒进入计算机系统后，一般都要对系统进行不同程度的干扰或破坏。有的病毒会占用大量的内存空间，有的病毒会覆盖或删除文件，甚至破坏系统的硬件。

4．计算机病毒的传染与预防

计算机病毒是依靠传播媒介的携带进行传播的，主要传播媒介有硬磁盘、移动存储器和计算机网络。

防止病毒的侵入，阻止病毒的传播，及时地消除计算机病毒是一项非常重要的工作。为了防范计算机病毒的侵害。在计算机操作过程中注意以下几点。

（1）对外来的软件或某些数据文件以及其他计算机使用过的移动存储器都要进行病毒检测，在确认无病毒的情况下方可使用。

（2）所有系统盘及存放重要数据的移动存储器应处于写保护状态。

（3）在计算机中安装防病毒软件，以驻留内存的方式动态监视病毒活动情况。

（4）启动计算机游戏程序时应小心，因为游戏软件是病毒传播的主要载体。

（5）尽量做到专机专用或专人专机。

5. 反病毒软件简介

计算机病毒的清除通常是借助于杀毒软件来完成。在清除病毒前，应使用已写保护的系统盘重新启动计算机，以保证启动后的系统是"干净"的，再执行杀毒软件。

目前，市场上常用的杀毒软件有瑞星杀毒软件、Kill 杀毒软件、诺顿防病毒软件、KV 江民杀毒软件。

A.7　计算机网络

A.7.1　网络的形成与发展

1969 年 12 月，Internet 的前身，即美国的 ARPA 网投入运行，它标志着计算机网络的兴起。20 世纪 80 年代初，微型计算机局域网系统的典型结构是在共享介质通信网平台上的共享文件服务器结构，即为所有联网个人计算机设置一台专用的可共享的网络文件服务器。每个计算机用户的主要任务仍在自己的计算机上运行，仅在需要访问共享磁盘文件时才通过网络访问文件服务器，计算机面向用户，微型计算机服务器专用于提供共享文件资源，所以它是一种客户机/服务器（client/server）模式。

计算机网络系统中，计算机之间相互通信涉及许多复杂的技术问题。为实现计算机网络的通信，计算机网络采用的是分层解决网络技术问题的方法。但是，由于存在不同的分层网络系统体系结构，它们的产品之间很难实现互连。为此，ISO（International Organization for Standardization，国际标准化组织）在 1984 年正式颁布了"开放系统互连基本参考模型"国际标准，使计算机网络体系结构实现了标准化。

20 世纪 90 年代，计算机网络技术得到了迅猛的发展。1993 年，美国宣布建立国家信息基础设施（national information infrastructure，NII）后，从而全世界许多国家纷纷制定和建立本国的 NII，从而极大地推动了计算机网络技术的发展，使计算机网络进入了一个崭新的阶段。目前，全球以美国为核心的高速计算机互联网络（Internet）已经形成，Internet 已经成为人类最主要的、最大的知识宝库。而美国政府又分别于 1996 年和 1997 年开始研究发展更加快速可靠的 Internet2 和下一代 Internet。可以说，网络互连和高速计算机算机网络正成为最新一代的计算机网络的发展方向。

A.7.2　计算机网络的组成与分类

1. 计算机网络的组成

计算机网络系统由网络硬件和网络软件组成。

网络硬件包括网络中的计算机设备（服务器、工作站）、接口设备（网络接口卡、调制解调器）、传输介质（双绞线、同轴电缆、光纤、无线传输介质）、互连设备（中继器、集线器、网桥、路由器、网关）。网络软件是指网络操作系统、网络通信软件与协议软件、网络应用软件。

2. 计算机网络的分类

1）按网络的地理位置分类

（1）局域网（local area network，LAN）。一般限定在较小的区域内，小于 10km 的范围，通常采用有线的方式连接。

（2）城域网（metropolitan area network，MAN）。规模局限在一座城市的范围内，10～100km 的区域。

（3）广域网（wide area network，WAN）网络跨越国界、洲界，甚至全球范围。

局域网是组成其他两种类型网络的基础，城域网一般都加入了广域网，广域网的典型代表是 Internet。

2）按传输介质分类

（1）有线网。采用同轴电缆或双绞线来连接的计算机网络。双绞线网价格便宜，安装方便，但在传输距离和传输速度等方面受到一定的限制，同轴电缆比双绞线的抗干扰能力强，可以进行更长距离的传输。

（2）光纤网。光纤网也是有线网的一种，但由于其特殊性而单独列出，光纤网采用光导纤维作传输介质。光纤传输距离长，传输速率高，可达每秒数千兆比特，抗干扰性强，不会受到电子监听设备的监听，是高安全性网络的理想选择，但其价格较高，且需要高水平的安装技术。

（3）无线网。用电磁波作为载体来传输数据，目前无线网联网费用较高，还不太普及，但由于联网方式灵活方便，是一种很有前途的联网方式。

3）按网络的拓扑结构

网络的拓扑结构是指网络中通信线路和站点（计算机或设备）的几何排列形式。

（1）星形拓扑结构，如图 A-15 所示。各站点通过点到点的链路与中心站相连，特点是很容易在网络中增加新的站点，数据的安全性和优先级容易控制，易实现网络监控。但中心结点的故障会引起整个网络瘫痪。

（2）环形拓扑结构，如图 A-16 所示。各站点通过通信介质连成一个封闭的环形。环形结构网络容易安装和监控，但容量有限，网络建成后，难以增加新的站点。

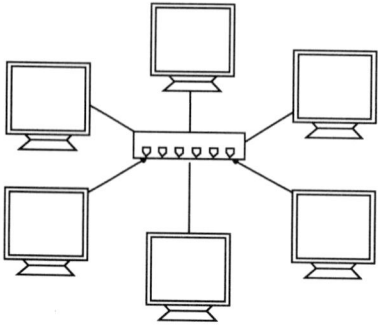

图 A-15　星形拓扑结构

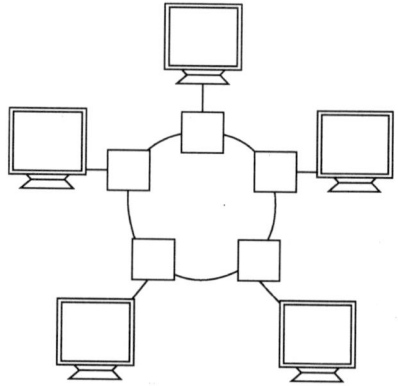

图 A-16　环形拓扑结构

（3）总线型拓扑结构，如图 A-17 所示。网络中所有的站点共享一条数据通道。总线型网络安装简单方便，需要铺设的电缆最短，成本低，某个站点的故障一般不会影响整个网络。但介质的故障会导致网络瘫痪。总线网安全性低，监控比较困难，增加新站点也不如星形网容易。

（4）树形拓扑结构，树形拓扑结构从总线拓扑演变而来，形状像一棵倒置的树，顶端是树根，树根以下带分支，每个分支还可再带子分支。树形结构是分级的集中控制式网络，与星形结构相比，它的通信线路总长度短，成本较低，结点易于扩充，寻找路径比较方便。但除了叶结点及其相连的线路外，任一结点或其相连的线路故障都会使系统受到影响。如图 A-18 所示为树形拓扑结构图。

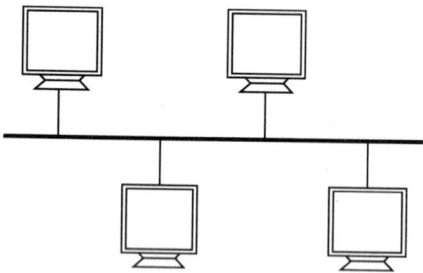

图 A-17　总线型拓扑结构

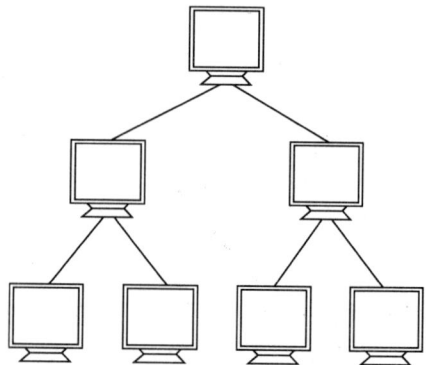

图 A-18　树形拓扑结构

（5）网状拓扑结构，在网状拓扑结构中，网络的每台设备之间均有点到点的链路连接，这种连接不经济，只有每个站点都要频繁发送信息时才使用这种方法。它的安装也复杂，但系统可靠性高，容错能力强。目前实际存在和使用的广域网基本上是采用网状拓扑结构。如图 A-19 所示为网状拓扑结构图。

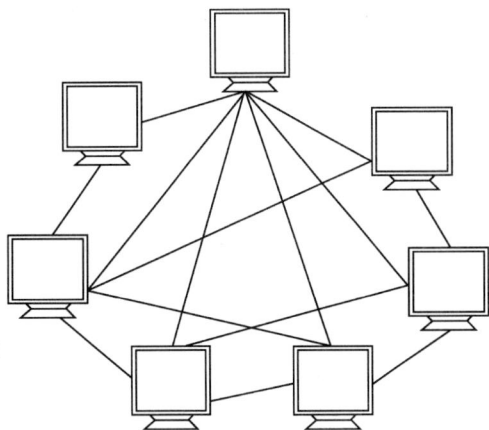

图 A-19 网状拓扑结构

4）按服务方式分类

（1）客户机/服务器网络。服务器是指专门提供服务的高性能计算机或专用设备，客户机是用户计算机。这是客户机向服务器发出请求并获得服务的一种网络形式，多台客户机可以共享服务器提供的各种资源。这是最常用、最重要的一种网络类型，不仅适合于同类计算机联网，也适合于不同类型的计算机联网。这种网络安全性容易得到保证，计算机的权限、优先级易于控制，监控容易实现，网络管理能够规范化。网络性能在很大程度上取决于服务器的性能和客户机的数量。目前针对这类网络有很多优化性能的服务器，称为专用服务器。银行、证券公司都采用这种类型的网络。

（2）对等网。对等网不要求文件服务器，每台客户机都可以与其他客户机对话，共享彼此的信息资源和硬件资源，组网的计算机一般类型相同。这种网络方式灵活方便，但是较难实现集中管理与监控，安全性也低，较适合于部门内部协同工作的小型网络。

A.7.3 Internet

Internet 是计算机技术和现代通信技术相结合的产物。从 20 世纪 60 年代末开始，Internet 的发展经历了 ARPAnet 的诞生、NSFnet 的建立、美国国内 Internet 的形成及 Internet 在全球的形成和发展阶段。通过 Internet，用户可以实现与世界各地的计算机进行信息交流和资源分享，进行科学研究、资料查询、收发电子邮件、文件传输、联机交谈、多媒体服务、联机游戏、网上购物等。Internet 中常用的服务有以下几种。

（1）万维网（WWW）。万维网也被称之为 Web，是 Internet 中发展最为迅速的部分，它向用户提供了一种非常简单、快捷、易用的查找和获取各类共享信息的渠道。由于万维网（WWW）使用的是超媒体/超文本信息组织和管理技术，任何单位或个人都可以将自己需要向外发布或共享的信息以 HTML 格式存放到各自的服务器中。当其他网上用户需要信息时，可通过浏览器软件（如 Internet Explorer）进行检索和查询。

（2）电子邮件（E-mail）。E-mail 是 Internet 的一项基本服务项目，是当前 Internet 中应用最多、最广泛的服务项目。E-mail 具有速度快、成本低、方便灵活的优点。在目前使用的 E-mail 软件中都附带了多用途 Internet 邮件扩充协议（MIME），通过该协议用户不仅可以在 E-mail 中发送文本信息，还可以将声音、图形、影像等多种非文本信息作为附件发送给收件人。

（3）文件传输（FTP）。FTP 通过 Internet 提供的文件传输（FTP）服务项目，用户可以从一台计算机向另一台计算机传送文件。文件的传输包括两种方式。

一种是下载（download），即用户通过文件传输（FTP）将远程主机上的文件传输到本地计算机上。

一种是上载（upload），即用户通过文件传输（FTP）将本地计算机上的文件传送到远程主机上。

（4）电子公告栏（BBS）。通过电子公告栏（BBS），用户可以实现信息公告、线上交谈、分类讨论和经验交流等功能。

（5）网络新闻（netnews）。通过网络新闻（netnews）服务项目，用户可以实现在网络上相互交流。用户可以通过"新闻阅读器"程序连接到某个新闻服务器上，阅读其所提供的信息；也可以将自己的见解提交给新闻服务器，作为一条消息发布出去，供他人阅读。

1. IP 地址

IP 地址就是给每个连接 Internet 的主机分配一个在全世界范围内唯一 32bit 地址，IP 地址的结构使用户可以在 Internet 上很方便地寻址。

IP 地址由 32bit 组成，包括网络地址和主机地址；即 IP 地址以 32 个二进制数字形式表示，不适合阅读和记忆。为了便于用户阅读和理解 IP 地址，Internet 管理委员会采用了一种"点分十进制"表示方法表示 IP 地址。将 IP 地址分为 4 个字节（每个字节 8bit），且每个字节用十进制表示，并用点号"."隔开，如图 A-20 所示。

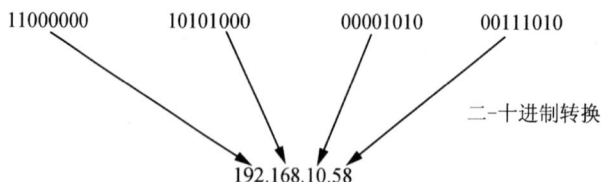

图 A-20　IP 地址的二-十进制对照

Internet 地址由 Inter INC（Internet 网络信息中心）统一负责全球地址的规划、管理，同时由 Inter INC、APNIC、RIPE 三大网络信息中心具体负责美国及其他地区的 IP 地址分配。通常每个国家需成立一个组织，统一向有关国际组织申请 IP 址，然后再分配给客户。

IP 地址分为 A、B、C、D、E 五类，如图 A-21 所示。

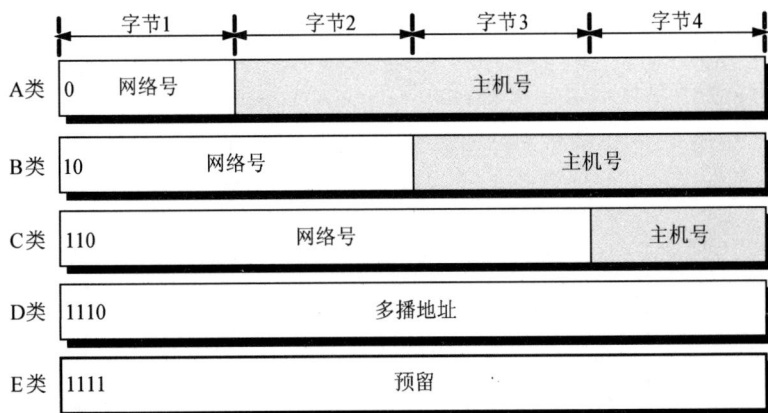

图 A-21 IP 地址分类

2. 子网掩码

子网掩码的主要功能是告知网络设备，一个特定的 IP 地址的哪一部分是包含网络地址与子网地址，哪一部分是主机地址。网络的路由设备只要识别出目的地址的网络号与子网号即可作出路由寻址决策，IP 地址的主机部分不参与路由器的路由寻址操作，只用于在网段中唯一标志一个网络设备的接口。

子网掩码使用与 IP 相同的编址格式，子网掩码为 1 的部分对应于 IP 地址的网络与子网部分，子网掩码为 0 的部分对应于 IP 地址的主机部分。将子网掩码和 IP 地址作"与"操作后，IP 地址的主机部分将被丢弃，剩余的是网络地址和子网地址。

3. 域名地址

IP 地址是一种数字型网络和主机标识。32bit 二进制 Internet IP 地址记忆起来很不方便，因而，每台主机又可以取一个便于记忆的名称，这个名称就是域名地址，它是一种字符型的域名标识，例如，主机 124.205.79.6 的域名地址为 www.pku.edu.cn。目前使用的域名地址是一种层次型命名法，它与 Internet 网的层次结构相对应。

一个完整的域名地址由若干部分（一般不超过 5 个部分）组成，各部分之间用点号隔开，每一部分都有一定的含义，且从右到左各部分之间大致上是上层与下层之间的包含关系。域名地址就是人们说的网址。例如，www.pku.edu.cn 代表中国（cn）教育科研网（edu）北京大学（pku）内的 www 服务器。域名使用的字符包括字母、数字和连字符，而且必须以字母或数字开头和结尾。整个域名总长度不得超过 255 个字符。

一个域名地址的最右侧部分称为顶级域名。顶级域名分为两大类。一大类是表示机构性域名，例如，com 表示的是商业机构，net 表示的是网络服务机构，gov 表示的是政府机构，edu 表示的是教育机构。另一大类表示国家域名，例如，cn 表示中国，us 表示美国，

uk 表示英国等。例如，www.sina.com.cn 就是一个中国国内的域名。

4. 域名解析

把域名翻译成 IP 地址的系统称为 DNS（domain name system，域名系统）。DNS 的功能相当于一本电话号码簿，已知一个姓名就可以查到一个电话号码，号码的查找是自动完成的。完整的域名系统可以双向查找。装有域名系统的主机称为域名服务器（domain name server）。

在 Internet 上，要与某台主机建立连接，可以使用主机 IP 地址，也可以使用主机域名。但是实际上，计算机只认识二进制数，也就是说它只能识别 IP 地址，而不能识别域名。如输入 www.pku.edu.cn，计算机并不能识别该域名，也不能直接找到对应的主机。于是计算机将该域名提交到域名服务器中，该服务器存储了大量的域名与主机 IP 的对照纪录，然后找到对应于该域名的主机 IP 地址，从而与主机建立连接。

5. URL

URL（uniform resource locator，统一资源定位器）的主要功能是信息定位，即所谓的网址。URL 的语法为

<服务类型>://<主机 IP 地址或域名>/<资源在主机的路径>

其常用的服务协议类型及实例如表 A-4 所示。

表 A-4　常用的服务协议类型及实例

协议名称	用途	实例
HTTP	超文本传输	http://www.pku.edu.cn
FTP	文件传输	ftp://ftp.pku.edu.cn
news	新闻组	News://news.pku.edu.cn
telnet	远程登录	telnet://www.w3.org.80
file	本地文件的传送	file:///c:/cmd.txt

附录 B 常用工具软件的使用

在现代办公和学习中，人们离不开网络和工具软件。利用网络检索、查阅各种信息，利用网络下载和传输资料，也利用工具软件处理完成所需的特殊任务。

本任务从实际工作需求角度，并按实际需求的顺序介绍了几个常用工具软件的独特性能、基础知识和使用方法。通过学习能够基本掌握常用工具软件的使用，并希望能触类旁通、举一反三，依据工作和学习需求充分合理地利用工具软件，提高办公自动化的效率。

❀ 能力目标

（1）熟悉常用工具软件的性能和特点。

（2）能熟练使用工具软件完成特定的工作需求。

B.1 使用 Internet Explorer 浏览和下载资料

❀ 任务提出

在制作幼儿教育演示文稿过程中，需要查阅大量的相关资料，而从 Internet 上查阅、获取相关资料是一种十分快捷便利的方式，可以极大地提高办公效率。Internet Explorer（简称 IE）浏览器是实现 Internet 信息浏览、查询和下载的主要工具。

❀ 任务要求

（1）使用 IE 浏览器浏览网页。

（2）使用 IE 浏览器查阅所需资料。

（3）使用 IE 浏览器下载所需资料。

（4）设置 IE 浏览器主页和收藏夹。

❀ 学习目标

知识目标	能力目标	素质目标	技能（知识）点
（1）熟悉 IE 浏览器的用户界面 （2）掌握 IE 浏览器的按钮功能 （3）掌握利用 IE 浏览器浏览网页的方法 （4）掌握利用 IE 浏览器下载资料的方法 （5）掌握 IE 浏览器主页的设置方法	（1）能够熟练地使用 IE 浏览器浏览网页 （2）能够熟练地使用 IE 浏览器下载资料 （3）能够对 IE 浏览器进行优化设置	（1）培养学生科学的思维方法 （2）帮助学生树立正确的价值观 （3）培养学生形成优良的审美情趣	IE 浏览器用户界面，IE 浏览器按钮功能，浏览信息，资料检索，资料下载，主页设置，收藏夹添加

❈ 任务分析

在了解 IE 浏览器性能的基础上，熟练地浏览和查询所需信息和资料，并将资料下载到本地计算机上。为了便于今后继续登录该网页，应将该网页地址添加到收藏夹中，也可将其设为主页。

❈ 实施准备

Internet Explorer 浏览器的用户界面

双击桌面 IE 浏览器图标，进入 IE 浏览器用户界面，如图 B-1 所示。

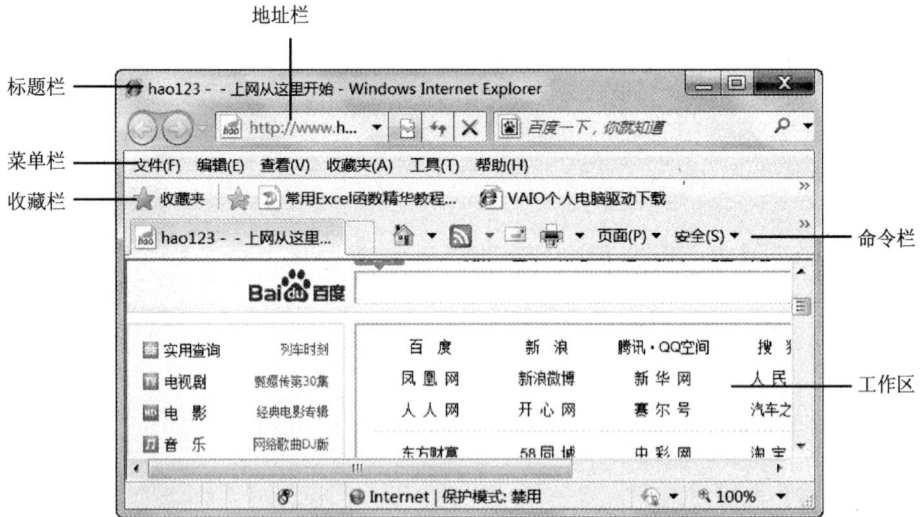

图 B-1　Internet Explorer 浏览器

（1）标题栏：显示当前网页标题。

（2）地址栏：地址栏显示当前网页地址，可用于检索网址。

（3）收藏栏：用于收藏经常访问的网页。

（4）命令栏：设置 IE 浏览器的菜单命令。

（5）工作区：显示当前访问的网页信息。

❈ 任务实施

步骤一：浏览网页。

（1）双击桌面 IE 浏览器图标，启动 IE 浏览器，在地址栏中输入要查询的 Web 地址 http://www.youjiao.com/，然后按 Enter 键，或在搜索引擎中输入"幼教网"，查询搜索。

（2）在网站首页单击所需信息或进入下一级页面查询搜索，如图 B-2 所示。

图 B-2 浏览网页

步骤二：下载资料。

（1）文字材料下载。在浏览的网页中选择内容，右击，在弹出的快捷菜单中选择【复制】命令，在打开的 Word 文档中进行粘贴。

提示： 在 Word 文档中选择【选择性粘贴】|【无格式文本】命令可清除网页文字格式。

（2）图片材料下载。在浏览的网页中选择所需图片，右击，在弹出的快捷菜单中选择【图片另存为】命令，保存到本地计算机，如图 B-3 所示。

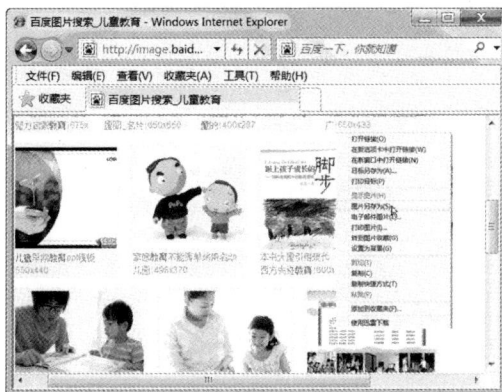

图 B-3 图片下载

步骤三：收藏网页。

打开要收藏的网页，如 http://www.cnfirst.net/。选择【收藏夹】|【添加到收藏夹】命令，弹出如图 B-4 所示的【添加收藏】对话框。单击【添加】按钮即将当前网页加入到收藏夹中。

提示：也可将当前网页收藏到收藏栏中。

步骤四：设置主页。

主页是指启动 IE 浏览器最先呈现的 Web 页，一般将个人最常登录的网站主页设为 IE 浏览器主页。

（1）打开最常登录的网站主页，选择【工具】|【Internet 选项】命令，弹出【Internet 选项】对话框，如图 B-5 所示。

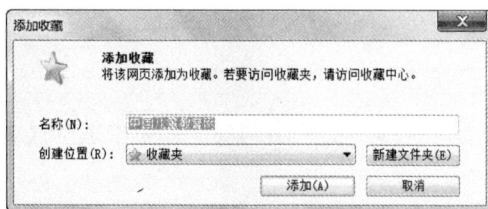

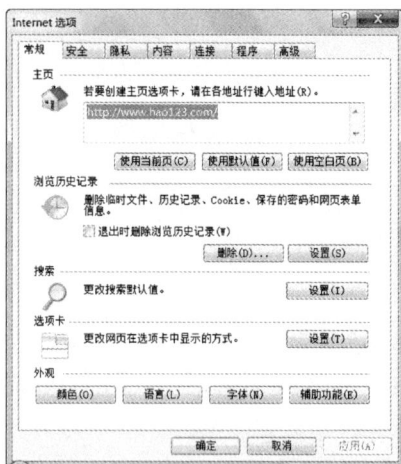

图 B-4　收藏网页　　　　　　　　　　　图 B-5　【Internet 选项】对话框

（2）选择【常规】选项卡，在【主页】文本框中输入网站网址，如 http://www.hao123.com/。单击【确定】按钮完成主页设置。

提示：可在【Internet 选项】对话框的【浏览历史记录】选项组中删除 IE 浏览历史记录，保护个人隐私同时提高网络使用效率。

B.2　使用迅雷软件下载资料

❀ 任务提出

在制作幼儿教育演示文稿过程中，使用 IE 浏览器下载文字和图片信息较为便利，但下载较大容量的软件、视频和音频速度较慢，并且不易搜索到更多的资源。而"迅雷"是一款下载软件，支持同时下载多个文件、支持 BitTorrent（简称 BT）、电驴文件下载，是下载电影、视频、软件、音乐等文件所需要更快捷的软件。

❀ 任务要求

使用迅雷下载所需文件资料。

❂ 学习目标

知识目标	能力目标	素质目标	技能（知识）点
（1）掌握迅雷的安装 （2）了解迅雷的作用和功能特点 （3）掌握迅雷下载文件的方法 （4）熟悉迅雷的用户界面	（1）能够正确安装迅雷软件 （2）能够熟练运用迅雷下载文件	（1）培养认真观察、独立思考、自主学习的能力 （2）培养科学的思维方法	迅雷窗口的组成，迅雷的功能特点，迅雷的安装，迅雷的设置，右键下载，直接下载

❂ 任务分析

从网上下载文件资料可以采用普通下载方式，但速度较慢，效率不高。而使用迅雷下载可获得并利用更多的网络资源，提高下载速度，并可实现多任务同时进行。

❂ 实施准备

B.2.1 迅雷概述

迅雷使用先进的超线程技术基于网格原理，能够将存在于第三方服务器和计算机上的数据文件进行有效整合，通过这种先进的超线程技术，用户能够以更快的速度从第三方服务器和计算机获取所需的数据文件。

迅雷的资源取决于拥有资源网站的多少，同时需要有任何一个迅雷用户使用迅雷下载过相关资源，迅雷就能有所记录。注册并用迅雷 ID 登录后可享受到更快的下载速度；下载越多，积分越多，等级越高，免费下载资源越多。

B.2.2 迅雷安装

将迅雷软件下载到本地计算机后，运行软件安装包，启动安装向导后即可开始安装，如图 B-6 所示。

在如图 B-7 所示中为迅雷选择安装目录以便于查找和管理。对默认勾选复选框，用户可选择性的勾选，之后单击【下一步】按钮继续安装，至提示安装完成就可运行迅雷。

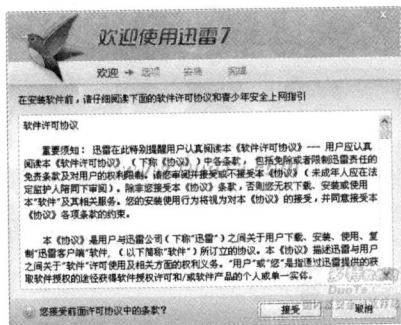

图 B-6 迅雷安装协议

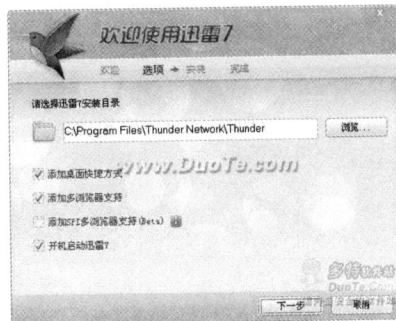

图 B-7 选择迅雷安装目录

B.2.3 用户界面

在桌面双击迅雷图标或在单击【开始】按钮，在弹出的菜单中选择【所有程序】|【迅

雷软件】|【迅雷】命令即进入迅雷用户界面，如图 B-8 所示。

图 B-8　迅雷用户界面

标签栏：采用多标签结构，包括【我的下载】、【迅雷新闻】等。

搜索栏：手动输入 URL 浏览网页，把迅雷当浏览器使用，默认支持百度、Google、必应 Bing 等搜索引擎。

菜单栏：迅雷菜单分为【我的下载】、【我的应用】菜单。

信息区：显示任务信息。

❀ 任务实施

步骤一：使用右键下载。

（1）找到并打开所需资源的下载页面。

（2）右击对象，在弹出的快捷菜单中选择【使用迅雷下载】命令，如图 B-9 所示。

（3）在弹出的【新建任务】对话框中更改文件下载目录。目录设置好后单击【立即下载】按钮。

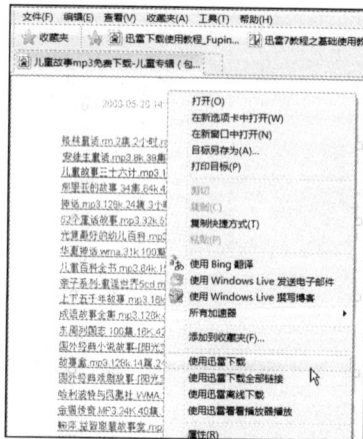

图 B-9　右键下载

（4）在弹出的迅雷用户界面中显示正在进行的下载进程和下载信息，如图 B-10 所示。下载完成后的文件会显示在左侧【已完成】的目录内。

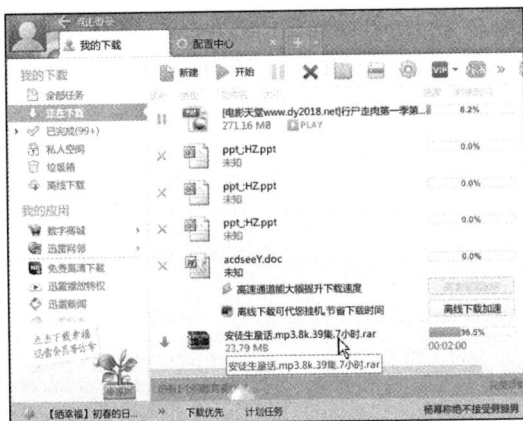

图 B-10　下载界面

步骤二： 直接下载。

如果知道一个文件的绝对下载地址，可直接建立下载。

（1）复制所需下载文件的下载地址。启动迅雷，选择【文件】|【新建任务】|【普通/eMule任务】命令，在弹出的【新建任务】对话框中空白处右击，在弹出的快捷菜单中选择【粘贴】命令，如图 B-11 所示。

提示： 右击对象，在弹出的快捷菜单中选择【属性】命令，在弹出的【属性】对话框中可查看下载地址，如图 B-12 所示。

图 B-11　【新建任务】对话框

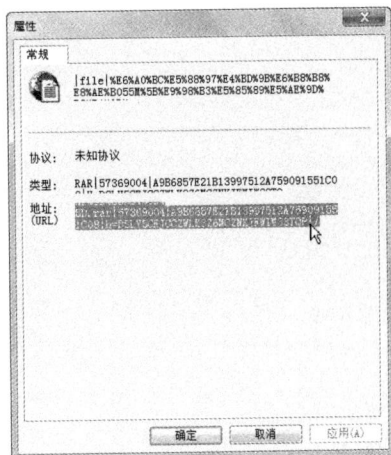

图 B-12　下载地址

（2）单击【继续】按钮，更改文件下载目录，单击【立即下载】按钮，如图 B-13 所示。

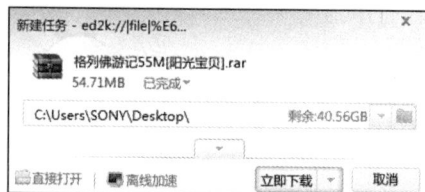

图 B-13　新建下载任务

B.3　幼儿早教演示文稿文件的解压与压缩

❀ 任务提出

在办公过程中，从网上下载的文件经常有 RAR 压缩包文件，如何解压文件？或者是经常需将文件发送给另一方，由于邮件容量大小限制，如果文件较大则不能正常发送；如果文件数量过多则发送过程繁琐。如何建立压缩文件？使用解压缩软件 WinRAR 可以解决上述难题。

❀ 任务要求

（1）对压缩包文件进行解压。
（2）建立压缩包文件。
（3）文件的压缩与分割。
（4）压缩文件加密。

❀ 学习目标

知识目标	能力目标	素质目标	技能（知识）点
（1）掌握 WinRAR 的安装 （2）掌握 WinRAR 文件的解压方法 （3）掌握 WinRAR 文件的压缩方法 （4）了解 WinRAR 文件的加密方法	（1）能够熟练进行文件解压 （2）能够熟练进行文件压缩 （3）能够对压缩文件进行加密	（1）培养认真观察、独立思考、自主学习的能力 （2）培养学生团队协作精神 （3）培养学生良好的世界观、审美观	WinRAR 窗口的组成，WinRAR 按钮的功能，文件解压，分卷文件解压，文件压缩，文件分卷压缩，压缩文件加密，建立自解压文件

❀ 任务分析

从网上下载幼儿早教图片压缩文件，解压文件并插入演示文稿中后，将演示文稿及附属文件建立压缩包，如果文件过大则分包压缩。

❀ 实施准备

B.3.1　WinRAR 的安装

从网上下载 WinRAR 安装文件 wrar410sB.exe，双击文件名 wrar410sB.exe，在弹出的【WinRAR.4.10 简体中文版】窗口中单击【浏览】按钮，在弹出的【浏览文件夹】对话框中选择安装路径，单击【确定】按钮，如图 B-14 所示，单击【确定】按钮。

在【WinRAR 简体中文版安装】对话框中选择关联文件（可以全选），如图 B-15 所示。单击【确定】按钮完成 WinRAR 文件安装。

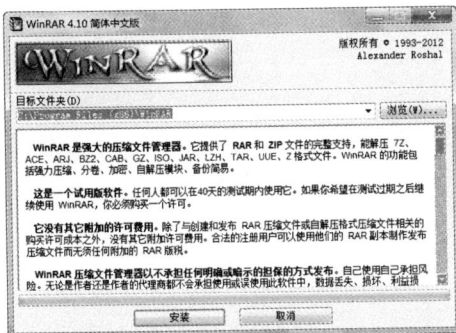

图 B-14　显示【WinRAR.4.10 简体中文版】窗口

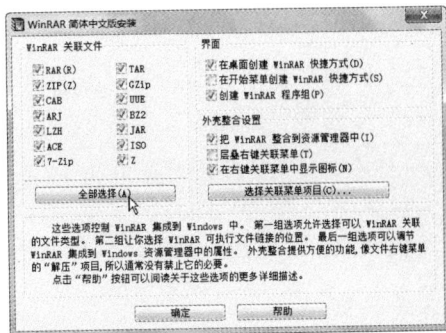

图 B-15　【WinRAR 简体中文版安装】对话框

此时，在桌面显示 WinRAR 快捷方式图标，如图 B-16 所示。

B.3.2　WinRAR 的用户界面

双击桌面 WinRAR 快捷方式图标，或单击【开始】按钮，在弹出的菜单中选择【所有程序】|【WinRAR】|【WinRAR】命令，即弹出如图 B-17 所示的【Desktop-WinRAR】窗口。

图 B-16　WinRAR 快捷方式图标

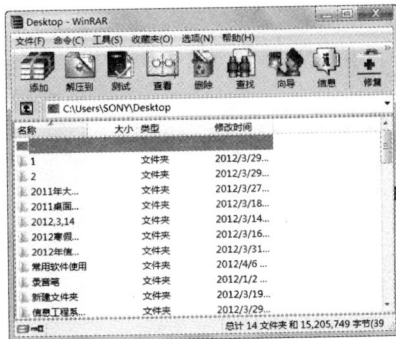

图 B-17　WinRAR 的工作界面

1．主要按钮作用

（1）【添加】按钮：添加文件制作压缩包。

（2）【解压到】按钮：将压缩文件解压到指定路径。

（3）【测试】按钮：检测选择的文件是否压缩出错。

（4）【查看】按钮：显示文件中的内容和代码。

（5）【删除】按钮：删除选中文件。

（6）【查找】按钮：查找本地磁盘文件。

（7）【向导】按钮：提供压缩和解压缩方法向导。

（8）【信息】按钮：显示当前文件和文件夹信息。

（9）【修复】按钮：修复被损坏的压缩文件。

2. 主要功能特点

（1）针对多媒体数据的强力压缩。

（2）多卷分包压缩方式。

（3）建立自解压压缩包。

（4）压缩文件的加密。

（5）压缩文件的修复和备份。

✿ 任务实施

步骤一：解压幼儿早教图片压缩包。

（1）双击桌面 WinRAR 快捷方式图标，在弹出的【Desktop-WinRAR】窗口中选择文件目录，找到【幼儿早教图片】压缩包，如图 B-18 所示。

（2）单击工具栏中的【解压到】按钮，弹出【解压路径和选项】对话框，如图 B-19 所示。在【目标路径】文本框中输入解压后文件存放路径。单击【确定】按钮，文件开始解压到指定位置。

图 B-18　选择解压文件

图 B-19　【解压路径和选项】对话框

提示：

（1）解压文件的另一种方式。右击压缩文件，在弹出的快捷菜单中选择 Extract Here 可将文件解压到同一目录下。

（2）分卷压缩文件解压。选择分卷压缩文件的任何一个进行解压即可完成整个文件的解压。

步骤二：幼儿早期教育演示文稿的压缩。

（1）双击桌面 WinRAR 快捷方式图标，在弹出的【Desktop-WinRAR】窗口中。选择文件目录，找到"幼儿早期教育演示文稿"文件夹，如图 B-20 所示。

（2）单击工具栏中的【添加】按钮，在弹出的【压缩文件名和参数】对话框中输入压缩文件的文件名，选择压缩文件格式、压缩级别等，如图 B-21 所示。单击【确定】按钮开始文件压缩。

图 B-20　选择目标文件

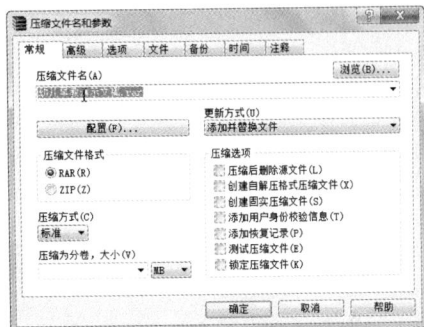

图 B-21　【压缩文件名称和参数】对话框

提示：

设置压缩文件密码。在如图 B-22 所示的【压缩文件名和参数】对话框中选择【高级】选项卡，单击【设置密码】按钮，输入密码后单击【确定】按钮为压缩文件加密，如图 B-23 所示。

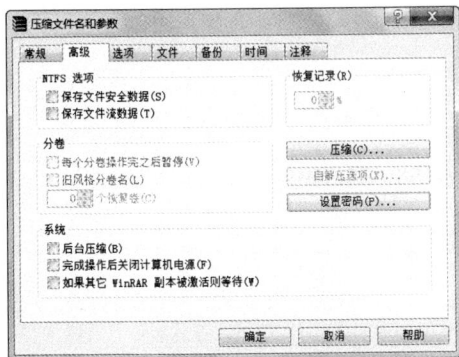

图 B-22　【高级】选项卡

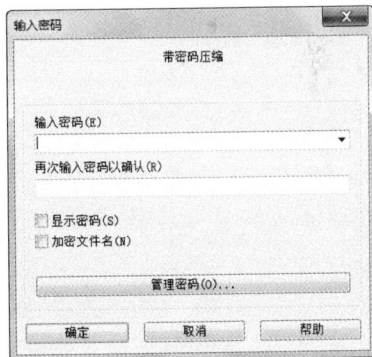

图 B-23　设置压缩文件密码

提示：

（1）建立分卷压缩文件。在建立压缩文件时，如果文件容量过大，受网络传送限制，则可对文件进行分卷压缩。

如图 B-24 所示，在【压缩为分卷，大小】下拉列表中选择或直接输入数值后单击【确定】按钮，可生成文件后缀名为.part01.exe、.part02.exe、……的压缩文件。

（2）创建自解压文件。有时由于计算机中无解压缩软件，造成压缩文件无法解压，建立自解压文件可以解决计算机中无解压缩软件的问题。

如图 B-25 所示，在【压缩选项】选项组中勾选【创建自解压格式压缩文件】复选框，单击【确定】按钮则完成自解压文件创建。文件的扩展名为 ".exe"。

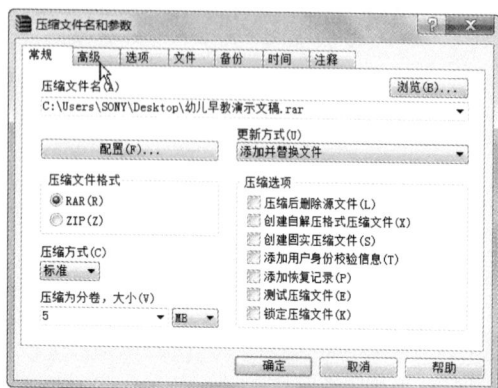

图 B-24 建立分卷压缩文件

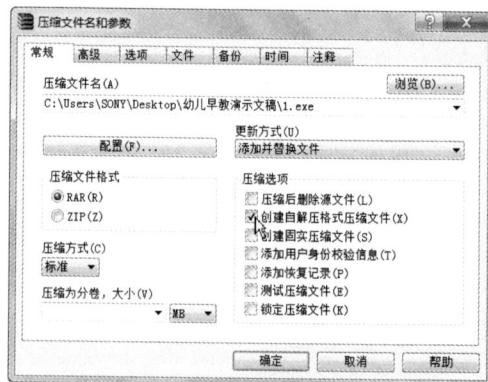

图 B-25 创建自解压格式压缩文件

B.4 画面截取和影片抓图

❀ 任务提出

在制作幼儿教育演示文稿过程中，需要大量文字、图片素材，而一些素材的获取需进行裁剪、加工。过程繁复不便，使用如 HyperSnap 软件可以极其便利地截取屏幕图像。

❀ 任务要求

（1）截取区域画面。
（2）截取文字。
（3）捕捉动态视频画面。

❀ 学习目标

知识目标	能力目标	素质目标	技能（知识）点
（1）熟悉 HyperSnap 工作界面 （2）掌握 HyperSnap 截取画面的方法 （3）掌握 HyperSnap 文字截取方法 （4）掌握 HyperSnap 捕捉动态画面的方法 （5）掌握 HyperSnap 快捷键的使用方法	（1）能够熟练进行画面截取 （2）能够熟练进行文字截取 （3）能够进行动态画面捕捉	（1）培养认真观察、独立思考、自主学习的能力 （2）培养学生能力拓展和创新能力 （3）培养学生形成优良的审美和创造美能力	HyperSnap 窗口的组成，HyperSnap 按钮的功能，HyperSnap 快捷键，截取区域画面，截取文字，捕捉动态视频画面

❀ 任务分析

从网上下载幼儿早教图片压缩文件，解压文件并插入演示文稿中后，将演示文稿及附属文件建立压缩包，如果文件容量过大则分卷压缩。

❀ 实施准备

B.4.1 HyperSnap 概述

HyperSnap 是 Greg KoBhaniak 公司出品的一款画面截图软件，它能截取屏幕和影片画面。除一些具有不同特点的截图选项外，还具有如图像大小调整、色彩处理和去背景等功能。

B.4.2 HyperSnap 用户界面

HyperSnap 用户界面如图 B-26 所示。

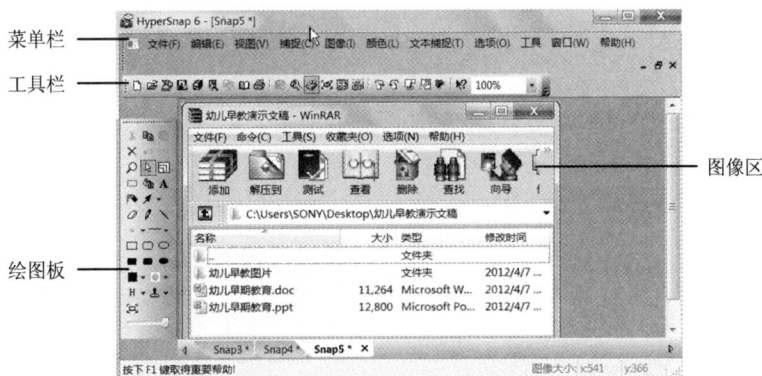

图 B-26 HyperSnap 用户界面

（1）菜单栏：包括文件、编辑、视图、捕捉、图像、颜色、文本捕捉、选项、工具等菜单。

其中【捕捉】菜单列出了所有屏幕截取的快捷键；【图像】和【颜色】菜单列出了图像色彩的设置命令；【文字捕捉】菜单可以对桌面文字进行捕捉；【选项】菜单可以进行程序设置。

（2）工具栏：包括打开、保持、捕捉、热键等常用工具按钮。

（3）绘图板：提供对图像进行截取的主要工具。

（4）图像区：显示截取的图像并可做简单加工处理。

❀ 任务实施

步骤一：截取区域画面。

（1）双击桌面 HyperSnap 快捷方式图标，启动 HyperSnap。

（2）打开需要截取的网页。

（3）按区域捕捉 Ctrl+Shift+R 组合键，或选择【捕捉】|【区域】命令，HyperSnap 自动最小化，屏幕显示 HyperSnap 帮助菜单。用鼠标选择矩形区域，右击结束捕捉。截图如图 B-27 所示。

图 B-27 区域画面截取效果

（4）单击工具栏中的【保存】按钮，保存文件。

步骤二： 截取文字。

（1）打开要截取文字的网址，如图 B-28 所示。

图 B-28　浏览网页

（2）选择【文本捕捉】|【文本】命令，或按 Ctrl+Shift+T 组合键，用鼠标选定矩形区域，双击鼠标结束捕捉。

（3）单击工具栏中的【保存】按钮，得到如图 B-29 所示的文本文件。

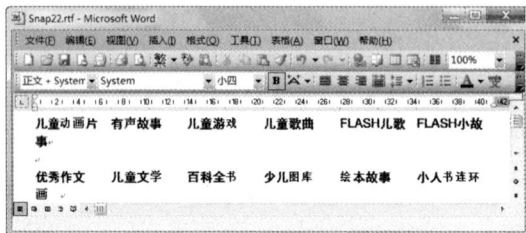

图 B-29　文本捕捉效果

步骤三： 捕捉动态视频画面。

（1）播放视频画面，启动 HyperSnap。

（2）按 Scroll Lock 或 Print Screen 键进行动态画面捕捉，效果如图 B-30 所示。

图 B-30　视频捕捉效果

B.5 图片浏览与处理

❀ 任务提出

在制作幼儿教育演示文稿中涉及大量的图片使用，如何高效地浏览、编辑和管理图片成为一个难题。应用 ACDSee 软件可以实现对图片的高效地浏览、编辑和管理。

❀ 任务分析

要从下载的备用图片中筛选出采用图片，对个别采用图片进行编辑和修饰以适应于实际应用。

❀ 实施准备

B.5.1 ACDSee 概述

ACDSee 是非常流行的看图工具软件。它提供了良好的操作界面，简单人性化的操作方式，优质的快速图形解码方式，支持丰富的图形格式，具有较为强大的图片获取、浏览、编辑和管理功能。

B.5.2 ACDSee 用户界面

ACDSee 用户界面提供了各种工具和功能，便于用户获取、浏览、编辑和管理图片。用户界面主要由【浏览器】、【查看器】和【编辑模式】组成。

1. 浏览器

ACDSee 的基本功能是浏览图片。如图 B-31 所示为 ACDSee 浏览器界面，在浏览器中可以查找、移动、浏览图片。

图 B-31 浏览器界面

2. 查看器

在 ACDSee 浏览器中或在 Windows 资源管理器中双击图片可切换到查看器，如图 B-32 所示。在查看器中可查看图片的属性。

图 B-32　查看器界面

3. 编辑模式

在浏览器中选择图片后，单击工具栏中的【编辑图像】按钮或右击图片，在弹出的快捷菜单中选择【编辑】命令则可进入到编辑模式，如图 B-33 所示。在编辑模式中，通过编辑面板调整和编辑图片。

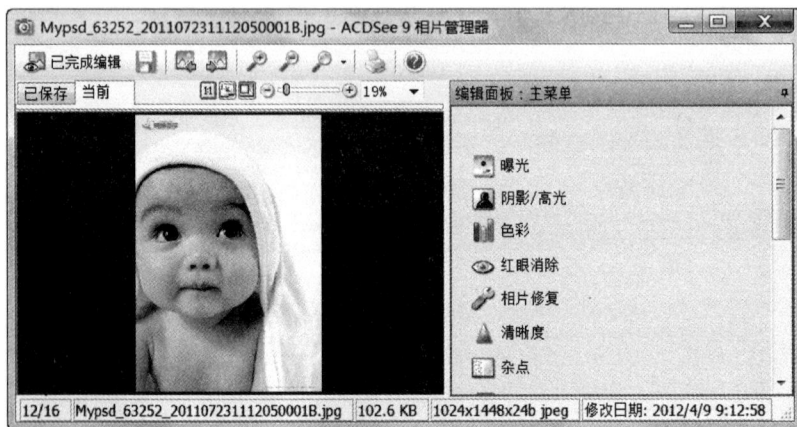

图 B-33　编辑模式

❀ 任务实施

步骤一： 图片浏览。

（1）双击桌面【ACDSee 9 相片管理器】图标，启动 ACDSee 程序。

（2）在浏览器界面左侧【文件夹】窗格中选择图片所在文件夹的路径，在中间列表框中自动显示该文件夹内的所有图片的缩略图。

提示： 图片右上角显示图片的类型。

（3）双击某一图片缩略图即切换到查看器。在查看器中，通过工具栏按钮可对图片进行放大、缩小、剪切、复制和打印等操作。工具栏如图 B-34 所示。

图 B-34　主工具栏和编辑任务工具栏

（4）在查看器中，单击【上一幅】或【下一幅】按钮可在不同图片间切换。

步骤二： 图片编辑。

（1）在查看器中，选择【修改】|【编辑模式】命令或单击编辑任务工具中的任意按钮即切换到编辑模式，如图 B-35 所示。

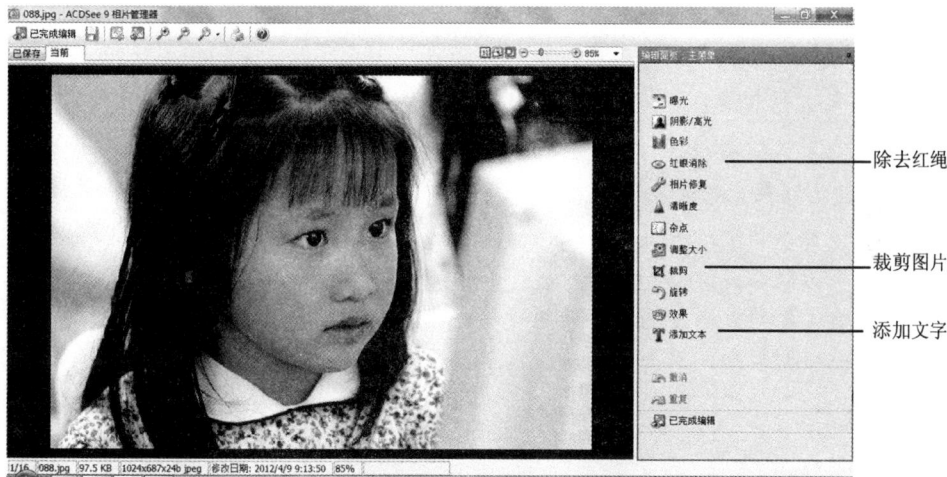

图 B-35　编辑模式

（2）在【编辑面板】选项组中选择【红眼消除】后，双击图片中的红绳部分可去除头发上的红绳。

（3）在【编辑面板】选项组中选择【裁剪】后，拖动改变被选择的矩形区域大小。

（4）在【编辑面板】选项组中选择【添加文本】后，设置字体和效果。

（5）选择【已完成编辑】，回到编辑面板。

图 B-36　编辑后图片效果

（6）单击【主工具栏】中的【保存】按钮，得到如图 B-36 所示的图片。

步骤三：图片批量处理。

（1）在图片浏览器界面选择所有图片，选择【工具】|【批量重命名】命令，弹出【批量转换文件格式】对话框，如图 B-37 所示。

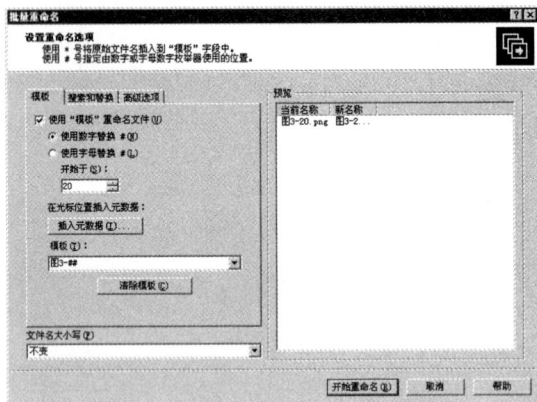

图 B-37　图片批量转换

（2）在【模板】选项卡中输入修改后的文件名，在【开始于】数值框中输入起始编号。

（3）单击【开始重命名】按钮，完成批量重命名文件。

提示：

ACDSee 的文件格式转换批量处理功能。

（1）在浏览器界面中选择图片，选择【工具】|【转换文件格式】命令，弹出【批量转换文件格式】对话框。

（2）在【格式】列表框中选择需求图片格式，单击【下一步】按钮，选择目标保存位置，单击【下一步】按钮，单击【开始转换】按钮，ACDSee 开始批量图片转换文件格式。

参 考 文 献

冯颖. 2008. 计算机应用基础. 北京：中国铁道出版社.

国家职业技能鉴定专家委员会，计算机专业委员会. 2008. 办公软件应用（Windows 平台）试题汇编（操作员级）. 北京：北京希望电子出版社.

国家职业技能鉴定专家委员会，计算机专业委员会. 2008. 办公软件应用（Windows 平台）试题汇编（高级操作员级）. 北京：北京希望电子出版社.